机械电气控制

S7-200 SMART PLC编程

入门与提高

陈继文　于永鹏　程伟志　等 编著

内 容 提 要

全书主要介绍 S7-200 SMART PLC 机械电气控制结构原理、控制系统设计、应用实例等，以帮助从事机械设计的技术人员利用 PLC 进行机械电气控制系统设计。内容主要包括：继电器-接触器控制的基本电路及 PLC 常用的外围器件，PLC 硬件结构及工作原理，西门子 S7-200 SMART PLC 的基本指令和功能指令系统，PLC 控制系统程序设计方法，PLC 在机械电气控制中的设计与应用，PLC 应用与数字化虚拟工厂等。

本书适合从事机械设计和电气自动控制的工程技术人员阅读，也可作为机械工程及自动化、机械电子工程以及相近专业师生的参考书。

图书在版编目（CIP）数据

机械电气控制 S7-200 SMART PLC 编程入门与提高/陈继文等编著. —北京：化学工业出版社，2020.9
ISBN 978-7-122-37262-8

Ⅰ.①机… Ⅱ.①陈… Ⅲ.①工程机械-电气控制②PLC 技术-程序设计 Ⅳ.①TU6②TM571.61

中国版本图书馆 CIP 数据核字（2020）第 107317 号

责任编辑：金林茹 张兴辉 　　　　　　　　　　文字编辑：林 丹 郭 伟
责任校对：王鹏飞 　　　　　　　　　　　　　装帧设计：王晓宇

出版发行：化学工业出版社（北京市东城区青年湖南街 13 号　邮政编码 100011）
印　　刷：三河市航远印刷有限公司
装　　订：三河市宇新装订厂
787mm×1092mm　1/16　印张 15　字数 390 千字　2021 年 1 月北京第 1 版第 1 次印刷

购书咨询：010-64518888 　　　　　　　　　　　售后服务：010-64518899
网　　址：http://www.cip.com.cn
凡购买本书，如有缺损质量问题，本社销售中心负责调换。

定　　价：79.00 元

前　言

可编程控制器（PLC）是一种数字运算操作的电子系统，专门为在工业环境下应用而设计。可编程逻辑控制是在计算机技术、通信技术和继电器控制技术的基础上发展起来的一项电气控制技术，已经形成了完整的工业产品系列。PLC 以微处理器为核心，通过程序进行逻辑控制、定时、计数、算术运算、人机对话、网络通信等，并通过数字量和模拟量的输入/输出来控制机械设备或生产过程。目前，PLC 技术已广泛应用于机械制造等行业，成为机械电气控制研发人员必须掌握的一门专业技术。

本书从 PLC 机械电气控制设计与应用的实际情况出发，在内容安排上突出科学性和系统性，重点介绍 PLC 控制原理、控制系统设计及应用实例，理论联系实际，实用性强，力求内容新颖、系统和详尽，原理介绍深入浅出，图文并茂，难易适度，便于自学和实践。

全书共分 9 章，主要内容包括：PLC 机械控制的基本原理，PLC 硬件结构及工作原理，西门子 S7-200 SMART 系列 PLC 的基本指令和功能指令系统，PLC 的机械控制系统设计与应用、通信及应用，PLC 应用与数字化虚拟工厂等。

本书可供从事机械设计和电气自动控制的工程技术人员参考，也可作为机械工程及自动化、机械电子工程以及相近专业师生的参考书。

本书由陈继文、于永鹏、程伟志、孙爱花、郑忠才、姬帅、杨红娟、李丽、范文利、逄波等编写。感谢山东建筑大学机电工程学院、山东省绿色制造工艺及其智能装备工程技术研究中心、山东省起重机械健康智能诊断工程研究中心、山东省绿色建筑协同创新中心的支持。本书在编写过程中，参阅了相关的文献资料，在此一并致以深深的感谢。

本书承蒙国家自然科学基金项目（61303087）、山东省重点研发计划项目（2019GGX104095）、山东省研究生教育创新计划项目（SDYY16027）、山东省研究生导师能力提升计划项目（SDYY18130）、山东省绿色建筑协同创新中心创新团队支持计划项目（X18024Z）的支持。

由于编者水平所限，加之时间仓促和缺乏经验，书中不足之处在所难免，敬请批评指正。

编者

目　录

PLC

第 1 章

可编程控制器机械控制基础

1.1 电气控制系统的组成

在现代化生产中，通过设备来生产和加工产品，控制设备以保证生产效率和加工精度，控制方式主要有机械控制、电气控制、液压控制、气动控制和上述几种方式配合使用的控制。由于电气控制具有显著优点，电气控制成为设备控制的主要方式。机械电气控制是指利用电气自动控制系统，在无人工直接参与（或少量参与）的情况下，使被控机械设备按预定的工作程序，自动完成电动机的启动、停止、正转、反转、调速或液压传动系统、气压传动系统的工作循环。如组合机床、专用机械手和其他工艺过程相对固定的自动化生产机械，在启动后就自动地按预定的动作顺序、行程和速度完成其工作循环；再如数控机床，按照事先编制的程序，自动地按预定的速度、位移、走刀轨迹和动作顺序进行形状复杂零件的加工；又如乘客电梯，也是按照乘客的指令信号可能构成的各种逻辑关系预先设计电路，编制程序，电梯按照控制程序自动地响应乘客要求以完成不同起止楼层的载运任务。对电动机进行控制是电气控制技术的主要研究内容，电动机包括普通电动机和控制电动机，控制方法有继电接触器控制、可编程控制器（PLC）控制等。

任何一个电气控制系统，都可以分为输入、控制器和输出三个部分，如图 1.1 所示。

1）输入部分　输入部分是电气控制系统与工业生产现场控制对象的连接部分，一般由各种输入器件组成，其主要功能是把外部各种物理量转换为电信号，并输入到控制器中，如控制按钮、行程开关、热继电器以及各种传感器（热电偶、热电阻等）等。

图 1.1　控制系统的组成

2）控制器　控制器是电气控制系统的核心，主要是将输入信息按一定的生产工艺和设备功能要求进行处理，产生控制信息。在继电接触器电气控制系统中，控制器主要为一些控制继电器，依据不同的生产控制要求，利用继电器机械触点的串联或并联及延时继电器的滞后动作等组合成控制逻辑，采用固定的接线方式连接起来完成控制输出。各控制电器一旦连接完毕，其完成实现的控制功能也就固定，不会产生改变。如果控制系统的功能需要改变，则各控制电气元件本身和连线方式都需要重新变化。在 PLC 电气控制系统中，控制功能是可编程的，其控制逻辑以程序的方式存储在内存中，在控制功能需要改变时，可以通过编程来改变程序，使控制系统变得非常方便和灵活，扩大了控制器的应用范围。这是与继电接触器逻辑控制系统的最大不同之处。

3）输出部分 控制系统对输入控制处理后，要将控制信息输出，其功能是控制现场设备进行工作，将控制系统送来的信号转换成其他所需的物理信号，最终完成这个控制系统的功能，如电动机的启动、停止、正反转，阀门的开关，工作台的移动、升降等。

1.2 常用低压电器

1.2.1 常用低压电器的分类与应用

电器是指能控制电的器具，即对电能的生产、输送、分配和使用起控制、调节、检测、转换及保护作用的电工器械。低压电器指工作在交流 1200V、直流 1500V 额定电压以下的电路中，能根据外界信号（机械力、电动力和其他物理量）自动或手动接通和断开电路的电器。低压电器种类繁多，工作原理各异，故有不同的分类方法。

(1) 按用途和控制作用分类

1）用于低压电力网的配电电器 这类电器主要用于低压供电系统中电能的输送和分配。对其主要技术要求是断流能力强、限流效果好；系统发生故障时保护动作准确，工作可靠；有足够的动稳定性及热稳定性。例如刀开关、转换开关、隔离开关、空气断路器和熔断器等。

2）控制电器 这类电器主要用于电力拖动及自动控制系统。对其主要技术要求是有一定的通断能力，操作频率要高，寿命要长。例如接触器、起动器和各种控制继电器等。

3）主令电器 这类电器主要用于发送控制指令。对其主要技术要求是操作频率要高，抗冲击，寿命要长。例如按钮、主令开关、行程开关和万能转换开关等。

4）保护电器 这类电器主要用于对电路和用电设备进行保护。对其主要技术要求是有一定的通断能力，可靠性要高，反应要灵敏。例如熔断器、热继电器、电压和电流继电器等。

5）执行电器 这类电器主要用于完成某种动作和传动功能。例如电磁铁、电磁离合器等。

(2) 按动作方式分类

1）自动切换电器 这类电器通过电磁或气动机构来完成接通、分断、启动、反向和停止等动作。例如接触器、继电器等。

2）非自动切换电器 这类电器主要依靠外力来直接操作以完成接通、分断、启动、反向和停止等动作。例如刀开关、转换开关和主令电器等。

(3) 按工作原理分类

1）电磁式电器 这类电器是根据电磁感应原理进行工作的。例如交直流接触器、电磁式继电器等。

2）非电量控制电器 这类电器是以非电物理量作为控制量进行工作的。例如按钮开关、行程开关、刀开关、热继电器、速度继电器等。

(4) 按执行机构有无触点分类

1）有触点电器 有触点电器具有可分离的动触点和静触点，利用触点的接触和分离来实现电路的通断控制。

2）无触点电器 无触点电器没有可分离触点，主要利用半导体元器件的开关效应来实现电路的通断控制。

1.2.2　接触器原理及应用

接触器由磁系统、触点系统、灭弧系统、释放弹簧机构、辅助触点及基座等组成，如图 1.2 所示。接触器的基本工作原理是利用电磁原理通过控制电路的控制和可动衔铁的运动来带动触点控制主电路通断。交流接触器和直流接触器的结构和工作原理基本相同。接触器符号如图 1.3 所示。

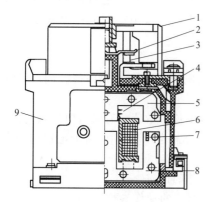

图 1.2　交流接触器结构示意图

1—灭弧罩；2—动触点；3—静触点；4—反作用弹簧；5—动铁芯；6—线圈；7—短路环；8—静铁芯；9—外壳

1）电磁机构　电磁机构由线圈、铁芯和衔铁组成。对于交流接触器，为了减小因涡流和磁滞损耗造成的能量损失和温升，铁芯和衔铁用硅钢片叠成；对于直流接触器，由于铁芯中不会产生涡流和磁滞损耗，所以不会发热，铁芯和衔铁用整块电工软钢制成，为使线圈散热良好，通常将线圈绕制成高而薄的圆筒状，不设线圈骨架，

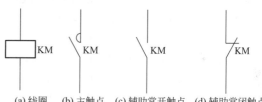

(a)线圈　(b)主触点　(c)辅助常开触点　(d)辅助常闭触点

图 1.3　接触器的符号

使线圈和铁芯直接接触以利于散热。中小容量的交直流接触器的电磁机构一般采用直动式磁系统，大容量的采用绕棱角转动的拍合式电磁铁结构。

2）主触点和灭弧系统　接触器的触点分为主触点和辅助触点两类。根据容量大小，主触点有桥式触点和指形触点，大容量的主触点采用转动式单断点指形触点。直流接触器和电流 20A 以上的交流接触器均装有灭弧罩。由于直流电弧比交流电弧熄灭更难，直流接触器常采用磁吹式灭弧装置灭弧，交流接触器常采用多纵缝灭弧装置灭弧。

3）辅助触点　辅助触点有常开和常闭辅助触点，在结构上它们均为桥式双触点。接触器的辅助触点在其控制电路中起联动作用。辅助触点的容量较小，所以不用装灭弧装置。

4）反力装置　反力装置由释放弹簧和触点弹簧组成。

5）支架和底座　支架和底座用于接触器的固定和安装。交流接触器线圈通电后，在铁芯中产生磁通，由此在衔铁气隙处产生吸力，使衔铁产生闭合动作，同时带动主触点闭合，从而接通主电路。另外，衔铁还带动辅助触点动作，使常开触点闭合，常闭触点断开。当线圈断电或电压显著下降时，吸力消失或减弱，衔铁在释放弹簧的作用下打开，主触点、辅助触点又恢复到原来状态。

1.2.3　继电器的分类及应用

　　继电器是一种自动和远距离操纵用的电器，广泛用于自动控制系统、遥控系统、遥测系统、电力保护系统及通信系统中，起着控制、检测、保护和调节作用，是现代电气装置中最基本的器件之一。它是根据某种输入信号的变化而接通或断开控制电路，实现自动控制和保护电力拖动装置的自动电器。其输入量可以是电压、电流等电量，也可以是压力、温度、时间、速度等非电量，而输出则是触点的动作，或者是电参数的变化。根据转化的物理量的不同，可以构成各种各样的不同功能的继电器，以用于在各种控制电路中进行信号传递、放大、转换、联锁等，从而控制主电路和辅助电路中的器件或设备按预定的动作程序进行工作，达到自动控制和保护的目的。

　　继电器主要参数：

　　1）额定参数　它指继电器的线圈和触点正常工作时的电压和电流的允许值。同一系列的继电器，其线圈有不同的额定电压或额定电流数值。

　　2）动作参数　它指衔铁刚产生动作时线圈的电压（或电流）数值。有吸合电压或电流，释放电压或电流。电压继电器的动作参数有吸合电压 U_o 与释放电压 U_r，电流继电器的动作参数为吸合电流 I_o 与释放电流 I_r。

　　3）整定参数　它包括整定值、灵敏度、返回系数、动作时间等。

　　① 整定值是人为调节的动作值，该值是用户使用时可调节的动作参数。

　　② 灵敏度是指继电器在整定值下动作所需的最小功率或安匝数。

　　③ 返回系数是指继电器的释放值与吸合值的比值，用 K 表示。电压继电器的电压返回系数 $K_U=U_r/U_o$，电流继电器的电流返回系数 $K_I=I_r/I_o$。返回系数实际上反映了继电器吸力特性和反力特性配合紧密程度，是电压、电流继电器的重要参数。

　　④ 动作时间分为吸合时间与释放时间。吸合时间是指从线圈通电瞬间起，到动、静触点闭合为止所需的时间。释放时间是从线圈断电瞬间起，到动、静触点恢复到原始状态为止所需的时间。一般继电器动作时间为 0.05～0.2s。动作时间小于 0.05s 的为快速动作继电器，动作时间大于 0.2s 的为延时动作继电器。

　　继电器的种类繁多，按动作原理分，有电磁式继电器、感应式继电器、电动式继电器、温度（热）继电器、光电式继电器、压电式继电器等；按反应激励量的不同，又可分为交流继电器、直流继电器、电压继电器、中间继电器、电流继电器、时间继电器、速度继电器、温度继电器、压力继电器、脉冲继电器等，其中时间继电器又分为电磁式、电动机式、机械阻尼（气囊）式和电子式等；按结构特点分，有接触式继电器、（微型、超小型、小型）继电器、舌簧继电器、电子式继电器、智能化继电器、固体继电器、可编程序控制继电器等；按动作功率分，有通用继电器、灵敏继电器和高灵敏继电器等；按输出触点容量分，有大功率继电器、中功率继电器、小功率继电器和微功率继电器等；按应用领域、环境不同，可分为电气系统继电保护用继电器、自动控制用继电器、通信用继电器、船舶用继电器、航空用继电器、航天用继电器、热带用继电器、高原用继电器等。

1.3　机械电气控制的基本电路

1.3.1　电路的绘制原则和保护措施

　　电气控制系统是由许多电气元件按照一定要求连接而成的。电气线路根据电流和电压的大小可分为主电路和控制电路。为了表达机械设备电气控制系统的结构、原理等设计思路，同时也为了便于电气系统的安装、调整、使用和维修，需要将电气控制系统中各电气元件及其连接用一定图形表示出来，这种图就是电气控制系统图。电气控制系统图就是指根据国家电气制图标准，用规定的电气符号、图线来表示系统中各电气设备、装置、元器件的连接关系的电气工程图。它的布局不像机械图那样必须严格按机件的位置进行布局，而是可根据具体情况灵活多样地绘制。要读懂机械设备电气图样，必须了解机械设备电气制图与识图方法，掌握这种工程语言，并熟悉电路中的保护措施。

1.3.1.1　电气控制电路的绘制原则

电气图通常包括系统图和框图、电气原理图、电气元件布置图、电气安装接线图等。国家标准 GB/T 6988—2006～2008《电气技术用文件的编制》规定了电气技术领域中各种图的编制方法，如系统图和框图、电路图、接线图和接线表、功能表图与逻辑图等。

在保证图面布局紧凑、清晰和使用方便的原则下选择图纸幅面尺寸，按国家标准 GB/T 14689—1993 规定，图纸幅面尺寸及其代号如表 1.1 所示。应优先选用 A0～A4 号幅面尺寸，若需要加长的图纸，可采用 A3×3～A4×5 的幅面，如果上述所列幅面仍不能满足要求，可按照 GB/T 14689—2008《技术制图 图纸幅面和格式》的规定加大幅面。

表 1.1　电气图纸幅面尺寸及其代号

代号	尺寸/mm	代号	尺寸/mm
A0	841×1189	A3×3	420×891
A1	594×841	A3×4	420×1189
A2	420×594	A4×3	297×630
A3	297×420	A4×4	297×841
A4	210×297	A4×5	297×1051

下面介绍电气图中的图样符号、文字符号及接线端子标记等。

（1）图形符号

所有图形符号应符合 GB/T 4728—2008～2018《电气简图用图形符号》的规定。当 GB/T 4728 给出几种形式时，应尽可能采用优选形式；在满足需要的前提下，尽量采用最简单的形式；在同一图号的图中使用同一种形式。上述标准示出的符号方位在不改变符号含义的前提下，符号可根据图面布置的需要旋转或成镜像放置，但文字和指示方向不得倒置。常用的电气图形符号、文字符号如表 1.2 所示。

表 1.2　常用电气图形符号、文字符号

名称	图形符号	文字符号	名称		图形符号	文字符号	名称		图形符号	文字符号
一般三极电源开关		QS	接触器	线圈		KM	继电器	线圈		K KV KI KA
				主触点				常开触点		
低压断路器		QF		常开辅助触点				常闭触点		

续表

名称		图形符号	文字符号	名称		图形符号	文字符号	名称			图形符号	文字符号
行程开关	常闭触点		SQ	接触器	常闭辅助触点		KM	时间继电器	得电延时型	线圈		KT
	复合触点			速度继电器	常开触点		KS			常闭触点	（或）	
按钮	启动		SB		常闭触点					常开触点	（或）	
	停止			熔断器			FU		失电延时型	线圈		
	复合			熔断器式刀开关			QS			常开触点	（或）	
热继电器	热元件		FR	熔断器式隔离开关			QS			常闭触点	（或）	
	常闭触点			转换开关			SA		瞬时触点	常开触点		
熔断器式负荷开关			QM							常闭触点		

名称	图形符号	文字符号	名称	图形符号	文字符号	名称	图形符号	文字符号
桥式整流装置		VC	三相笼型异步电动机		M	电磁铁		YA
						直流发电机		G
蜂鸣器		H	单相变压器		T	直流串励电动机		M
信号灯		HL	整流变压器			直流并励电动机		
电阻器		R	照明变压器			接近开关动合触点		K
接插器		X	控制电路电源用变压器		TC	接近敏感开关动合触点		K

（2）文字符号

电气图中的文字符号应符合 GB/T 7159《电气技术中的文字符号制订通则》。该标准规定的文字符号适用于电气技术领域中技术文件的编制，用以在电气设备、装置和元器件上或其近旁标明电气设备、装置和元器件的名称、功能、状态和特征。文字符号分为基本文字符号和辅助文字符号。

1）基本文字符号　基本文字符号用以表示电气设备、装置、元器件以及线路的基本名称和特性。基本文字符号有单字母符号与双字母符号两种。

单字母符号用字母将各种电气设备、装置和元器件划分为 23 大类，每一大类用一个专用单字母符号表示。如"C"表示电容器类，"R"表示电阻器类，"Q"表示电力电路的开关器件等。

双字母符号由一个表示种类的单字母符号与另一字母组成，其组合形式为单字母符号在前、另一字母在后。只有用单字母符号不能满足要求、需要将大类进一步划分时，才采用双字母符号，以便较详细和更具体地表述电气设备、装置和元器件。如"F"表示保护器件类，而"FU"表示熔断器，"FR"表示具有延时动作的限流保护器件，"FV"表示限压保护器件。表 1.3 为电气技术中常用的基本文字符号。

表 1.3　电气技术中常用的基本文字符号

基本文字符号		项目种类	设备、装置、元器件举例	基本文字符号		项目种类	设备、装置、元器件举例
单字母	双字母			单字母	双字母		
A	AT	组件部件	抽屉柜	Q	QF QM QS	开关器件	断路器 电动机保护开关 隔离开关
B	BP BQ BT BV	非电量到电量变换器或电量到非电量变换器	压力变换器 位置变换器 温度变换器 速度变换器	R	RP RT RV	电阻器	电位器 热敏电阻器 压敏电阻器
F	FU FV	保护器件	熔断器 限压保护器件	S	SA SB SP SQ ST	控制、记忆、信号电路的开关器件选择器	控制开关 按钮开关 压力传感器 位置传感器 温度传感器
H	HA HL	信号器件	声响指示器 指示灯	T	TA TC TM TV	变压器	电流互感器 电源变压器 电力变压器 电压互感器
K	KA KP KR KT KM	继电器 接触器	瞬时接触继电器 交流继电器 中间继电器 有/无延时继电器 接触器	X	XP XS XT	端子、插头、插座	插头 插座 端子板
P	PA PJ PS PV PT	测量设备 实验设备	电流表 电能表 记录仪 电压表	Y	YA YV YB	电气操作的机械器件	电磁铁 电磁阀 电磁离合器

2）辅助文字符号　辅助文字符号是用以表示电气设备、装置和元器件以及线路的功能、状态和特征的。如"SYN"表示同步，"L"表示限制，"RD"表示红色等。辅助文字符号也可放在表示种类的单字母符号后边组成双字母符号，如"SP"表示压力传感器，"YB"表示电磁制动器。为简化文字符号，若辅助文字符号由两个以上字母组成，允许只采用其第

一位字母进行组合，如"MS"表示同步电动机等。辅助文字符号还可以单独使用，如"ON"表示接通，"M"表示中间线，"PE"表示保护接地等。表 1.4 为电气技术中常用的辅助文字符号。

表 1.4　电气技术中常用的辅助文字符号

序号	文字符号	名称	序号	文字符号	名称	序号	文字符号	名称
1	A	电流	23	F	快速	45	PEN	中性线共用
2	A	模拟	24	FB	反馈	46	PU	不接地保护
3	AC	交流	25	PW	正、前	47	R	右
4	A、AUT	自动	26	GN	绿	48	R	反
5	ACC	加速	27	H	高	49	RD	红
6	ADD	附加	28	IN	输入	50	R、RST	复位
7	ADJ	可调	29	INC	增	51	RES	备用
8	AUX	辅助	30	IND	感应	52	RUN	运转
9	ASY	异步	31	L	左	53	S	信号
10	B、BRK	制动	32	L	限制	54	ST	启动
11	BK	黑	33	L	低	55	S、SET	置位、定位
12	BL	蓝	34	W	主	56	STE	步进
13	BW	向后	35	M	中	57	STP	停止
14	CW	顺时针	36	M	中间线	58	SYN	同步
15	CCW	逆时针	37	M、MAN	手动	59	T	温度
16	D	延时	38	N	中性线	60	T	时间
17	D	差动	39	OFF	断开	61	TE	防干扰接地
18	D	数字	40	ON	闭合	62	V	真空
19	D	降	41	OUT	输出	63	V	速度
20	DC	直流	42	P	压力	64	V	电压
21	DEC	减	43	P	保护	65	WH	白
22	E	接地	44	PE	保护接地	66	YE	黄

3）文字符号组合　新的文字符号的组合形式一般为"基本符号＋辅助符号＋数字符号"，用于说明同一类电气设备、电气元件的不同编号。例如，第一个时间继电器，其符号为 KT1；第二组熔断器，其符号为 FU2。

4）补充文字符号的原则　规定的基本文字符号和辅助文字符号如不够用，可按国家标准中规定的文字符号组成规律和下述原则予以补充。

① 在不违背 GB/T 7159 标准编制原则的条件下，可采用国际标准中规定的电气技术文字符号。

② 在优先采用标准中规定的单字母符号、双字母符号和辅助文字符号前提下，可补充

未列出的双字母符号和辅助文字符号。

③ 文字符号应按有关电气名词术语国家标准或专业标准中规定的英文术语缩写而成。对于基本文字符号不得超过两位字母，对于辅助文字符号一般不能超过三位字母。

④ 因拉丁字母"I""O"易同阿拉伯数字"1"和"0"混淆，因此，不允许单独作为文字符号使用。

⑤ 文字符号的字母采用拉丁字母大写正体字。

1.3.1.2　电气控制电路的保护措施

电气控制的保护是所有电气控制系统不可缺少的组成部分，利用它来保护电动机、电网、电气控制设备及操作人员人身安全等。电气控制系统中常用的保护有短路保护、过载保护、零电压及欠电压保护和弱磁保护等。

1）短路保护　电动机、电器的绝缘、导线的绝缘损坏或电路发生故障，都可能造成短路事故，使电器设备损坏或发生更严重的后果，因此要求一旦发生短路故障，控制电路能迅速地切除电源以进行保护。常用的短路保护元件有熔断器和断路器等。

2）过载保护　过载保护是电流保护，如果超过额定电流则采取断路保护。常用的过载保护元件是热继电器。由于热惯性的原因，热继电器不会受电动机短时过载冲击电流或短路电流的影响而瞬时动作，所以在使用热继电器做过载保护的同时，还必须有短路保护。做短路保护的熔断器熔体的额定电流不能大于热继电器发热元件额定电流的 4 倍。

3）过电流保护　过电流往往是由电动机不正确的启动和过大的负载引起的，一般比短路电流要小，电动机运行时产生过电流比发生短路的可能性更大，尤其是在频繁正反转启动的重复短时工作的电动机中更是如此。对于三相笼型异步电动机，由于其短时过电流不会产生严重后果，故可不设置过电流保护。

虽然短路、过载和过电流保护都是电流型保护，但由于故障电流、动作值以及保护特性、保护要求以及使用元件不同，它们之间是不能互相替代的。

4）零电压及欠电压保护　在电动机运行中，当电源电压（因某种原因）消失后重新恢复时，如果电动机自行启动，将会损坏生产设备，也可能造成人身事故。对于供电系统的电网，同时有许多电动机及其他用电设备自行启动也会引起不允许的过电流及瞬间网络电压下降。防止电网失电后恢复供电时电动机自行启动的保护叫作零压保护。在电动机运行中，电源电压过低时，如果电动机负载不变，则会造成电动机电流增大，引起电动机发热，甚至烧坏电动机。还会引起电动机转速下降，甚至停转。因此，当电源电压降到允许值以下时，需要采取保护措施，及时切断电源，这就是欠电压保护。通常采用欠电压继电器，或设置专门的零电压继电器来实现。

5）弱磁保护　直流电动机需要磁场有一定强度时才能启动，如果磁场太弱，电动机的启动电流就会很大；直流电动机正在运行时磁场突然减弱或消失，电动机转速就会迅速升高，甚至发生"飞车"。因此需要采取弱磁保护。弱磁保护是通过在电动机励磁回路中串入欠电流继电器来实现的。在电动机运行中，如果励磁电流消失或降低太多，欠电流继电器就会释放，其触点切断主回路接触器线圈的电源，使电动机断电停车。

1.3.2　三相异步电动机控制的基本电路

交流电动机具有结构简单、制造方便、维修容易、价格便宜等优点，所以被广泛使用，如工厂企业中大量使用的各种机床、风机、机械泵、压缩机等。交流异步电动机按照转子的结构形式分为笼型异步电动机和绕线式异步电动机。笼型异步电动机因具有结构简单、制造方便、价格低廉、坚固耐用、转子惯量小、运行可靠等优点，广泛应用于机床等设备。绕线式异步电动机因其转子采用绕线方式，具有调速简单、成本低的优点，广泛地应用于吊车、卷扬机等中小设备。

(1) 交流异步电动机的结构

三相异步电动机主要由定子、转子两大部分构成，定子与转子之间有一定的气隙，如图 1.4 所示。定子是静止不动的部分，由定子铁芯、定子绕组和机座组成。转子是旋转部分，由转子铁芯、转子绕组和转轴组成。

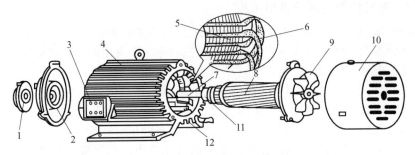

图 1.4　三相异步电动机的结构图

1—轴承盖；2—端盖；3—接线盒；4—散热筋；5—定子铁芯；6—定子绕组；
7—转轴；8—转子；9—风扇；10—罩壳；11—轴承；12—机座

(a) 笼型绕组　　(b) 转子外形

图 1.5　三相异步电动机的结构图

笼型电动机的转子绕组与定子绕组大不相同，它是在转子铁芯槽里插入铜条，再将全部铜条焊接在两端铜环上，若将转子铁芯拿掉，则可看出，剩下来的绕组形状像个笼子，如图 1.5 所示，故称为笼型转子。对于中小功率，多采用铝离心浇铸而成。

绕线式异步电动机的转子绕组与定子绕组一样，由线圈组成绕组放入转子铁芯槽里，转子可以通过电刷和集电环外串电阻以调节转子电流的大小和相位的方式进行调速。笼型异步电动机不能使转子电阻改变而调速，但与绕线式电动机相比，其坚固而价廉。在机床等实际工业现场使用的电动机当中，绝大多数是笼型异步电动机。

(2) 异步电动机的工作原理

异步电动机的工作原理如图 1.6 所示，三相异步电动机旋转磁场的产生如图 1.7 所示。当定子接三相对称电源后，电动机内就形成圆形旋转磁场，设其为顺时针旋转，速度为 n_0。若转子不转，转子笼型导条与旋转磁场有相对运动，转子导条中便有感应电动势 e，方向由右手定则确定。由于转子导条彼此在端部短路，则导条中便有感应电流，不考虑电动势与电流的相位差时，电流方向同电动势方向。因此，载流导条就在磁场中感生电磁力 f，形成电磁转矩 T，用左手定则可确定其方向与旋转磁场方向相同。转子便在方向与旋转磁场同方向的力 f（电磁转矩 T）的作用下，跟随着旋转磁场旋转起来。

转子旋转后，假设其转速为 n，只要 $n<n_0$，转子导条与磁场之间仍有相对运动，产生与转子不转时相同方向的电

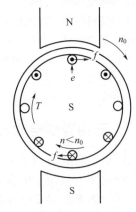

图 1.6　异步电动机的工作原理

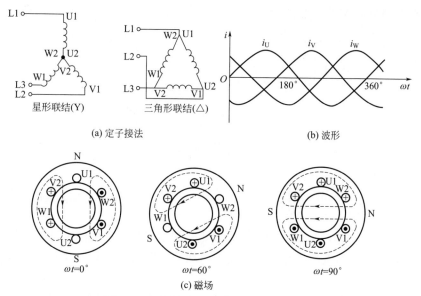

图 1.7　三相异步电动机旋转磁场的产生

动势、电流及电磁力 f，电磁转矩 T 仍旧为顺时针方向，转子继续旋转，最终稳定运行在电磁转矩 T 与负载转矩 T_L 相平衡的状况下。

异步电动机内部磁场的旋转速度 n_0 被称作同步转速。在电动机运行时，电动机轴输出机械功率，异步电动机的实际转速 n 总是低于旋转磁场转速 n_0，即转子的旋转速度 n 总是与同步转速 n_0 不相等，故异步电动机的名称由此而来。另外，由于转子电流的产生和电能的传递是基于电磁感应现象的，故异步电动机也称为感应电动机。

异步电动机的同步转速 n_0 与定子绕组磁极对数 p（等于磁极数的一半）成反比，与定子侧电源频率 f_1 成正比（对于交流电动机，其定子侧的物理量习惯用下标 1 或者下标 s 表示，其转子侧的物理量习惯用下标 2 或者下标 r 表示），因此有 $n_0 = 60 f_1 / p$。

带有负载的电动机转子实际转速 n 要比电动机的同步转速 n_0 低一些，常用转差率来描述异步电动机的各种不同运行状态。转差率 s 定义为 $s = (n_0 - n)/n_0$，故近似有 $n = n_0(1-s)$。

当电动机为空载（输出的机械转矩近似为零），忽略摩擦转矩，转速近似为 n_0 时，转差率 s 近似为零。而当电动机为满负载（产生额定转矩）时，则转差率 s 一般在 $1\% \sim 9\%$ 范围内。

(3) 电动机的铭牌

铭牌是电动机的身份标识，了解电动机铭牌中有关技术参数的作用和意义，有助于正确地选择、使用和维护它。图 1.8 是我国用得最多的 Y 系列三相感应电动机的铭牌。

商标：××××	三相异步电动机	
型号：Y-112M-4	出厂编号：××××	接线方式：△
功率：4.0kW	电压：380V	电流：8.7A
频率：50Hz	转速：1440r/min	噪声值：74dB(A)
工作制：S1	绝缘等级：B	防护等级：IP44
质量：49kg	标准编号：ZBK22007-88	出厂日期：　　年　月　日
	中华人民共和国××××电机厂制造	

图 1.8　Y 系列三相感应电动机的铭牌

1）型号　型号如 Y-112M-4。

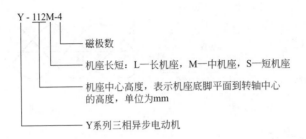

2）额定值

① 额定功率 P_N　指电动机在额定状态运行时，电动机轴上输出的机械功率，单位为 kW。

② 额定电压 U_N　指额定运行状态下加在电动机定子绕组上的线电压，单位为 V。

③ 额定电流 I_N　指电动机在定子绕组上施加额定电压、电动机轴上输出额定功率时的线电流，单位为 A。

可以根据电动机的额定电压、电流及功率，利用三相交流电路功率计算公式计算出电动机在额定负载时的功率因数 $\cos\phi$。例如图 1.8 所示铭牌的电动机在额定负载时的功率因数 $\cos\phi = 4000/(3^{1/2} \times 380 \times 8.7) = 0.699$。

④ 额定频率 f_N　我国规定工业用电的频率是 50Hz，国外有些国家采用 60Hz。

⑤ 额定转速 n_N　指电动机定子加额定频率的额定电压、轴端输出额定功率时电动机的转速，单位为 r/min。根据额定转速与额定频率可以计算出电动机的磁极对数 p 和额定转差率 s_N。

3）工作制式　指电动机允许工作的方式，共有 S1～S10 十种工作制。其中，S1 为连续工作制；S2 为短时工作制；其他为不同周期或者非周期工作制。

4）噪声值（LW）　指电动机在运行时的最大噪声。一般电动机功率越大，磁极数越少，额定转速越高，噪声越大。

5）绝缘等级　绝缘等级与电动机内部的绝缘材料有关。它与电动机允许的最高工作温度有关，共分 A、B、E、F、H 五种等级，其中 A 级最低，H 级最高。当额定环境温度为 40℃时，A 级允许的最高温升为 105℃，H 级允许的最高温升为 140℃。

6）连接方法　有如图 1.9 所示的 Y/△ 两种方式。请注意有些电动机只能固定一种接法，有些电动机可以在两种接法间切换，但要注意工作电压，防止错误接线烧坏电动机。高压大中型容量的异步电动机定子绕组常采用 Y 接线，只有三根引出线。对于中小容量低压异步电动机，通常把定子三相绕组的六根出线头都引出来。根据需要可接成 Y 形或△形，如图 1.10 所示。此外，需要说明的是，当电动机直接启动时，为了减小启动冲击电流 [$I_Q = (4 \sim 7)I_N$] 对电网的影响，常采用如图 1.9 所示的简单、实用、低成本的 Y/△ 减压启动方法。启动过程用 Y 联结（KM 和 KM1 闭合，KM2 断开，绕组电压为 220V），启动过程结束后切换为△联结（KM 和 KM2 闭合，KM1 断开，绕组电压为 380V）运行。

7）防护等级　IP 为防护代号，第一位数字（0～6）规定了电动机防护体的等级标准。第二位数字（0～8）规定了电动机防水的等级标准。如 IP00 为无防护，数字越大，防护等级越高。

8）其他　对于绕线转子电动机还必须标明转子绕组接法、转子额定电动势及转子额定电流；有些还标明了电动机的转子电阻；有些特殊电动机还标明了冷却方式等。

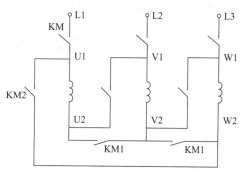

图 1.9　Y/△减压启动的接线图

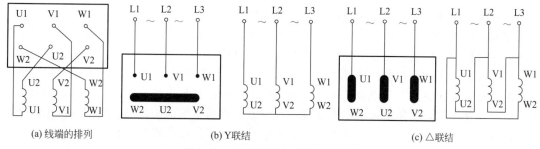

(a) 线端的排列　　　　　　(b) Y联结　　　　　　(c) △联结

图 1.10　三相异步电动机的引出线

1.4　电气控制电路的设计方法

电气控制电路的设计方法通常有两种。一种是一般设计法，也叫经验设计法。它根据生产工艺要求，利用各种典型的线路环节，直接设计控制电路。它的特点是无固定的设计程序和设计模式，灵活性很大，主要靠经验进行。另一种是逻辑设计法，它根据生产工艺要求，利用逻辑代数来分析、设计线路。该方法设计的线路比较合理，特别适合完成较复杂的生产工艺所要求的控制电路。但是相对而言，逻辑设计法难度较大，不易掌握。

1.4.1　经验设计法

一般的电气控制电路设计包括主电路和辅助电路设计。

主电路设计主要考虑机床电动机的启动、点动、正反转、制动及多速电动机的调速、短路、过载、欠电压等各种保护环节，以及联锁、照明和信号等环节。

控制电路设计主要考虑如何满足电动机的各种运转功能及生产工艺要求。

1）首先根据生产工艺的要求，画出功能流程图。

2）确定适当的基本控制环节。对于某些控制要求，用一些成熟的典型控制环节来实现，主要包括联锁的控制和过程变化参量的控制。

① 联锁的控制环节。在生产机械和自动线上，不同的运动部件之间存在相互联系、相互制约的关系，这种关系称为联锁。联锁控制一般分为两种类型：顺序控制和制约控制。例如，车床主轴转动时，要求油泵先给齿轮箱供油润滑，然后主拖动电动机才允许启动，这种联锁控制称为顺序控制。龙门刨床工作台运动时，不允许刀架运动，这种联锁控制为制约控制，通常把制约控制称为联锁控制。联锁控制规律的普遍规则有以下 2 种。

a.制约控制　要求接触器 KM1 动作时，KM2 不能动作。将接触器 KM1 的常闭触点串接在接触器 KM2 的线圈电路中，即逻辑"非"关系。

b.顺序控制　要求接触器 KM1 动作后，KM2 才能动作。将接触器 KM1 的常开触点串接在接触器 KM2 的线圈电路中，即逻辑"与"关系。

② 过程变化参量的控制。根据工艺过程的特点，准确地监测和反映模拟参量（如行程、时间、速度、电流等）的变化，实现自动控制，即按控制过程中变化参量进行控制的规律。

a.行程原则控制　以生产机械运动部件或机件的几何位置作为控制的变化参量，主要使用行程开关进行控制，这种方法称为行程原则控制。例如，龙门刨床工作台往返循环的控制电路。

b.时间原则控制　以时间作为控制的变化参量，主要采用时间继电器进行控制的方法称为时间原则控制。例如，定子绕组串电阻降压启动控制电路。

c.速度原则控制　以速度作为控制的变化参量，主要采用速度继电器进行控制的方法称为速度原则控制。例如，异步电动机反接制动控制电路。

d.电流原则控制　根据生产需要，经常需要参照负载或机械力的大小进行控制。机床的负载与机械力在交流异步电动机或直流他励电动机中往往与电流成正比。因此，将电流作为控制的变化参量，采用电流继电器实现的控制方法称为电流原则控制。例如，机床的夹紧机构，当夹紧力达到一定强度不能再大时，要求给出信号，使夹紧电动机停止工作。

3）根据生产工艺要求逐步完善线路的控制功能，并增加各种适当的保护措施。

4）根据电路简单、经济和安全、可靠等原则，修改电路，得到满足控制要求的完整线路。

反复审核电路是否满足设计原则，在条件允许的情况下，进行模拟试验，逐步完善整个机床电气控制电路的设计，直至电路动作准确无误。

下面通过 C534J1 立式车床横梁升降电气控制原理线路的设计实例，进一步说明经验设计法的设计过程。这种结构无论在机械传动还是电力传动控制的设计中都有普遍意义，在立式车床、摇臂钻床、龙门刨床等设备中均采用类似的结构和控制方法。

(1) 电力拖动方式及其控制要求

为适应不同高度工件加工时对刀的需求，要求安装有左、右立刀架的横梁能通过丝杠传动快速做上升和下降的调整运动。丝杠的正反转由一台三相交流异步电动机拖动，同时，为保证零件的加工精度，当横梁移动到需要的高度后应立即通过夹紧机构将横梁夹紧在立柱上。每次移动前要先放松夹紧装置，因此设置另一台三相交流异步电动机拖动夹紧、放松机构，以实现横梁移动前的放松和到位后的夹紧动作。在夹紧、放松机构中设置两个行程开关SQ1 与 SQ2，分别检测已放松与已夹紧信号。横梁升降控制要求如下。

1）采用短时工作的点动控制。

2）横梁上升控制动作过程：按上升按钮→横梁放松（夹紧电动机反转）→压下放松位置开关→停止放松→横梁自动上升（升、降电动机正转），到位放开上升按钮→横梁停止上升→横梁自动夹紧（夹紧电动机正转）→已放松位置开关松开，已夹紧位置开关压下，达到一定夹紧程度→上升过程结束。

3）横梁下降控制动作过程：按下降按钮→横梁放松→压下已放松位置开关→停止放松，横梁自动下降→到位放开下降按钮→横梁停止下降并自动短时回升（升、降电动机短时正转）→横梁自动夹紧→已放松位置开关松开，已夹紧位置开关压下并夹紧至一定紧度，下降过程结束。

可见下降与上升控制的区别在于到位后多了一个自动的短时回升动作,其目的在于消除移动螺母上端面与丝杠的间隙,以防止加工过程中因横梁倾斜造成的误差,而上升过程中移动螺母上端面与丝杠之间不存在间隙。

4) 横梁升降动作应设置上、下极限位置保护。

(2) 设计过程

1) 根据拖动要求设计主电路　由于升、降电动机 M1 与夹紧、放松电动机 M2 都要求正反转,所以采用 KM1、KM2 及 KM3、KM4 接触器主触点变换相序控制。考虑到横梁夹紧时有一定的紧度要求,故在 M2 正转即 KM3 动作时,其中一相串联过电流继电器 KI 检测电流信号,当 M2 处于堵转状态,电流增长至动作值时,过电流继电器 KI 动作,使夹紧动作结束,以保证每次夹紧程度相同。据此便可设计出如图 1.11 所示的主电路。

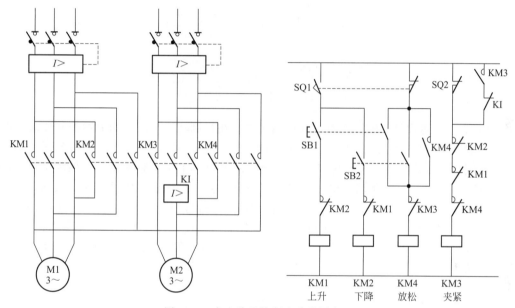

图 1.11　主电路及控制电路草图之一

2) 设计控制电路草图　如果暂不考虑横梁下降控制的短时回升,则上升与下降控制过程完全相同,当发出上升或下降指令时,首先是夹紧、放松电动机 M2 反转(KM4 吸合),由于平时横梁总是处于夹紧状态,行程开关 SQ1(检测已放松信号)不受压,SQ2 处于受压状态(检测已夹紧信号),将 SQ1 常开触点串联在横梁升降控制回路中,常闭触点串联于放松控制回路中(SQ2 常开触点串联在工作台转动控制回路中,用于联锁控制),因此在发出上升或下降指令时(按 SB1 或 SB2),必然是先放松(SQ2 立即复位,夹紧解除),当放松动作完成 SQ1 受压,KM4 释放,KM1(或 KM2)自动吸合实现横梁自动上升(或下降)。上升(或下降)到位,放开 SB1(或 SB2)停止上升(或下降),由于此时 SQ1 受压,SQ2 不受压,所以 KM3 自动吸合,夹紧动作自动发出直到 SQ2 压下,再通过 KI 常闭触点与 KM3 的常开触点串联的自保回路继续夹紧至过电流继电器动作(达到一定的夹紧紧度),控制过程自动结束。按此思路设计的草图如图 1.11 所示。

3) 完善设计草图　图 1.11 设计草图功能不完善,主要是未考虑下降的短时回升。下降的短时自动回升是满足一定条件的结果,此条件与上升指令是"或"的逻辑关系,因此它应与 SB1 并联,应该是下降动作结束,即由 KM2 常闭触点与一个短时延时断开的时间继电器 KT 触点串联组成,回升时间由时间继电器控制,于是便可设计出如图 1.12 所示的设计草图。

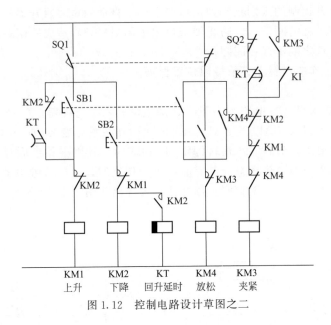

图 1.12　控制电路设计草图之二

4）检查并改进设计草图　检查设计草图之二，在控制功能上已达到上述控制要求，但仔细检查会发现 KM2 的辅助触点使用已超出接触器拥有数量，同时考虑到一般情况下不采用二常开二常闭的复合式按钮，因此可以采用一个中间继电器 KA 来完善设计，如图 1.13 所示。其中 R-M、L-M 为工作台驱动电动机 M 正反转联锁触点，即保证机床进入加工状态，不允许横梁移动。反之，横梁放松时不允许工作台转动，是通过行程开关 SQ2 的常开触点串联在 R-M、L-M 的控制回路中来实现的。另外，在完善控制电路设计过程中，进一步考虑横梁的上、下极限位置保护，采用限位开关 SQ3（上限位）与 SQ4（下限位）的常闭触点串接在上升与下降控制回路中。

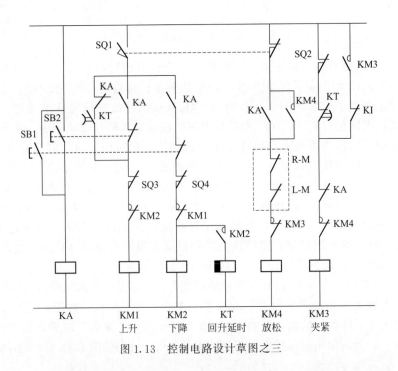

图 1.13　控制电路设计草图之三

5）总体校核设计线路　控制线路设计完毕，最后必须经过总体校核，因为经验设计往往会因考虑不周而存在不合理之处或有进一步简化的可能。其主要检测内容有：是否满足拖动要求与控制要求；触点使用是否超出允许范围；电路工作是否安全可靠；联锁保护是否考虑周到；是否有进一步简化的可能等。

1.4.2　逻辑设计方法

逻辑设计方法是利用逻辑代数这一数学工具来进行电路设计的，即根据生产机械的拖动要求以及工艺要求，将执行元件所需要的工作信号以及主令电器的接通与断开状态看成逻辑变量，并根据控制要求将它们之间的关系用逻辑函数表示，然后运用逻辑函数基本公式和运算规律进行简化，使之成为所需要的最简单的"与""或""非"的关系式，根据最简式画出相应的电路结构图，最后检查、完善，即能获得所需要的控制线路。

原则上，由继电接触器组成的控制电路属于开关电路，在电路中，器件只有两种状态：线圈通电或断电，触点闭合或断开。这种对立的状态可以用开关代数（也称逻辑代数或布尔代数）来描述电气元件所处的状态和连接方法。

（1）逻辑代数的代表原则

在逻辑代数中，用"1"和"0"表示两种对立的状态，即可表示继电器、接触器、控制电路中器件的两种对立状态，具体规则如下：

1）对于继电器、接触器、电磁铁、电磁阀、电磁离合器的线圈，规定通电状态为"1"，断电则为"0"；

2）对于按钮、行程开关等元件，规定按下时为"1"，松开时为"0"；

3）对于器件的触点，规定触点闭合时为"1"，触点断开时为"0"。

（2）逻辑代数的分析方法

分析继电接触器逻辑控制电路时，为了清楚地反映器件状态，器件的线圈和常开触点用同一字符来表示，例如 A；而其常闭触点的状态用该字符的"非"来表示，例如 $\overline{A}$；若器件为"1"状态，则表示其线圈通电，继电器吸合，常开触点闭合，常闭触点断开；若器件为"0"状态，则与上述相反。

采用逻辑设计法能获得理想、经济的方案，所用元件数量少，各元件能充分发挥作用，当给定条件变化时，能指出电路相应变化的内在规律，在设计复杂控制线路时，更能显示出它的优点。任何控制线路、控制对象与控制条件之间都可以用逻辑函数式来表示，所以逻辑法不仅可以用于线路设计，也可以用于线路简化和读图分析。逻辑代数读图法的优点是各控制元件的关系能一目了然，不会读错和遗漏。

例如，图 1.13 中，横梁上升与下降动作发生条件与电路动作可以用下面的逻辑函数式来表示：

$$KA = SB1 + SB2$$

$$KM4 = \overline{SQ1} \cdot (KA + KM4) \cdot \overline{R\text{-}M} \cdot \overline{L\text{-}M} \cdot \overline{KM3}$$

逻辑电路有两种基本类型，对应其设计方法也各不相同。一种是执行元件的输出状态，只与同一时刻控制元件的状态相关，输入、输出呈单方向关系，即输出量对输入量无影响，这种电路称为组合逻辑电路。其设计方法比较简单，可以作为经验设计法的辅助和补充，用于简单控制电路的设计，或对某些局部电路进行简化，进一步节省并合理使用电气元件与触点。

设计要求：某电机只有当继电器 KA1、KA2、KA3 中任何一个或两个动作时才能运转，而在其他条件下都不运转，试设计其控制电路。设计步骤如下。

1）列出控制元件与执行元件的动作状态表，如表 1.5 所示。

表 1.5　状态表

KA1	KA2	KA3	KM
0	0	0	0
0	0	1	1
0	1	0	1
0	1	1	1
1	0	0	1
1	0	1	1
1	1	0	1
1	1	1	0

2）根据表 1.5 写出 KM 的逻辑代数式。

$$KM = \overline{KA1} \cdot \overline{KA2} \cdot KA3 + \overline{KA1} \cdot KA2 \cdot \overline{KA3} + \overline{KA1} \cdot KA2 \cdot KA3 +$$

$$KA1 \cdot \overline{KA2} \cdot \overline{KA3} + KA1 \cdot \overline{KA2} \cdot KA3 + KA1 \cdot KA2 \cdot \overline{KA3}$$

3）利用逻辑代数基本公式化简最简"与或非"式。

$$KM = \overline{KA1} \cdot (\overline{KA2} \cdot KA3 + KA2 \cdot \overline{KA3} + KA2 \cdot KA3) +$$

$$KA1 \cdot (\overline{KA2} \cdot \overline{KA3} + \overline{KA2} \cdot KA3 + KA2 \cdot \overline{KA3})$$

$$KM = \overline{KA1} \cdot (KA3 + KA2 \cdot \overline{KA3}) + KA1 \cdot (\overline{KA3} + \overline{KA2} \cdot KA3)$$

$$KM = \overline{KA1} \cdot (KA2 + KA3) + KA1 \cdot (\overline{KA2} + \overline{KA3})$$

4）根据简化了的逻辑式绘制控制电路，如图 1.14 所示。

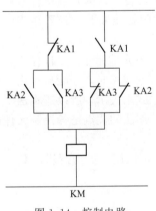

图 1.14　控制电路

另一种逻辑电路被称为时序逻辑电路，其特点是输出状态不仅与同一时刻的输入状态有关，而且与输出量的原有状态及其组合顺序有关，即输出量通过反馈作用，对输入状态产生影响。这种逻辑电路设计要设置中间记忆元件（如中间继电器等），记忆输入信号的变化，以达到各程序两两区分的目的。其设计过程比较复杂，基本步骤如下。

1）根据拖动要求，先设计主电路，明确各电动机及执行元件的控制要求，并选择产生控制信号（包括主令信号与检测信号）的主令元件（如按钮、控制开关、主令控制器等）和检测元件（如行程开关、压力继电器、速度继电器、过电流继电器等）。

2）根据工艺要求作出工作循环图，并列出主令元件、检测元件以及执行元件的状态表，写出各状态的特征码（一个以二进制数表示一组状态的代码）。

3）为区分所有状态（重复特征码）而增设必要的中间记忆元件（中间继电器）。

4）根据已区分的各种状态的特征码，写出各执行元件（输出）与中间继电器、主令元件及检测元件（逻辑变量）间的逻辑关系式。

5）化简逻辑式，据此绘制出相应控制线路。

6）检查并完善设计线路。

　　随着可编程控制器（PLC）的发展，稍复杂的电路已经被可编程控制器所取代，而我们主要是通过此种方法理解电气控制线路的实质，力求用最简单的方法设计出最实用、可靠的电路。由于这种方法设计难度较大，整个设计过程较复杂，还要涉及一些新概念，因此，在一般常规设计中，很少单独采用。其具体设计过程可参阅专门论述资料，这里不再作进一步介绍。

PLC

第 2 章

S7-200 SMART PLC硬件
系统与编程基础

2.1 S7-200 SMART PLC 概述与控制系统硬件组成

2.1.1 S7-200 SMART PLC 的特点及应用

S7-200 PLC 是德国西门子公司生产的超小型 PLC，它受到了广泛的关注。特别是 S7-200 SMART 系列 PLC（它是继 S7-200 CPU 系列产品之后西门子公司推出的小型 CPU 家族的新成员），由于具有很多的功能模块和人机界面可供选择，可以很容易地组成 PLC 网络。同时它具有编程的功能和工业控制组态软件，使得采用 S7-200 SMART 系列 PLC 来完成控制系统的设计更加简单，系统的集成非常方便，受到控制工程界的广泛认同。S7 PLC 还有 S7-300 和 S7-400 系列，它们是大中型 PLC。

S7-200 SMART PLC 可用梯形图、语句表（即指令表）和功能块图三种方式来编程。它的指令丰富，指令功能强，易于掌握，操作方便。其内置有高速计数器、高速输出、PID 控制器、RS-485 通信/编程接口、PPI 通信协议、MPI 通信协议和自由方式通信功能，I/O 端子排可以很容易地拆卸，最大可扩展到 252 点数字量 I/O 或 36 路模拟量 I/O，支持 Micro SD 卡，可实现程序的更新和 PLC 固件升级。

S7-200 SMART 系列包括许多微型可编程逻辑控制器（Micro Programmable Logic Controller，Micro PLC），这些控制器可以控制各种自动化应用。S7-200 SMART 结构紧凑、成本低廉且具有功能强大的指令集，这使其成为控制小型应用的完美解决方案。CPU 根据用户程序控制逻辑监视输入并更改输出状态，用户程序可以包含布尔逻辑、计数、定时、复杂数学运算以及与其他智能设备的通信。S7-200 SMART 产品多种多样且提供基于 Windows 的编程工具，这使得我们可以灵活地解决各种自动化问题。

2.1.2 S7-200 SMART PLC 的技术规格与分类

S7-200 SMART CPU 系列产品定位于小型自动化 PLC，CPU 本体集成了一些数字量的 I/O 口点。除本体集成的 I/O 口点，还提供了多种 I/O 口扩展模块（包括数字量输入/输出模块、模拟量输入/输出模块、RTD 和 TC 温度模块)、电池卡、通信信号卡等扩展模块，以满足不同配置的要求。CPU 具有不同型号，它们提供了各种各样的特征和功能，这些特征和功能可帮助用户针对不同的应用创建有效的解决方案，如表 2.1 所示。

表 2.1　S7-200 SMART CPU

项目	CR40	CR60	SR20	ST20	SR30	ST30	SR40	ST40	SR60	ST60
紧凑型,不可扩展	×	×								
标准,可扩展			×	×	×	×	×	×	×	×
继电器输出	×	×	×		×		×		×	
晶体管输出(DC)				×		×		×		×
I/O 点(内置)	40	60	20	20	30	30	40	40	60	60

注："×"表示该 CPU 具有的特征和功能。

全新的 S7-200 SMART 带来两种不同类型的 CPU 模块，即标准型和经济型，全方位满足不同行业、不同客户、不同设备的各种需求。标准型作为可扩展 CPU 模块，可满足对 I/O 规模有较大需求、逻辑控制较为复杂的应用；经济型 CPU 模块直接通过单机本体满足相对简单的控制需求。其中，经济型 CPU 模块 CPU CR40/CR60 不可扩展，如表 2.2 所示；标准型 CPU 模块 CPU SR20/SR30/SR40/SR60，CPU ST20/ST30/ST40/ST60 可扩展，如表 2.3 所示。

表 2.2　经济型不可扩展

特性		CPU CR40	CPU CR60
尺寸($W \times H \times D$)/mm		125×100×81	175×100×81
用户存储器	程序	12KB	12KB
	用户数据	8KB	8KB
	保持性	最大 10KB	最大 10KB
板载数字量 I/O	输入	24DI	36DI
	输出	16DQ 继电器	24DQ 继电器
扩展模块		无	无
信号板		无	无
高速计数器		100kHz 时 4 个,针对单相或 50kHz 时 2 个,针对 A/B 相	100kHz 时 4 个,针对单相或 50kHz 时 2 个,针对 A/B 相
PID 回路		8	8
实时时钟,备用时间 7 天		无	无

表 2.3　标准型可扩展

特性		CPU SR20、CPU ST20	CPU SR30、CPU ST30	CPU SR40、CPU ST40	CPU SR60、CPU ST60
尺寸($W \times H \times D$)/mm		90×100×81	110×100×81	125×100×81	175×100×81
用户存储器	程序	12KB	18KB	24KB	30KB
	用户数据	8KB	12KB	16KB	20KB
	保持性	最大 10KB	最大 10KB	最大 10KB	最大 10KB

续表

特性		CPU SR20、CPU ST20	CPU SR30、CPU ST30	CPU SR40、CPU ST40	CPU SR60、CPU ST60
板载数字量 I/O	输入	12DI	18DI	24DI	36DI
	输出	8DQ	12DQ	16DQ	24DQ
扩展模块		最多6个	最多6个	最多6个	最多6个
信号板		1	1	1	1
高速计数器		200kHz 时4个，针对单相或100kHz 时2个，针对 A/B 相	200kHz 时4个，针对单相或100kHz 时2个，针对 A/B 相	200kHz 时4个，针对单相或100kHz 时2个，针对 A/B 相	200kHz 时4个，针对单相或100kHz 时2个，针对 A/B 相
脉冲输出		2个,100kHz	3个,100kHz	3个,100kHz	3个,100kHz
PID 回路		8	8	8	8
实时时钟,备用时间7天		有	有	有	有

1）可组态 V 存储器、M 存储器、C 存储器的存储区（当前值），以及 T 存储器要保持的部分（保持性定时器上的当前值），最大可为最大指定量。

2）指定的最大脉冲频率仅适用于带晶体管输出的 CPU 型号。对于带有继电器输出的 CPU 型号，不建议进行脉冲输出操作。

2.1.3 S7-200 SMART PLC 的硬件结构

CPU 将微处理器、集成电源、输入电路和输出电路组合到一个结构紧凑的外壳中，下载用户程序后，CPU 将包含监控应用中的输入和输出设备所需的逻辑。S7-200 SMART PLC 硬件结构如图 2.1 所示。

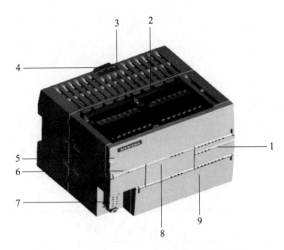

图 2.1　S7-200 SMART PLC 硬件结构图

1—I/O 的 LED；2—端子连接器；3—以太网通信端口；4—用于在标准（DIN）导轨上安装的夹片；5—以太网状态 LED（保护盖下面）：LINK、RX/TX；6—状态 LED：RUN、STOP 和 ERROR；7—RS-485 通信端口；8—可选信号板（仅限标准型）；9—存储卡连接（保护盖下面）

S7-200 SMART PLC 属于叠装类结构，它是整体式与模块式的集合。S7-200 SMART PLC 由 S7-200 SMART CPU 模块、扩展单元、个人计算机（PC）或编程器、STEP 7-Micro/WIN SMART 编程软件以及通信电缆等组成，如图 2.2 所示。

S7-200 SMART 的各 CPU 模块是整体式结构，但扩展后的 S7-200 系统是模块化结构。S7-200 SMART 这种结构形式，使得它集中了两种结构的优点。使用 STEP 7-Micro/WIN SMART 编程软件能很方便地对其进行编程，所以在小系统中 S7-200 SMART 应用广泛。

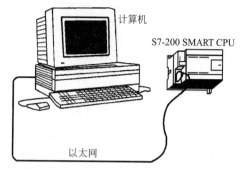

图 2.2　S7-200 SMART PLC 系统构成

2.1.4　S7-200 SMART PLC 扩展模块

S7-200 SMART 系列 CPU 提供一定数量的主机 I/O 点，当主机点数不够时，就可以使用扩展的接口模块了。S7-200 SMART 的接口模块有数字量模块、模拟量模块和智能模块等。数字量扩展模块有数字量输入扩展模块、数字量输出扩展模块和数字量输入/输出扩展模块。数字量扩展模块与外部接线的连接一般采用接线端子。模块使用可以拆卸的插座型端子板，不需断开端子板上的外部连线，就可以快速地更换模块。

2.1.4.1　数字量输入扩展模块

数字量输入扩展模块的每一个输入点可接收一个来自用户设备的数字信号（ON/OFF），典型的输入设备有按钮、限位开关、选择开关和继电器触点等。每个输入点与一个且仅与一个输入电路相连，通过 PLC 中的输入接口电路把现场数字信号转换成 CPU 能接收的标准电信号。数字量输入扩展模块可分为直流输入扩展模块和交流输入扩展模块，以适应实际生产现场中输入信号电平的多样性。

（1）直流输入扩展模块（EM 221 8×DC24V）

直流输入扩展模块（EM 221 8×DC24V）有 8 个数字量输入端子。图 2.3 所示为直流输入模块端子的输入接线图，图中 8 个数字量输入点分为 2 组，1M、2M 分别为 2 组输入点内部电路的公共端，每组需要用户提供一个 DC24V 电源。

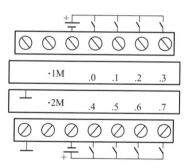

图 2.3　直流输入扩展模块端子的输入接线图

图 2.4 为直流输入模块的内部电路和外部接线图，图中只画出了一路输入电路，输入电流为数毫安。光电耦合器隔离了输入电路与 PLC 内部电路的电气连接，使外部信号通过光电耦合器变成内部电路能接收的标准信号。当现场开关闭合后，外部直流电压经过电阻 R_1 和阻容滤波后加到双向光电耦合器的发光二极管上，经光电耦合器，光敏晶体管接收光信号，并将接收的信号送入内部电路，在输入采样时送至输入映像寄存器。现场开关通/断状态对应输入映像寄存器的 I/O 状态，即当现场开关闭合时，对应的输入映像寄存器为"1"状态；当现场开关断开时，对应的输入映像寄存器为"0"状态。当输入端的发光二极管（VL）点亮，即指示现场开关闭合。外部直流电源用于检测输入点的状态，其极性可以任意接入。图 2.4 中，电阻 R_2 和电容 C 构成滤波电路，可滤掉输入信号的高频抖动。双向光电耦合器起整流和隔离的双重作用，双向发光二极管 VL 用于状态指示。

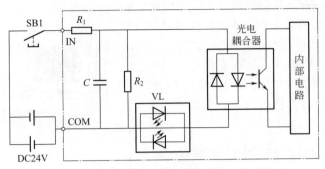

图 2.4　直流输入模块的内部电路和外部接线图

（2）交流输入扩展模块（EM 221 8×AC120/230V）

交流输入方式适合在有油雾、粉尘的恶劣环境下使用。交流输入扩展模块（EM 221 8×AC120/230V）有 8 个分隔式数字量输入端子，交流输入扩展模块端子接线如图 2.5 所示。图中每个输入点都占用两个接线端子，它们各自使用 1 个独立的交流电源（由用户提供）。这些交流电源可以不同相。

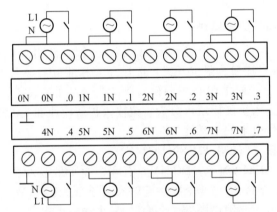

图 2.5　交流输入扩展模块端子接线图

交流输入扩展模块的输入电路如图 2.6 所示。当现场开关闭合后，交流电流经 C、R_2、双向光电耦合器中的一个发光二极管，使发光二极管发光，经光电耦合器，光敏晶体管接收光信号，并将该信号送至 PLC 内部电路，供 CPU 处理，双向发光二极管 VL 指示输入状态。为防止输入信号过高，每路输入信号并接取样电阻 R_1 用来限幅；为减少高频信号串扰，串接 R_2、C 作为高频去耦电路。

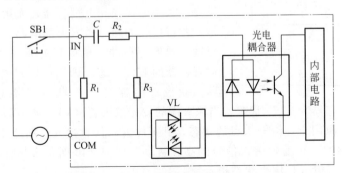

图 2.6　交流输入扩展模块的输入电路

为更好地满足应用要求，S7-200 SMART 系列包括各种扩展模块和信号板。可将这些扩展模块与标准 CPU 型号（SR20、ST20、SR30、ST30、SR40、ST40、SR60 或 ST60）搭配使用，为 CPU 增加附加功能。表 2.4 列出了当前提供的扩展模块。

表 2.4　扩展模块和信号板

类型	仅输入	仅输出	输入/输出组合	其他
数字信号模块	8 个直流输入	• 8 个直流输出 • 8 个继电器输出	• 8 个直流输入/8 个直流输出 • 8 个直流输入/8 个继电器输出 • 16 个直流输入/16 个直流输出 • 16 个直流输入/16 个继电器输出	
模拟信号模块	• 4 个模拟量输入 • 2 个 RTD 输入 • 4 个热电偶输入	2 个模拟量输出	4 个模拟量输入/2 个模拟量输出	
信号板	1 个模拟量输出		2 个直流输入/2 个直流输出	• RS-485/RS-232 • 电池板

2.1.4.2　数字量输出扩展模块

数字量输出扩展模块的每一个输出点能控制一个用户的数字型（ON/OFF）负载。典型的负载包括继电器线圈、接触器线圈、电磁阀线圈、指示灯等。每一个输出点与一个且仅与一个输出电路相连，通过输出电路把 CPU 运算处理的结果转换成驱动现场执行机构的各种大功率开关信号。

由于现场执行机构所需电流是多种多样的，因而，数字量输出扩展模块分为直流输出扩展模块、交流输出扩展模块、交直流输出扩展模块三种。

（1）直流输出扩展模块（EM 222 8×DC24V）

直流输出扩展模块（EM 222 8×DC24V）有 8 个数字量输出点，图 2.7 所示为直流输出扩展模块端子的接线图，图中 8 个数字量输出点分成两组，1L＋、2L＋分别是两组输出点内部电路的公共端，每组需用户提供一个 DC24V 的电源。

直流输出扩展模块是晶体管输出方式，或用场效应晶体管（MOSFET）驱动。图 2.8 所示为直流输出扩展模块的输出电路。当 PLC 进入输出刷新阶段时，通过数据总线把 CPU 的运算结果由输出映像寄存器集中传送给输出锁存器；输出锁存器的输出使光电耦合器的发光二极管发光，光敏晶体管受光导通后，使场效应晶体管饱和导通，相应的直流负载在外部直流电源的激励下通电工作。当对应的输出映像寄存器状态为"1"时，负载在外部电源激励下通电工作；当对应的输出映像寄存器状态为"0"时，外部负载断电，停止工作。图 2.8 中光电

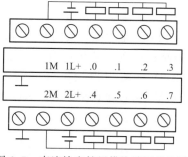

图 2.7　直流输出扩展模块端子接线图

耦合器实现光电隔离，场效应晶体管作为功率驱动的开关器件，稳压管用于防止输出端过电压以保护场效应晶体管，发光二极管用于指示输出状态。

晶体管（或场效应晶体管）输出方式的特点是输出响应速度快。场效应晶体管的工作频率可达 20kHz。

（2）交流输出扩展模块（EM 222 8×AC120/230V）

交流输出扩展模块（EM 222 8×AC120/230V）有 8 个分隔式数字量输出点，图 2.9 所

示为交流输出扩展模块端子接线图。图中每个输出点占用两个接线端子，且它们各自都由用户提供一个独立的交流电源，这些交流电源可以不同相。

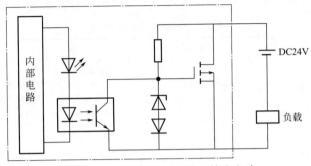

图 2.8　直流输出扩展模块的输出电路

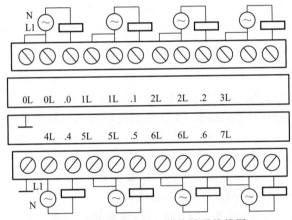

图 2.9　交流输出扩展模块端子接线图

交流输出扩展模块是晶闸管输出方式，其特点是输出启动电流大。当 PLC 有信号输出时，通过输出电路使发光二极管导通，通过光电耦合器使双向晶闸管导通，交流负载在外部交流电源的激励下得电。发光二极管 VL 点亮，指示输出有效。图 2.10 中，固态继电器（AC SSR）是功率放大的开关器件，同时也是光电隔离器件；电阻 R_2 和电容 C 组成高频滤波电路；压敏电阻起过电压保护作用，消除尖峰电压。用双向晶闸管作为输出元件的 AC230V 的输出模块，每点的额定输出电流为 0.5A，灯负载为 60W，最大漏电流为 1.8mA，由接通到断开的最大时间为 0.2ms 与工频半周期之和。

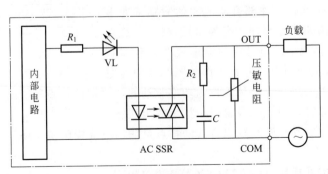

图 2.10　交流输出电路

（3）交直流输出扩展模块（EM 222 8×继电器）

交直流输出扩展模块（EM 222 8×继电器）有 8 个输出点，分成两组，1L、2L 是每组输出点内部电路的公共端。每组需用户提供一个外部电源（可以是直流电源，也可以是交流电源）。图 2.11 所示为交直流输出扩展模块端子接线图。

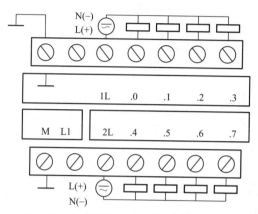

图 2.11　交直流输出扩展模块端子接线图

交直流输出扩展模块是继电器输出方式，其输出电路如图 2.12 所示。当 PLC 有信号输出时，输出接口电路使继电器线圈激励，继电器触点的闭合使负载回路接通，同时状态指示发光二极管 VL 导通点亮。根据负载的性质（直流负载或交流负载）来选用负载回路的电源（直流电源或交流电源）。输出电流的额定值与负载的性质有关，例如，S7-200 SMART 的继电器输出电路可以驱动 2A 的电阻性负载，但是只能驱动 200W 的白炽灯。输出电路一般分为若干组，对每一组的总电流也有限制。

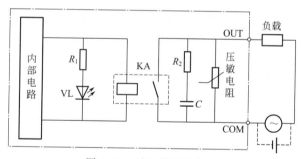

图 2.12　继电器输出电路

图 2.12 中，继电器是功率放大的开关器件，同时又是电气隔离器件。为消除继电器触点的火花，并联有阻容熄弧电路。在继电器的触点两端，还并联有金属氧化膜压敏电阻，当外接交流电压低于 150V 时，其阻值极大，视为开路；当外接交流电压为 150V 时，压敏电阻开始导通，随着电压的增加其导通程度迅速增加，以使电平被钳位，不使继电器触点在断开时出现两端电压过高的现象，从而保护该触点。电阻 R_1 和发光二极管 VL 组成输出状态显示电路。

继电器输出模块的使用电压范围广，导通压降小，承受瞬时过电压和过电流（可达 2～4A）的能力较强，可带交流、直流负载，适应性强，但是动作速度较慢，寿命（动作次数）有一定的限制。如果系统输出量的变化不是很频繁，建议优先选用继电器型的输出模块。场效应晶体管型输出模块用于直流负载，它的反应速度快、寿命长、过载能力稍差。

2.2 适用于 S7-200 SMART 的 HMI 设备

S7-200 SMART 支持 Comfort HMI、SMART HMI、Basic HMI 和 Micro HMI。表 2.5 为 TD400C 和 SMART LINE 触摸面板。

表 2.5 TD400C 和 SMART LINE 触摸面板

	文本显示单元：TD400C 是一款显示设备，可以连接到 CPU。使用文本显示向导，可以轻松地对 CPU 进行编程，以显示文本信息和其他与应用有关的数据。TD400C 设备可以作为应用的低成本接口，使用该设备可查看、监视和更改与应用有关的过程变量
	Basic HMI：SMART LINE 触摸面板可为小型机器和工厂提供操作和监视功能。组态和调试时间短以及可在 WinCC flexible/WinCC Basic/STEP 7 Basic 和 PROFINET 接口中组态是这些 HMI 的主要特点

2.3 S7-200 SMART PLC 的安装及寻址方式

2.3.1 PLC 的安装

S7-200 SMART CPU、EM 扩展模块、SB 信号板等硬件设备都必须在断电的情况下进行安装和拆卸。S7-200 SMART PLC 是敞开式控制器。必须将 PLC 安装在机柜、控制柜或电控室内。仅限获得授权的相关人员可以打开机柜、控制柜或进入电控室。S7-200 SMART 可采用水平或垂直方式安装在面板或标准 35mmDIN 导轨上。S7-200 SMART 体积小，用户能更有效地利用空间。将设备与热源、高压和电气噪声隔离开，作为布置系统中各种设备的基本规则，必须将产生高压和高电噪声的设备与 PLC 等低压逻辑型设备隔离开。在面板上配置 PLC 的布局时，应注意发热设备并将电子型设备安装在控制柜中温度较低的区域内。避免暴露在高温环境中可延长所有电子设备的使用寿命，还要考虑面板中设备的布线。避免将低压信号线和通信电缆铺设在具有交流电源线和高能量快速开关直流线的槽中，留出足够的间隙以便冷却和接线，S7-200 SMART 设备设计成通过自然对流冷却。为保证适当冷却，必须在设备上方和下方留出至少 25mm 的间隙。此外，模块前端与机柜内壁间至少应留出 25mm 的距离，如图 2.13 所示。

根据实际模块的宽度确定导轨长度。根据表 2.6 列出的 PLC 和模块尺寸值来计算导轨的长度。

表 2.6 PLC 和模块尺寸值

S7-200 SMART 模块	宽度 A/mm	宽度 B/mm
CPU SR20 和 CPU ST20	90	45
CPU SR30 和 CPU ST30	110	55

续表

S7-200 SMART 模块		宽度 A/mm	宽度 B/mm
CPU CR40、CPU SR40 和 CPU ST40		125	62.5
CPU CR60、CPU SR60 和 CPU ST60		175	87.5
扩展模块	EM 4AI、EM 2AQ、EM 8DI、EM 8DQ 和 EM 8DQRLY	45	22.5
	EM 8DI/8DQ 和 EM 8DI/8DQRLY	45	22.5
	EM 16DI/16DQ 和 EM 16DI/16DQRLY	70	35
	EM 4AI/2AQ	45	22.5
	EM 2RTD	45	22.5
	EM 4TC	45	22.5

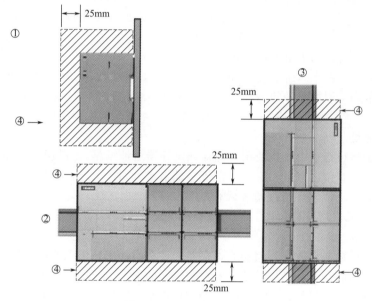

图 2.13 PLC 安装尺寸

①侧视图；②水平安装；③垂直安装；④空隙区域

CPU 和扩展模块都有安装孔，可以很方便地安装到面板上，如图 2.14 所示。

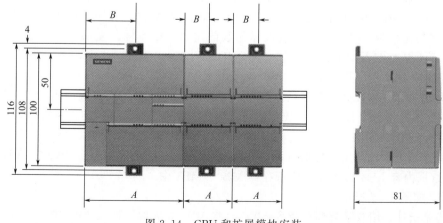

图 2.14 CPU 和扩展模块安装

2.3.2　PLC 的寻址方式

在执行程序过程中，处理器根据指令中所给的地址信息来寻找操作数的存放地址的方式叫寻址方式。S7-200 SMART PLC 的寻址方式有立即寻址、直接寻址、间接寻址，如图 2.15 所示。

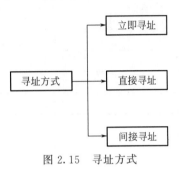

图 2.15　寻址方式

(1)　立即寻址

可以立即进行运算操作的数据叫作立即数，对立即数直接进行读写的操作寻址称为立即寻址。立即寻址可用于提供常数和设置初始值等。立即寻址的数据在指令中常常以常数的形式出现，常数可以为字节、字、双字等数据类型。CPU 通常以二进制方式存储所有常数，指令中的常数也可以十进制、十六进制、ASCII 码等形式表示，具体格式如下。

二进制格式：在二进制数前加 2♯ 表示二进制格式，如 2♯1010。

十进制格式：直接用十进制数表示即可，如 8866。

十六进制格式：在十六进制数前加 16♯ 表示十六进制格式，如 16♯2A6E。

ASCII 码格式：用加引号的 ASCII 码文本表示，如 "Hi"。

需要指出，"♯" 为常数格式的说明符，若无 "♯" 则默认为十进制。

(2)　直接寻址

直接寻址是指在指令中直接使用存储器或寄存器地址编号，直接到指定的区域读取或写入数据。直接寻址有位、字节、字和双字等寻址格式，如：11.5，QB0，VW100，VD100。

需要说明的是，位寻址的存储区域有 I、Q、M、SM、L、V、S；字节、字、双字寻址的存储区域有 I、Q、M、SM、L、V、S、AI、AQ。

(3)　间接寻址

间接寻址是指数据存放在存储器或寄存器中，在指令中只出现所需数据所在单元的内存地址，即指令给出的是存放操作数地址的存储单元的地址，我们把存储单元地址的地址称为地址指针。在 S7-200 SMART PLC 中只允许使用指针对 I、Q、M、L、V、S、T（仅当前值）、C（仅当前值）存储区域进行间接寻址，而不能对独立位（bit）或模拟量进行间接寻址。

1）建立指针　间接寻址前必须事先建立指针，指针为双字（即 32 位），存放的是另一个存储器的地址，指针只能为变量存储器（V）、局部存储器（L）或累加器（AC1、AC2、AC3）。建立指针时，要使用双字传送指令（MOVD）将数据所在单元的内存地址传送到指针中，双字传送指令（MOVD）的输入操作数前需加 "&" 号，表示送入的是某一存储器的地址，而不是存储器中的内容，如 "MOVD& VB200，AC1" 指令，表示将 VB200 的地址送入累加器 AC1 中，其中累加器 AC1 就是指针。

2）利用指针存取数据　在利用指针存取数据时，指令中的操作数前需加 "＊" 号，表示该操作数作为指针，如 "MOVW＊AC1，AC0" 指令，表示把 AC1 中的内容送入 AC0 中，间接寻址图示如图 2.16 所示。

3）间接寻址举例　用累加器（AC1）作地址指针，将变量存储器 VB200、VB201 中的 2 个字节数据内容 1234 移入标志位寄存器 MB0、MB1 中。

解析：如图 2.17 所示。

① 建立指针，用双字节移位指令 MOVD 将 VB200 的地址移入 AC1 中。

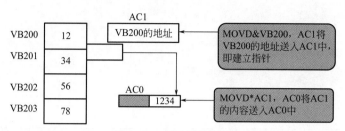

图 2.16　间接寻址图示

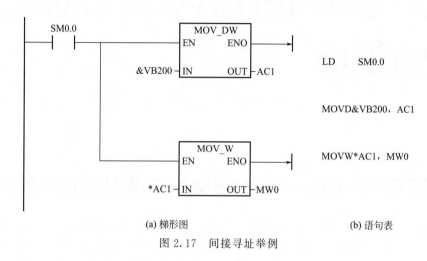

(a) 梯形图　　　　　　　　　　　　　(b) 语句表

图 2.17　间接寻址举例

② 用字移位指令 MOVW 将 AC1 中的地址 VB200 所存储的内容（VB200 中的值为 12，VB201 中的值为 34）移入 MW0 中。

第 3 章
STEP 7-Micro/WIN SMART
软件的使用

3.1 STEP 7-Micro/WIN SMART 编程软件的界面

STEP 7-Micro/WIN SMART 是西门子公司专门为 S7-200 SMART PLC 设计的编程软件，其功能强大，可在 Windows XP SP3 和 Windows 7 操作系统上运行，支持梯形图、语句表、功能块图 3 种语言，可进行程序的编辑、监控、调试和组态。其安装文件还不足 100MB。在沿用 STEP 7-Micro/WIN 优秀编程理念的同时，设计更加人性化，使编程更容易上手，项目开发更加高效。

作为新一代的小型控制器的编程和组态软件，STEP 7-Micro/WIN SMART 采用耳目一新的彩色界面，重新整合了工具菜单的布局，同时允许用户自定义整体界面的布局和窗口大小，给用户短小精悍的使用体验。用户双击桌面的快捷方式打开该软件，首先看到如图 3.1

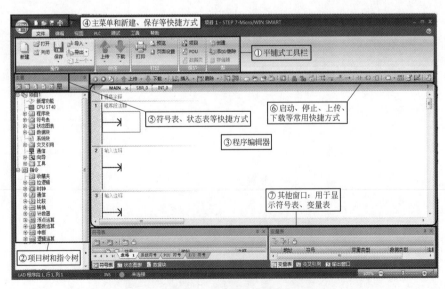

图 3.1　软件初始界面

所示的软件初始界面。其主要由下面几个重要部分组成：①平铺式工具栏；②项目树和指令树；③程序编辑器；④主菜单和新建、保存等快捷方式；⑤符号表、状态表等快捷方式；⑥启动、停止、上传、下载等常用快捷方式；⑦其他窗口：用于显示符号表、变量表等。

3.1.1　桌面菜单的结构

STEP 7-Micro/WIN SMART 软件下拉菜单的结构使用桌面平铺模式，根据功能类别分为文件、编辑、视图、PLC、调试、工具和帮助七组。这种分类方式和西门子其他工控软件类似，可以让初学者上手更加容易。"文件"菜单中主要包含对项目整体的编辑操作，以及上传/下载、打印、保存和对库文件的操作，如图 3.2 所示。

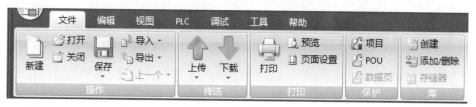

图 3.2　"文件"菜单

"编辑"菜单主要包含对项目程序的修改功能，包括剪贴板、插入和删除以及搜索功能，如图 3.3 所示。

图 3.3　"编辑"菜单

"视图"菜单包含程序编辑语言的切换、不同组件之间的切换显示、符号表和符号寻址优先级的修改、书签的使用以及打开 POU 和数据块属性的快捷方式，如图 3.4 所示。

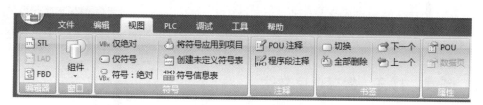

图 3.4　"视图"菜单

"PLC"菜单包含的主要功能是对在线连接的 S7-200 SMART CPU 进行操作和控制，比如控制 CPU 的运行状态、编译和传送项目文件、清除 CPU 中项目文件、比较离线和在线的项目程序、读取 PLC 信息以及修改 CPU 的实时时钟，如图 3.5 所示。

"调试"菜单的主要功能是在线连接 CPU 后，对 CPU 中的数据进行读/写和强制对程序运行状态进行监控。这里的"执行单次"和"执行多次"的扫描功能是指 CPU 从停止状态开始执行一个扫描周期或者多个扫描周期后自动进入停止状态，常用于对程序的单步或多步调试。"调试"菜单如图 3.6 所示。

图 3.5 "PLC" 菜单

图 3.6 "调试" 菜单

"工具"菜单中主要包含向导和相关工具的快捷打开方式以及 STEP 7-Micro/WIN SMART 软件的选项，如图 3.7 所示。

图 3.7 "工具" 菜单

"帮助"菜单中包含软件自带帮助文件的快捷打开方式和西门子支持网站的超级链接以及当前的软件版本，如图 3.8 所示。

图 3.8 "帮助" 菜单

3.1.2 新建、打开、保存项目文件

用户可以通过下面三种方法来新建、打开和保存项目文件（如图 3.9 所示）。

1）打开主菜单选择"新建""打开"或"保存"选项。

2）单击主菜单按钮右侧的快捷按钮。

3）通过快捷键新建（Ctrl＋N）、打开（Ctrl＋O）和保存（Ctrl＋S）。

3.1.3 关闭和显示窗口

如果 STEP 7-Micro/WIN SMART 软件打开窗口过多，显

图 3.9 "新建""打开"和"保存"

示过于密集，用户可以单击窗口右上角的×按钮来关闭窗口，如图 3.10 所示。

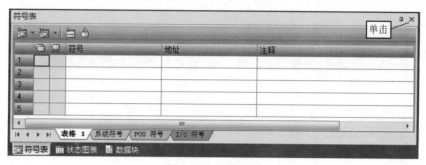

图 3.10　关闭窗口

用户可以通过单击项目树上的快捷方式，或者双击项目树中的选项名称来打开已被关闭的窗口，如图 3.11 所示。

3.1.4　隐藏或动态隐藏窗口

如果用户不希望永久关闭某个窗口，只是希望将其临时隐藏，则可以通过单击窗口右上角的┧按钮来设置窗口的动态隐藏。如果┧按钮为直立状态，则该窗口永久显示；如果┧按钮为水平状态，则该窗口动态隐藏。处于动态隐藏状态的窗口，只有当光标移动到其标签名称上时才会自动显示，如图 3.12 所示。

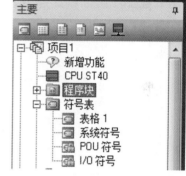

图 3.11　项目树

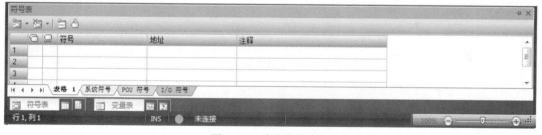

图 3.12　动态隐藏窗口

3.1.5　设置 CPU 时钟

在正式使用 S7-200 SMART CPU 之前，用户通常需要将它的出厂默认时间修改为实时的日期和时间。通过 STEP 7-Micro/WIN SMART 软件，用户可以将计算机的时间设定到 CPU 中，具体的操作步骤如下：

1）选择 PLC "修改" → "设置时钟" 选项，如图 3.13 所示。

2）连接 PLC。如果目前 STEP 7-Micro/WIN SMART 软件与 S7-200 SMART CPU 尚未建立连接，则 "通信" 对话框会自动打开，用户单击 "查找 CPU" 按钮以连接 CPU，如图 3.14 所示。

3）读取 PC 时间，设置 CPU 时间。成功建立连接后，再次选择 PLC "修改" → "设置时钟" 选项，会看到 "CPU 时钟操作" 对话框。用户首先单击 "读取 PC" 按钮读取 PC 当前的日期和时间，再单击"设置"按钮，即完成对 S7-200 SMART CPU 时钟的设置，如图 3.15 所示。

图 3.13　设置时钟

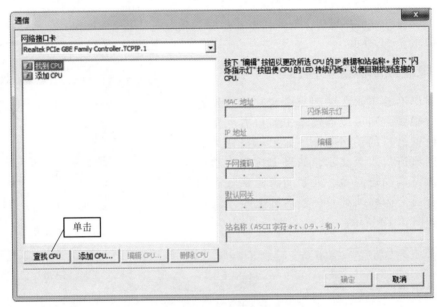

图 3.14　建立连接

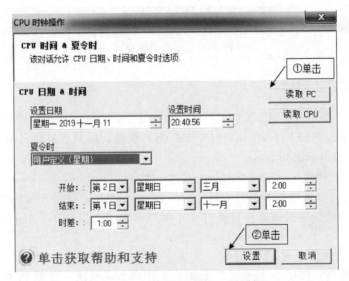

图 3.15　"CPU 时钟操作"对话框

3.1.6　向导和工具介绍

（1）向导

向导是为 S7-200 SMART CPU 的高级功能做参数配置的工具，它采用由前至后、逐步配置的方式，将比较复杂的组态步骤界面化、人性化和简单化，既适合初学者快速入门，又适合熟练者快速完成参数配置。另外，完成向导配置后，组态功能需要用到的子程序会自动生成，用户只需要正确调用这些子程序即可实现组态的复杂功能。如图 3.16 所示，向导从左至右的功能依次是：

图 3.16　向导

高速计数器![高速计数器]：组态高速计数器，并生成该功能的初始化子程序和中断服务程序。

运动![运动]：组态高速 PTO 输出以实现运动控制功能，并生成相关的子程序。

PID![PID]：组态 PID 回路控制，并生成该功能的子程序和中断服务程序。

PWM![PWM]：组态高速 PWM 输出，并生成该功能的子程序。

文本显示![文本显示]：组态配置 TD400C 文本显示器显示内容，并生成相关子程序。

Get/Put![Get/Put]：组态 S7-200 SMART CPU 之间的以太网通信，并生成相关子程序。

数据日志![数据日志]：组态数据日志功能，并生成相关子程序。

（2）工具

用户在配置了运动控制或 PID 控制功能之后，可使用工具在线连接 PLC，对已经配置并下载的高级功能进行调试。

如图 3.17 所示，工具从左到右依次是：

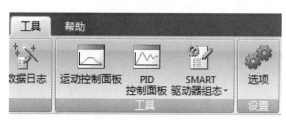

图 3.17　工具

运动控制面板![运动控制面板]：包括对运动控制的简单功能调试。

PID 控制面板![PID控制面板]：包含 PID 回路的趋势曲线、控制参数和启动自调节功能。

SMART 驱动器组态![SMART驱动器组态]：如果用户在同一台计算机中同时安装了 SINAMICS V-AS-

SISTANT 调试工具和 SMART 驱动器组态,可以将 SINAMICS V-ASSISTANT 调试工具的快捷启动方式和"SMART 驱动器组态"关联起来,关联方法是:

1)单击"SMART 驱动器组态"按钮,用户会看到如图 3.18 所示的对话框。

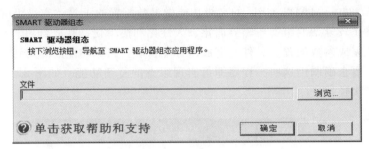

图 3.18　浏览文件

2)单击"浏览"按钮,然后选择 Windows 桌面或者安装路径中的"V-ASSISTANT"快捷启动方式,再单击 OPEN 按钮。

3)回到图 3.18 的界面后再单击"确定"按钮即可。如果用户希望取消关联 SI-NAMICS V-ASSISTANT 调试工具的快捷启动方式和"SMART 驱动器组态",则可以单击按钮的文字部分,选择 Reset 即可。

补充说明:V-ASSISTANT 是西门子为 SINAMICS V90 伺服驱动器开发的一款调试工具软件,该软件无须输入授权或者密钥,免费使用。如果用户需要,可以从西门子的全球技术资源库网站下载。如果西门子全球技术资源库网站有任何资源或者链接更新,则以西门子公司的官方最新信息为准。

3.1.7　如何使用在线帮助

在 STEP 7-Micro/WIN SMART 软件集成的在线帮助中,有大量对用户十分有帮助的信息,其内容包括软件操作、基础知识、指令介绍、高级功能介绍、调试方法、错误排查和实例等。"帮助"菜单如图 3.19 所示。

图 3.19　在线帮助菜单

在"帮助"菜单中,用户可以通过单击 Web 类别下的两个按钮转到西门子全球技术支持网站和西门子服务与支持网站,也可以直接单击"帮助"按钮打开离线帮助,如图 3.20 所示。在离线帮助左侧的目录部分有清晰的内容结构树,用户可以根据需要快速查找到目标内容。

如果用户需要快速查找到某一内容(例如错误代码),可以在索引或搜索中输入要查找的关键字,如图 3.21 所示。用户双击查找结果即可转到帮助中的相关部分,被查找的关键字会被标出。用户在编程过程中遇到了问题,也可以用鼠标选中有问题的对象,按 F1 键打开帮助中与该对象相关的部分。

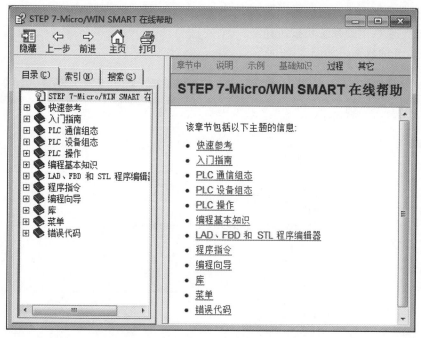

图 3.20　帮助

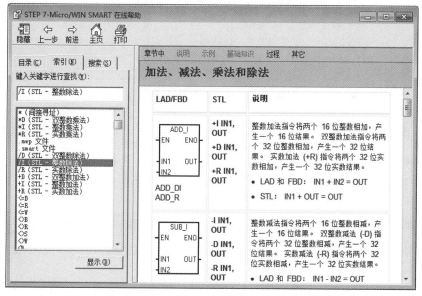

图 3.21　查找

3.2　硬件组态

　　硬件组态的目的是生成 1 个与实际硬件系统完全相同的系统。硬件组态包括 CPU 型号、扩展模块和信号板的添加，以及它们相关参数的设置。

（1）硬件配置

硬件配置前，首先打开系统块。打开系统块有 2 种方法。

1）双击项目树中的系统块图标▤。

2）单击导航栏中的系统块按钮▤。

系统块打开的界面，如图 3.22 所示。

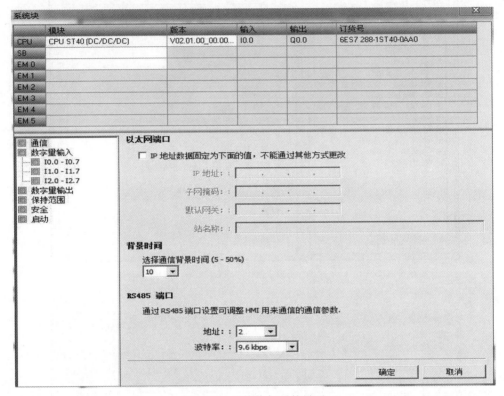

图 3.22　系统块打开的界面

① 系统块表格的第一行是 CPU 型号的设置　在第一行的第一列处，可以单击 ▼ 图标，选择与实际硬件匹配的 CPU 型号；在第一行的第三列处，显示的是 CPU 输入点的起始地址；在第一行的第四列处，显示的是 CPU 输出点的起始地址；两个起始地址均自动生成，不能更改；在第一行的第五列处，是订货号，选型时要填的。

② 系统块表格的第二行是信号板的设置　在第二行的第一列处，可以单击 ▼ 图标，选择与实际信号板匹配的类型；信号板有通信信号板、数字量扩展信号板、模拟量扩展信号板和电池信号板。

③ 系统块表格的第三行至第八行可以设置扩展模块　扩展模块包括数字量扩展模块、模拟量扩展模块、热电阻扩展模块和热电偶扩展模块。

④ 案例　某系统硬件选择了 CPU ST30、1 块模拟量输出信号板、1 块 4 点模拟量输入模块和 1 块 8 点数字量输入模块，请在软件中做好组态，并说明所占的地址。

解析：硬件组态结果，如图 3.23 所示。

a. CPU ST30 的输入点起始地址 I0.0，占 IB0 和 IB1 两个字节，还有 I2.0、I2.1 两位（注意不是整个 IB2 字节，当鼠标在 CPU 型号这行时，按图 3.24 方法确定实际的输入点）。CPU ST30 的输出点起始地址 Q0.0，占 QB0 一个字节，还有 Q1.0～Q1.3 四位，确定方法如图 3.25 所示。

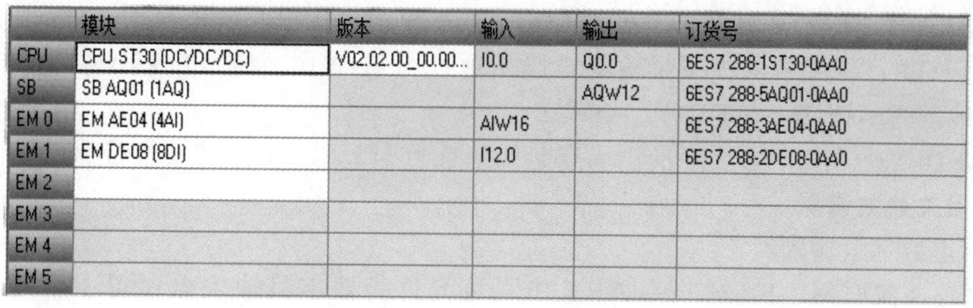

	模块	版本	输入	输出	订货号
CPU	CPU ST30 (DC/DC/DC)	V02.02.00_00.00...	I0.0	Q0.0	6ES7 288-1ST30-0AA0
SB	SB AQ01 (1AQ)			AQW12	6ES7 288-5AQ01-0AA0
EM 0	EM AE04 (4AI)		AIW16		6ES7 288-3AE04-0AA0
EM 1	EM DE08 (8DI)		I12.0		6ES7 288-2DE08-0AA0
EM 2					
EM 3					
EM 4					
EM 5					

图 3.23　硬件组态举例

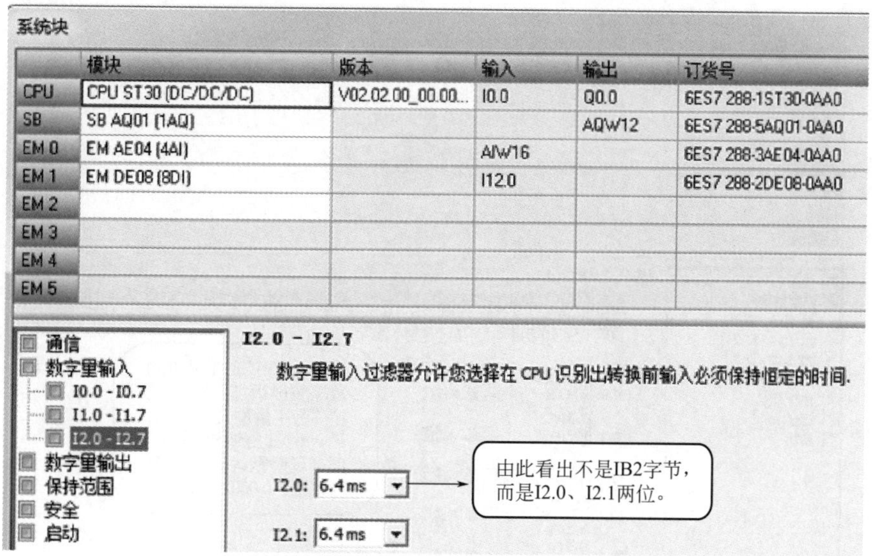

图 3.24　实际输入量确定

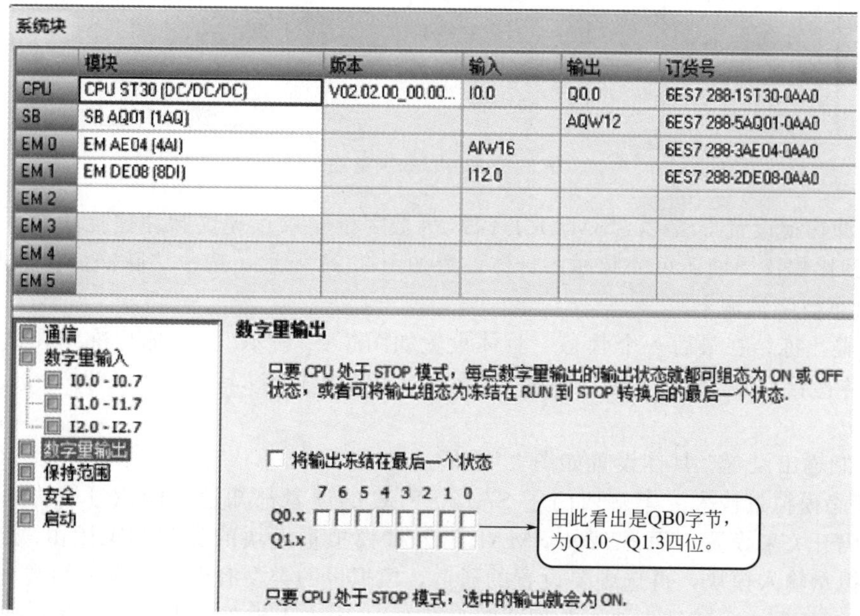

图 3.25　实际输出量确定

b. SB AQ01（1AQ）只有 1 个模拟量输出点，模拟量输出起始地址为 AQW12。

c. EM AE04（4AI）的模拟量输入点起始地址为 AIW16，模拟量输入模块共有 4 路通道，此后地址为 AIW18、AIW20、AIW22。

d. EM DE08（8DI）的数字量输入点起始地址为 I12.0，占 IB12 一个字节。

（2）相关参数设置

1）组态数字量输入

① 设置滤波时间　S7-200 SMART PLC 可允许为数字量输入点设置 1 个延时输入滤波器，通过设置延时时间，可以减小触点抖动等因素造成的干扰。具体设置如图 3.26 所示。

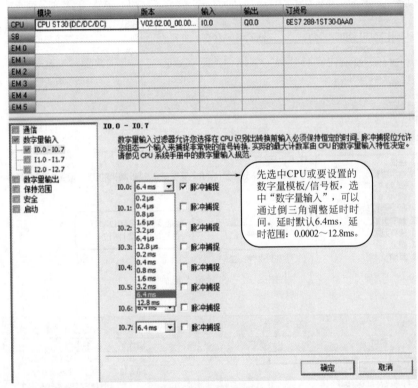

图 3.26　组态数字量输入

② 脉冲捕捉设置　S7-200 SMART PLC 为数字量输入点提供脉冲捕捉功能，脉冲捕捉可以捕捉到比扫描周期还短的脉冲。具体设置如图 3.26 所示，选中"脉冲捕捉"即可。

2）组态数字量输出

① 将输出冻结在最后一个状态　具体设置如图 3.27 所示。"将输出冻结在最后一个状态"的理解：若 Q0.1 最后 1 个状态是 1，那么 CPU 由 RUN 转为 STOP 时，Q0.1 的状态仍为 1。

② 强制输出设置　具体设置如图 3.28 所示。

3）组态模拟量输入　了解西门子 S7-200 PLC 的读者都知道，模拟量模块的类型和范围均由拨码开关来设置，而 S7-200 SMART PLC 模拟量模块的类型和范围由软件来设置。先选中模拟量输入模块，再选中要设置的通道，模拟量的类型有电压和电流两类，电压范围有±2.5V、±5V、±10V 3 种；电流范围只有 0~20mA 1 种。值得注意的是：通道 0 和通道 1 的类型相同；通道 2 和通道 3 的类型相同。具体设置如图 3.29 所示。

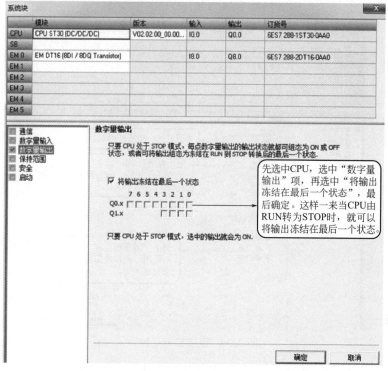

图 3.27　"将输出冻结在最后一个状态"的设置

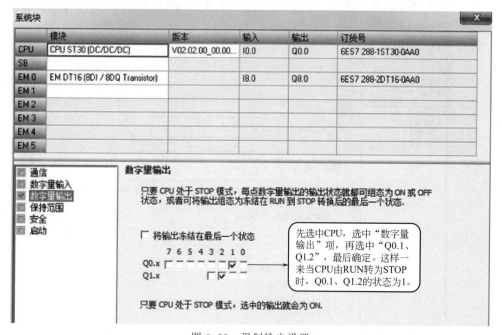

图 3.28　强制输出设置

4）组态模拟量输出　先选中模拟量输出模块，再选中要设置的通道，模拟量的类型有电压和电流两类，电压范围只有－10～10V 1 种；电流范围只有 0～20mA 1 种。组态模拟量输出如图 3.30 所示。

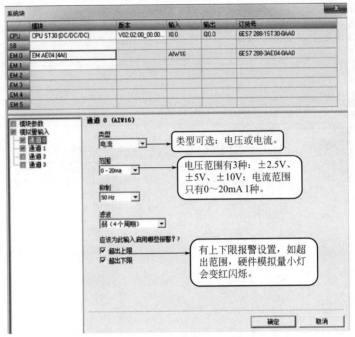

图 3.29　组态模拟量输入

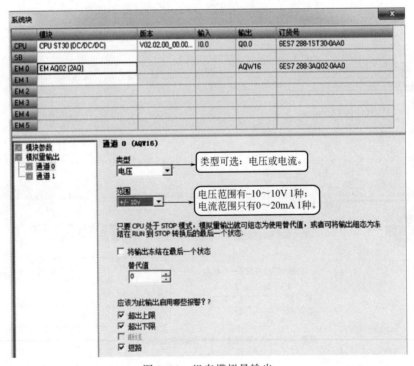

图 3.30　组态模拟量输出

（3）启动模式组态

打开"系统块"对话框，在选中 CPU 时，点击"启动"，操作者可以对 CPU 的启动模式进行选择。CPU 的启动模式有 STOP、RUN 和 LAST 3 种，操作者可以根据自己的需要进行选择。具体操作如图 3.31 所示。

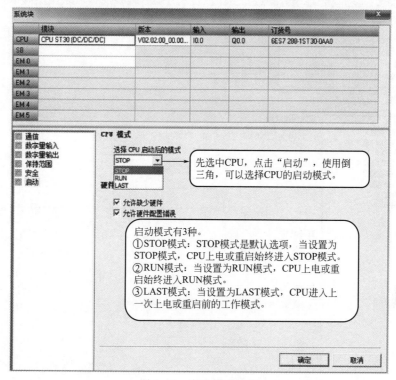

图 3.31　启动模式设置

3.3　程序的新建、编辑、下载和调试

本节以一个 S7-200 SMART CPU 的项目为例，通过编写一个简单的自锁程序来介绍新建、编辑、下载和调试程序的完整步骤。

（1）新建项目

用户通过双击桌面上的 STEP 7-Micro/WIN SMART 软件的快捷方式打开编程软件后，一个命名为"项目 1"的空项目会自动创建。

（2）硬件组

双击项目树上方的 CPU 图标，打开"系统块"对话框，选择实际使用的 CPU 类型，如图 3.32 所示。

（3）编写程序

新建项目后，主程序编辑界面会自动打开。以最常用的梯形图语言为例。

1）插入第一个触点　用鼠标单击选中程序段 1 中的向右箭头，按 F4 快捷键或者单击上方"插入触点"快捷按钮，选择插入一个常开触点，如图 3.33 所示。在地址下拉列表中选择"CPU _ 输入 0"，如图 3.34 所示。

2）插入第二个触点　再插入第二个触点，其与第一个触点之间是"或"的关系。用鼠标单击选中常开触点下方的空白区域，然后展开指令树中的"位逻辑"文件夹，双击第一个"常开触点"指令，将其添加到预先指定的位置。当然用户也可以通过拖拽和释放的方式添加指令。插入触点后，选择地址为"CPU _ 输出 0"。具体操作如图 3.35 所示。

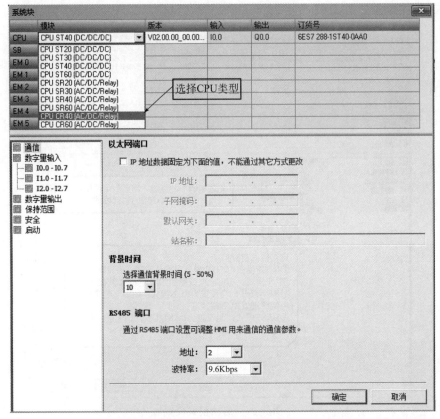

图 3.32　选择 CPU 类型

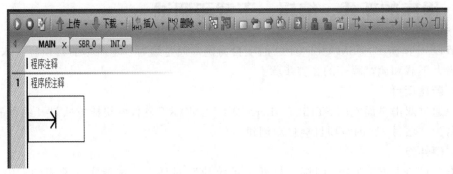

图 3.33　插入触点

3）合并能流　选中第二行的向右双箭头，再单击上方"插入向上垂直线"的快捷按钮，或者按"Ctrl＋向上键"，向上插入垂直线，如图 3.36 所示。

然后选中第一行的向右双箭头，再单击上方"插入水平线"的快捷按钮，或者按"Ctrl＋向右键"，向右插入水平线，如图 3.37 所示。

当然，连接能流的操作方式并不唯一，操作顺序也比较灵活，上文介绍的只是一种方法，供用户参考。

4）添加线圈　在指令树的"位逻辑"指令集中找到线圈指令单击选中，然后按住鼠标左键，拖拽到能流最右侧的双箭头位置，松开鼠标，即添加一个线圈到程序段 1 的末端，如图 3.38 所示。之后，为线圈指令选择地址"CPU ＿ 输出 0"。

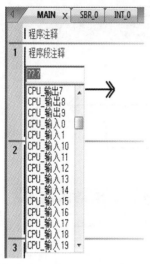

图 3.34　选择"CPU_输入 0"

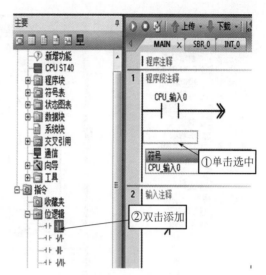

图 3.35　插入第二个触点

图 3.36　向上插入垂直线

图 3.37　向右插入水平线

5）检查编译　程序编写完成后，用户可以选择 PLC→"编译"按钮，检查有无语法错误。

6）项目下载　选择"文件"→"下载快捷方式"选项打开"通信"对话框，如图 3.39 所示。用户首先需要：

① 选择正确的网卡。

② 单击"查找 CPU"按钮。

③ 找到 CPU 后，单击选中该 CPU，单击"确定"按钮，关闭"通信"对话框。

成功建立了计算机与 S7-200 SMART CPU 的通信连接后，可以开始下载操作，如图 3.40 所示。

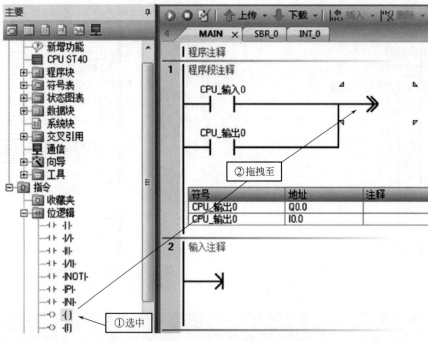

图 3.38 添加线圈

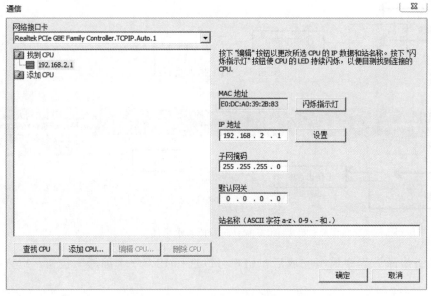

图 3.39 "通信"对话框

7）在线监控　如果下载之前 CPU 处于停止状态，那么监控之前首先需要将 CPU 切换到运行状态。用户单击程序编辑界面上方或者 PLC 菜单功能区中的"RUN"按钮即可切换。启动 CPU 如图 3.41 所示。

CPU 进入运行状态后，用户可以通过单击程序编辑界面上方的"程序状态"按钮在线监控程序的运行状态。在梯形图语言环境中，黑色的实线表示能流导通，灰色的实线表示能流中断。在线监控如图 3.42 所示。

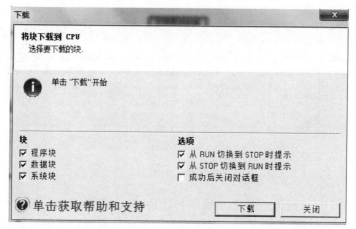

图 3.40　"下载"对话框

图 3.41　启动 CPU

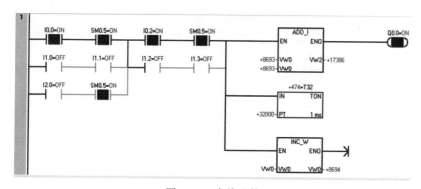

图 3.42　在线监控

3.4　变量符号表

用户可以通过单击项目树上方左边第一个"符号表"按钮来打开符号表,如图 3.43 所示。

符号表如图 3.44 所示,一个项目的符号表由操作快捷按钮、表格主体和表格标签几部分组成。

(1) 表格主体

从图 3.44 符号表中可以看出,表格主体包含符号、地址

图 3.43　打开符号表

和注释三列。

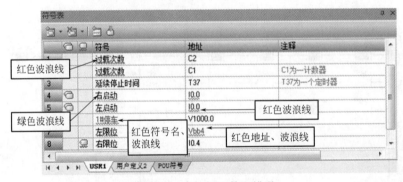

图 3.44　符号表

1）符号　"符号"一列为符号名，最多可以由 23 个字符组成，可以包含大小写字母、汉字、阿拉伯数字和一些字符。符号名必须符合下面语法规则：不能用数字作为符号名的开头；可以包含下划线等字符，但必须是 ASCII128～ASCII256 中的扩充字符；不能使用关键字（如"BOOL"）作为符号名（关键字列表请参考 STEP 7-Micro/WIN SMART 软件在线帮助）；相同的地址不能有多个符号名；相同的符号名不能分配给不同的地址。

2）地址　用户可以为 S7-200 SMART CPU 的各种地址分配符号名。可被分配符号名的地址包括：I、Q、AI、AQ、V、M、T、C、S。需要注意的是，在 STEP 7-Micro/WIN SMART 软件中新建一个项目后，通常系统符号表和 I/O 符号表会自动插入，如果需要，用户可以自行修改已有符号表中的条目，以防止对地址重复命名。

3）注释　注释最多可以包含 79 个字符，可以包含汉字、字母、数字和常用符号。

4）常见标识符和错误　常见标识符和错误如图 3.45 所示，红色的部分表示错误。

图 3.45　常见标识符和错误

① 符号名下面有红色波浪线　表示符号名重复（见图 3.45 中的"过载次数"）；

② 符号名下面有绿色波浪线　表示此符号名没有合法的数据地址相对应（见图 3.45 中的"右启动""左启动"）；

③ 符号名为红色且下方有红色波浪线　表示该符号名语法无效（见图 3.45 中的"1#停车"）；

④ 地址下方有红色波浪线　表示地址重复（见图 3.45 中的"I0.0"）；

⑤ 地址为红色且下方有红色波浪线　表示地址语法无效（见图 3.45 中的"Vbb4"）；

⑥ 图标 🖰 表示该符号名与其他符号名有地址重叠；

⑦ 图标 🖵 表示在项目中该符号名未被使用。

（2）操作快捷按钮

符号表中快捷按钮的功能从左至右依次是：添加表、删除表、创建未定义符号表和将符号表应用到项目。

1）添加表　通过"添加表"，用户可以在项目中插入一个符号表、系统符号表、I/O 映射表，或者在当前符号表中插入新一行。

2）删除表　通过"删除表"，用户可以删除一个符号表或者当前符号表中的一行。

3）创建未定义符号表　在程序中，如果用户已经使用了一个符号名，但是还未给此符号名分配数据地址，"模拟量累计"就是一个未定义的符号名，如图 3.46 所示。

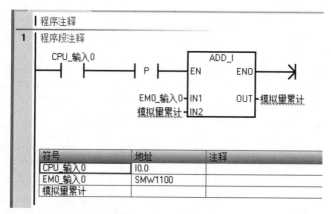

图 3.46　未定义符号名

单击"创建未定义符号表"按钮后，STEP 7-Micro/WIN SMART 软件会自动创建一个新符号表，并将项目中所有的未定义符号名罗列在这个新符号表中，未定义符号表如图 3.47 所示。用户在"地址"列中键入地址即可。注意：该地址的数据长度必须符合指令要求。

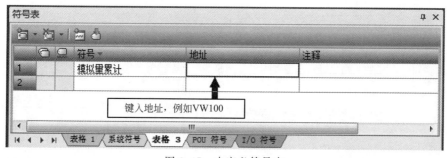

图 3.47　未定义符号表

4）将符号表应用到项目　用户在符号表中做了任何修改后，可以通过"将符号表应用到项目"按钮，将最新的符号表信息更新到整个项目中。

（3）表格标签

1）重命名用户自定义符号表　如果需要重命名某一符号表，用户可以右击需要被修改名称的符号表标签，然后在弹出的快捷菜单中选择"重命名"选项（如图 3.48 所示），符号表名称即可进入可编译状态。

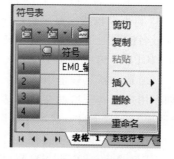

图 3.48　重命名选项

2）系统符号表　系统符号表中包含了 S7-200 SMART CPU 的所有特殊寄存器（SM）的符号定义，包含了与实际功能相关的符号名和注释中的详细描述，以方便用户在编程过程中使用。系统符号表如图 3.49 所示。

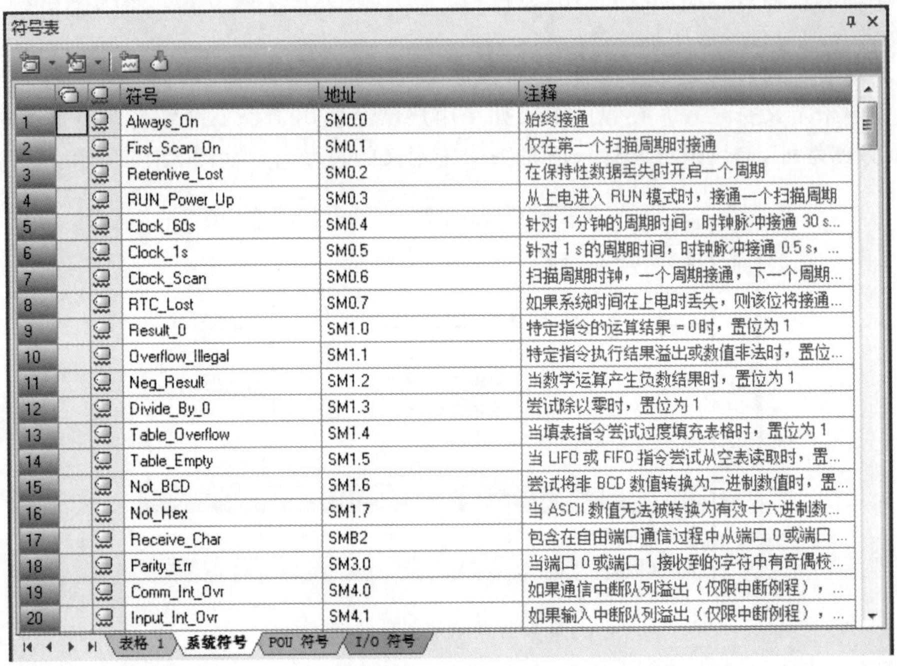

符号表

	符号	地址	注释
1	Always_On	SM0.0	始终接通
2	First_Scan_On	SM0.1	仅在第一个扫描周期时接通
3	Retentive_Lost	SM0.2	在保持性数据丢失时开启一个周期
4	RUN_Power_Up	SM0.3	从上电进入 RUN 模式时，接通一个扫描周期
5	Clock_60s	SM0.4	针对 1 分钟的周期时间，时钟脉冲接通 30 s...
6	Clock_1s	SM0.5	针对 1 s的周期时间，时钟脉冲接通 0.5 s，...
7	Clock_Scan	SM0.6	扫描周期时钟，一个周期接通，下一个周期...
8	RTC_Lost	SM0.7	如果系统时间在上电时丢失，则该位将接通...
9	Result_0	SM1.0	特定指令的运算结果 = 0时，置位为 1
10	Overflow_Illegal	SM1.1	特定指令执行结果溢出或数值非法时，置位...
11	Neg_Result	SM1.2	当数学运算产生负数结果时，置位为 1
12	Divide_By_0	SM1.3	尝试除以零时，置位为 1
13	Table_Overflow	SM1.4	当填表指令尝试过度填充表格时，置位为 1
14	Table_Empty	SM1.5	当 LIFO 或 FIFO 指令尝试从空表读取时，置...
15	Not_BCD	SM1.6	尝试将非 BCD 数值转换为二进制数值时，置...
16	Not_Hex	SM1.7	当 ASCII 数值无法被转换为有效十六进制数...
17	Receive_Char	SMB2	包含在自由端口通信过程中从端口 0 或端口 ...
18	Parity_Err	SM3.0	当端口 0 或端口 1 接收到的字符中有奇偶校...
19	Comm_Int_Ovr	SM4.0	如果通信中断队列溢出（仅限中断例程），...
20	Input_Int_Ovr	SM4.1	如果输入中断队列溢出（仅限中断例程），...

表格 1　系统符号　POU 符号　I/O 符号

图 3.49　系统符号表

3）POU 符号表　POU 符号表包含项目中所有程序组织单元的符号名信息。该表格为只读表格，如果用户需要修改子程序或中断服务程序等的 POU 符号名，则要到项目树中修改。POU 符号表如图 3.50 所示。

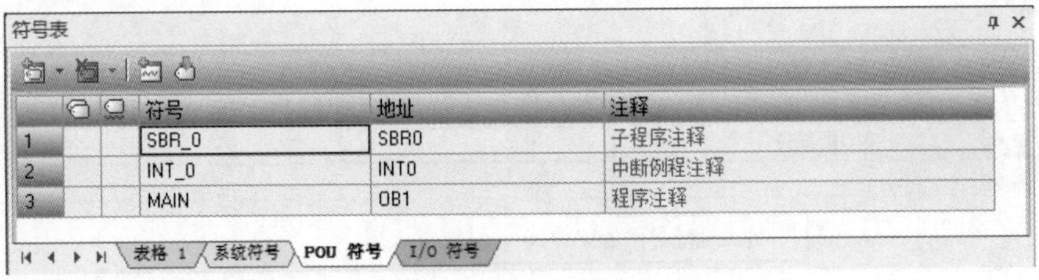

符号表

	符号	地址	注释
1	SBR_0	SBR0	子程序注释
2	INT_0	INT0	中断例程注释
3	MAIN	OB1	程序注释

表格 1　系统符号　POU 符号　I/O 符号

图 3.50　POU 符号表

4）I/O 符号表　I/O 符号表是 STEP 7-Micro/WIN SMART 软件根据硬件组态中的 CPU 和扩展模块信息，自动生成的一个数字量和模拟量输入、输出的符号表，系统默认的符号名按照通道由物理位置决定，例如 CPU 集成的第一个数字量的输入通道默认的符号名是“CPU _ 输入 0”。I/O 符号表如图 3.51 所示。

通常，新建一个项目后，系统符号表和 I/O 符号表都是默认被自动添加到符号表中的。如果用户不希望这两个符号表被系统添加，可以在选项中进行修改。用户选择“工具”→“选项”→“项目”选项，然后在弹出的 Options 对话框中取消勾选“将系统符号添加到新项目中”和“向新项目添加 I/O 映射表”选项，如图 3.52 所示。取消勾选后，下次启动 STEP 7- Micro/WIN SMART 软件时，这两个符号表将不再被自动添加。

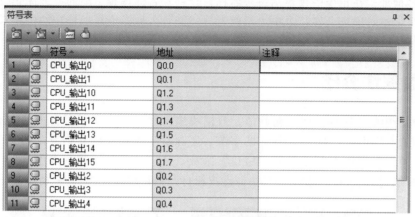

图 3.51　I/O 符号表

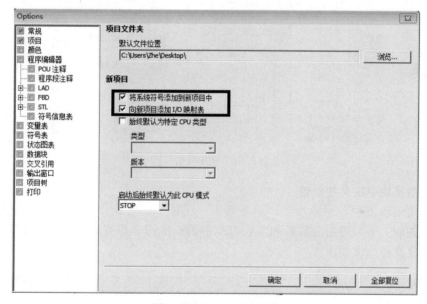

图 3.52　Options 对话框

(4) 寻址方式

STEP 7-Micro/WIN SMART 软件有三种寻址方式：仅绝对地址寻址、仅符号地址寻址和符号：绝对地址寻址。用户可以在视图菜单中进行切换，如图 3.53 所示。

图 3.53　切换寻址方式

三种寻址方式的特点是：

1) 绝对地址　在指令中仅显示绝对地址，且绝对地址具有更高的寻址优先级；

2）符号地址　在指令中仅显示符号名称，且符号名称具有更高的寻址优先级；

3）符号：绝对地址　在指令中显示两者（"符号名称＋绝对地址"的格式），符号名称具有更高的寻址优先级。

3.5　数据块介绍

数据块用于编辑 V 存储区的初始值。数据块编辑器提供一个相对自由的文本格式的编辑环境，用户在这里可以对 V 存储区的字节、字和双字等长度的数据分配初始值，并添加注释。用户可以在"视图"菜单的"窗口"区域，从"组件"下拉列表中选择"数据块"，也可以单击项目树上方的"数据块"快捷键按钮打开数据块，如图 3.54 所示。

图 3.54　打开数据块

(1) 在数据块中定义初始值

在数据块编辑器中，用户按照"地址数据//注释"的格式，为 V 存储区定义初始值。二进制、十进制、十六进制的整数和实数以及字符、字符串都可以作为 V 存储区数据的初始值。简单定义初始值如图 3.55 所示。

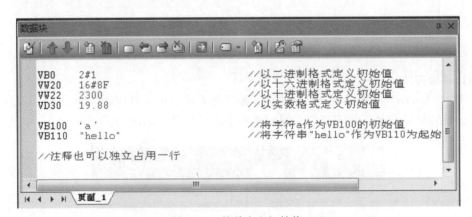

图 3.55　简单定义初始值

如果将单个字符作为初始值赋给 V 存储区，则使用单引号括住字符；如果将一定长度的字符串作为初始值赋给 V 存储区，则使用双引号括住字符串；上面举例中对 VB110 为起始地址的赋值是对 VB110 起始的一个连续地址区域的赋值，以"hello!"为例，该字符串包含 6 个字符，因此 VB110＝6，从 VB111 开始的 6 个字节地址依次存储字符 "h" "e" "l"
"l" "o" "!"。

在数据块中，用户还可以使用隐含寻址的方式快速地对一个连续的地址区域定义初
始值。

1) 如果一个连续的地址区域的变量数据类型都相同，可以采用的定义格式是：

地址　数据 1，数据 2，数据 3，…//注释

2) 如果一个连续的地址区域的数据类型不相同，可以采用的定义格式是：

地址（V＋字节偏移量）　　　数据 1　　　　//注释

　　　　　　　　　　　　　数据 2

　　　　　　　　　　　　　数据 3

上面描述的两种定义格式的关键区别在于地址的格式中是否包含长度信息（如 VW40
和 V50），用换行的方式或者用逗号分隔数据都可以。隐含寻址定义如图 3.56 所示。

图 3.56　隐含寻址定义

在数据块中也可以使用符号寻址的方式，对 V 存储区的地址定义初始值，符号寻址方
式如图 3.57 所示。

图 3.57　符号寻址方式

如果在数据块中定义格式不当，软件会用不同的方式提示用户出现错误，例如左边的红
色叉子、地址或数据下方的波浪线等。如图 3.58 所示，列举了一些数据块定义的常见错误。

图 3.58　数据块定义常见错误

（2）为数据块加密

单击"数据块"工具栏的"加密"按钮，如图 3.59 所示，弹出"属性"对话框。

图 3.59　数据块加密

在"属性"对话框中勾选"密码保护此程序块"，输入用户密码，再单击"确定"即可，如图 3.60 所示。

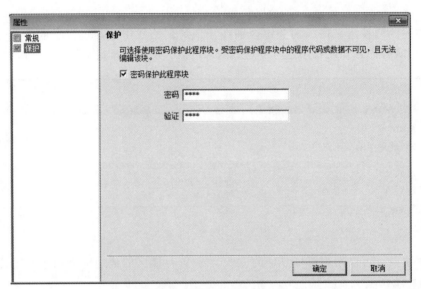

图 3.60　输入密码

加密后的数据块左上角会出现 🔒 图标，表示未经过密码验证，数据块中的内容不可被编辑修改，如图 3.61 所示。

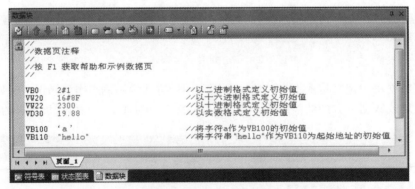

图 3.61　加密后的数据块

如果用户需要将数据块的密码删除，可以再次打开数据块"属性"对话框，转到"保护"界面。如果用户希望永久删除密码，可以勾选"永久删除密码"选项。在输入框中输入正确的密码，再单击"授权"按钮即可解除密码，如图 3.62 所示。

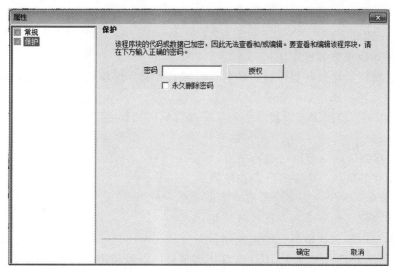

图 3.62　删除数据块密码

3.6　交叉引用

　　交叉引用是程序中数据地址、定时器、计数器和输入/输出使用情况的窗口表格，由交叉引用、字节使用和位使用三个部分组成，有利于用户查看地址是否被重叠使用。用户可以通过双击项目树中的"交叉引用"→"交叉引用"打开。请注意只有执行编译操作后交叉引用才能被显示。交叉引用如图 3.63 所示。在图 3.63 中，整个表格分为元素、块、位置和上下文四列，它们的含义是：

	元素	块	位置	上下文
1	I0.0	主程序 (OB1)	程序段 3	-||-
2	I0.1	主程序 (OB1)	程序段 11	-||-
3	Q0.0	主程序 (OB1)	程序段 17	-( )
4	Q0.1	主程序 (OB1)	程序段 10	-( )
5	T37	主程序 (OB1)	程序段 6	TON
6	T37	主程序 (OB1)	程序段 7	-||-
7	T38	主程序 (OB1)	程序段 14	TON
8	T38	主程序 (OB1)	程序段 15	-||-
9	S0.0	主程序 (OB1)	程序段 1	-(S)
10	S0.0	主程序 (OB1)	程序段 2	SCR
11	S0.0	主程序 (OB1)	程序段 15	-(SCRT)
12	S0.1	主程序 (OB1)	程序段 1	-(R)
13	S0.1	主程序 (OB1)	程序段 3	-(SCRT)
14	S0.1	主程序 (OB1)	程序段 5	SCR
15	S0.1	主程序 (OB1)	程序段 17	-||-
16	S0.2	主程序 (OB1)	程序段 1	-(R) (排列)
17	S0.2	主程序 (OB1)	程序段 7	-(SCRT)
18	S0.2	主程序 (OB1)	程序段 9	SCR
19	S0.2	主程序 (OB1)	程序段 17	-||-
20	S0.3	主程序 (OB1)	程序段 1	-(R) (排列)

交叉引用　字节使用　位使用

变量表　交叉引用　输出窗口

图 3.63　交叉引用

1）元素　使用操作数的地址和符号名，实际显示内容与当前的寻址方式有关（仅符号、仅地址、符号＋地址寻址）；

2）块　使用操作数的程序块；

3）位置　使用操作数在程序段中的具体位置，如果程序块已经加密，则显示"xxx"；

4）上下文　使用操作数的指令。

用户可以在字节使用中查看程序使用了哪些存储区的哪些字节，如图 3.64 所示。

其中：

1）b 表示存储区的一个位已经被使用；

2）B 表示存储区的一个字节已经被使用；

3）W 表示存储区的一个字已经被使用；

4）D 表示存储区的一个双字已经被使用；

5）X 表示定时器和计数器已经被使用。

按上述规则解释图 3.64：VD100 以双字为单位已经被使用，因此 VB100～VB103 对应的方框中都标注字母"D"。MB0 中的地址以位为单位被使用，因此标注小写字母"b"。MB1 和 MB2 都以字节为单位被使用，因此对应的方框标注大写字母"B"，其余内容依此类推，不再赘述。

在位使用表格中，用户以位地址为最小范围，可方便地查看存储区的位使用情况，如图 3.65 所示。

字节	9	8	7	6	5	4	3	2	1	0
VB4										
VB5										
VB6										
VB7										
VB8										
VB9										
VB10					D	D	D	D	D	D
SMB0								B	B	b
SMB1										
SMB2										
SMB3						B				B
SMB4										
SMB5										
SMB6										
SMB7										
SMB8		B	B							
SMB9						B	W	W	W	W

图 3.64　字节使用

图 3.65　位使用

与字节使用相同，不同字母表示不同的意思：

1）b 表示存储区的一个位已经被使用；

2）B 表示存储区的一个字节已经被使用；

3）W 表示存储区的一个字已经被使用；

4）D 表示存储区的一个双字已经被使用；

5）X 表示定时器和计数器已经被使用。

MB2 是以字节为单位被使用的，而 MB3 是以字为单位被使用的，MB4 没有出现表示未被使用，因此可以判断出用户中存在地址重叠，也就是既使用了 MB2，又使用了 MW2。

3.7　状态图表

状态图表是用于监控、写入或强制指定地址数值的工具表格。用户可以直接右击项目树中状态图表文件夹中的内容，通过快捷菜单选择插入或者重命名状态图表。状态图表的默认在线界面结构如图 3.66 所示，用户只需要键入需要被监控的数据地址，再激活在线功能，即可实现对 CPU 数据的监控和修改。

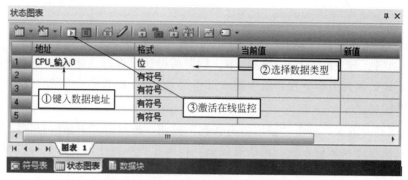

图 3.66　状态图表的默认在线界面结构

状态图表分为地址、格式、当前值和新值四列：

1）地址　填写被监控数据的地址或者符号名；

2）格式　选择被监控数据的数据类型；

3）当前值　被监控数据在 CPU 中的当前数值；

4）新值　用户准备写入被监控数据地址的数值。

状态图表上方有一排快捷按钮，如图 3.67 所示。

图 3.67　状态图表快捷按钮

快捷按钮的功能依次是：

添加一个新的状态图表；

删除当前状态图表；

开始持续在线监控数据功能；

暂停在线监控数据功能；

单次读取数据的当前值；

将新值写入被监控的数据地址；

开始强制数据地址为指定值；

暂停强制数据地址为指定值；

取消对所有数据地址的强制操作；

[图标]读取当前所有被强制为指定数值的数据地址；

[图标]用趋势图的形式显示状态图表中的数据地址的数值变化趋势；

[图标]选择当前数据寻址方式为仅符号、仅绝对或者符号＋绝对。

1）用户监控 CPU 数据的操作步骤：在地址中键入数据地址或符号名→选择正确的数据类型→单击"开始持续在线监控"按钮[图标]。

2）用户修改 CPU 数据的操作步骤：在地址中键入数据地址或符号名→选择正确的数据类型→在新值中输入准备写入 CPU 的数值→单击"将新值写入被监控的数据地址"按钮[图标]。

3）强制功能是指在每个程序的扫描周期，被强制的数据地址都会被重置为强制数值（每个扫描周期都执行一次重置）。强制 CPU 数据的操作步骤：在地址中键入数据地址或符号名→选择正确的数据类型→在新值中输入准备写入 CPU 的数值→单击"开始强制数据地址为指定值"按钮[图标]。

4）取消强制的方法：单击"读取所有强制"按钮，再单击"取消所有强制"按钮即可。

注意：完成程序调试后，应取消所有强制，以防止影响程序的正常执行；编程软件转到离线，强制不会被自动取消；关闭状态图表，强制不会被自动取消。

PLC

第4章
PLC的指令系统及编程方法

4.1 PLC 的指令系统概述

用户要能准确地编写用户程序就要熟悉编写程序时所使用的各种指令。S7-200 SMART 的基本指令多用于开关量逻辑控制，主要包括位操作类指令、定时器和计数器指令、比较操作指令、移位操作指令、程序控制指令等，是使用频率最高的指令。功能指令则是为数据运算及一些特殊功能设置的指令，如传送比较、加减乘除、循环移位、程序流程、中断及高速处理等。

PLC 指令的学习及应用要注意三个方面的事项。a. 指令的表达形式，每条指令都有梯形图与指令表两种表达形式，即每条指令都有图形符号和文字符号。b. 每条指令都有各自的使用要素。c. 指令的功能，一条指令执行过后，PLC 中哪些数据出现了，哪些变化是编程者要特别把握的。操作数的数据类型有位、字节（B）、字（W）和双字（D）。

4.2 S7-200 SMART 的基本指令

4.2.1 触点指令与逻辑堆栈指令

(1) 标准触点指令

常开触点对应的位地址为 ON 时，该触点闭合，在语句表中，分别用 LD（Load，装载）、A（And，与）和 O（Or，或）指令来表示电路开始、串联和并联的常开触点，如表 4.1 所示。触点指令中变量的数据类型为 BOOL 型。当常闭触点对应的位地址为 OFF 时，该触点闭合，在语句表中，分别用 LDN（Load Not，取反后装载）、AN（And Not，与非）和 ON（Or Not，或非）指令来表示开始、串联和并联的常闭触点。梯形图中触点中间的"/"表示常闭。

表 4.1 标准触点指令

语句表	描述	语句表	描述
LD　bit	装载，电路开始的常开触点	LDN　bit	非（取反后装载），电路开始的常闭触点

续表

语句表	描述	语句表	描述
A bit	与，串联的常开触点	AN bit	与非，串联的常闭触点
O bit	或，并联的常开触点	ON bit	或非，并联的常闭触点

（2）输出指令

输出（＝）指令对应于梯形图中的线圈。驱动线圈的触点电路接通时，有"能流"流过线圈，输出指令指定的位地址的值为1，反之则为0。输出指令将下面要介绍的逻辑堆栈的栈顶值复制到对应的位地址。

梯形图中两个并联的线圈（例如图4.1中Q0.0和M0.4的线圈）用语句表中两条相邻的输出指令来表示。图4.1中I0.6的常闭触点和Q0.2的线圈组成的串联电路与上面的两个线圈并联，但是该触点应使用AN指令，因为它与左边的电路串联。

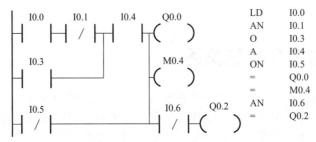

图 4.1　触点与输出指令

➡ **[例 4-1]** 已知图4.2中I0.1的波形，画出M0.0的波形。

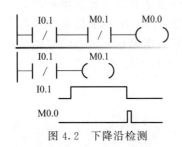

图 4.2　下降沿检测

在I0.1下降沿之前，I0.1为ON，它的两个常闭触点均断开，M0.0和M0.1均为OFF，其波形用低电平表示。在I0.1的下降沿之后第一个扫描周期，I0.1的常闭触点闭合。CPU先执行第一行的电路，因为前一个扫描周期M0.1为OFF，执行第一行指令时M0.1的常闭触点闭合，所以M0.0变为ON。执行第二行电路后，M0.1变为ON。从下降沿之后的第二个扫描周期开始，M0.1均为ON，其常闭触点断开，使M0.0为OFF。因此，M0.0只是在I0.1的下降沿这一个扫描周期为ON。

在分析电路的工作原理时，一定要有循环扫描和指令执行的先后顺序的概念。如果交换图4.2中上下两行的位置，在I0.1的下降沿之后的第一个扫描周期，M0.1的线圈先"通电"，M0.1的常闭触点断开，因此M0.0的线圈不会"通电"。由此可知，若交换相互有关联的两个程序段的相对位置，可能会使有关的线圈"通电"或"断电"的时间提前或延后一个扫描周期。因为PLC的扫描周期很短，一般为几毫秒或几十毫秒，在绝大多数情况下，这是无关紧要的。但是在某些特殊情况下，可能会影响系统的正常运行。

（3）逻辑堆栈的基本概念

S7-200 SMART有一个32位的逻辑堆栈，最上面的一层称为栈顶，用来存储逻辑运算的结果，下面的31位用来存储中间运算结果。逻辑堆栈中的数据一般按"先进后出"的原则访问，逻辑堆栈指令见表4.2。

表 4.2　逻辑堆栈的指令

语句表	描述	语句表	描述
ALD	与装载,电路块串联连接	LPP	逻辑出栈
OLD	或装载,电路块并联连接	LDS N	装载堆栈
LPS	逻辑进栈	AENO	与 ENO
LRD	逻辑读栈		

执行 LD 指令时,将指令指定的位地址中的二进制数据装载入栈顶。

执行 A (与) 指令时,指令指定的位地址中的二进制数和栈顶中的二进制数作"与"运算,运算结果存入栈顶。栈顶之外其他各层的值不变。每次逻辑运算只保留运算结果,栈顶原来的数值丢失。

执行 O (或) 指令时,指令指定的位地址中的二进制数和栈顶中的二进制数作"或"运算,运算结果存入栈顶。

执行常闭触点对应的 LDN、AN 和 ON 指令时,取出指令指定的位地址中的二进制数据后,先将它取反 (0 变为 1,1 变为 0),然后作对应的装载、与、或操作。

(4) 或装载指令

或装载 (Or Load,OLD) 指令对逻辑堆栈最上面两层中的二进制位进行"或"运算,运算结果存入栈顶。执行 OLD 指令后,逻辑堆栈的深度 (即逻辑堆栈中保存的有效数据的个数) 减 1。

触点的串并联指令只能将单个触点与别的触点或电路串并联。要想将图 4.3 中由 I0.3 和 I0.4 的触点组成的串联电路与它上面的电路并联,首先需要完成两个串联电路块内部的"与"逻辑运算 (即触点的串联),这两个电路块用 LD 或 LDN 指令来表示电路块的起始触点。前两条指令执行完后,"与"运算的结果 $S0 = I0.0 \cdot I0.1$ 存放在图 4.4 的逻辑堆栈的栈顶。执行完第 3 条指令时,I0.3 的值取反后压入栈顶,原来在栈顶的 S0 自动下移到逻辑堆栈的第 2 层,第 2 层的数据下移到第 3 层,……,逻辑堆栈最下面一层的数据丢失。执行完第 4 条指令时,"与"运算的结果 $S1 = \overline{I0.3} \cdot I0.4$ 保存在栈顶。

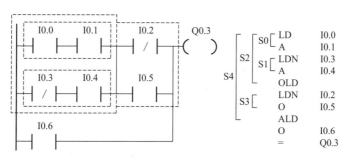

图 4.3　OLD 与 ALD 指令

第 5 条 OLD 指令对逻辑堆栈第 1 层和第 2 层的"与"运算的结果作"或"运算 (将两个串联电路块并联),并将运算结果 $S2 = S0 + S1$ 存入逻辑堆栈的栈顶,第 3~31 层中的数据依次向上移动一层。

OLD 指令不需要地址,它相当于需要并联的两块电路右端的一段垂直连线。图 4.4 逻辑堆栈中的 x 表示不确定。

(5) 与装载指令

图 4.3 的语句表中 OLD 下面的两条指令将两个触点并联,执行指令"LDN I0.2"时,

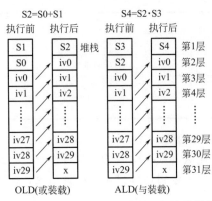

图 4.4　OLD 与 ALD 指令的逻辑堆栈操作

运算结果被压入栈顶，逻辑堆栈中原来的数据依次向下一层推移，逻辑堆栈最底层的值被推出丢失。与装载（And Load，ALD）指令对逻辑堆栈第 1 层和第 2 层的数据作"与"运算（将两个电路块串联），并将运算结果 $S4＝S2 \cdot S3$ 存入逻辑堆栈的栈顶，第 3～31 层中的数据依次向上移动一层，如图 4.4 所示。

将电路块串并联时，每增加一个用 LD 或 LDN 指令开始的电路块的运算结果，逻辑堆栈中将增加一个数据，堆栈深度加 1，每执行一条 ALD 或 OLD 指令，堆栈深度减 1。梯形图和功能块图编辑器自动地插入处理堆栈操作所需要的指令。用编程软件将梯形图转换为语句表程序时，编程软件会自动生成堆栈指令。写入语句表程序时，必须由编程人员写入这些堆栈处理指令。梯形图总是可以转换为语句表程序，但语句表不一定能转换为梯形图。

⏵ ［例 4-2］ 已知图 4.5 中的语句表程序，画出对应的梯形图。

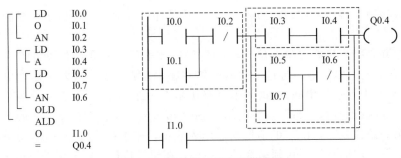

图 4.5　语句表与对应的梯形图

对于较复杂的程序，特别是含有 ORB 和 ANB 指令时，在画梯形图之前，应先分析清楚电路的串并联关系，再开始画梯形图。首先将电路划分为若干块，各电路块从含有 LD 的指令（例如 LD、LDI 和 LDP 等）开始，在下一条含有 LD 的指令（包括 ALD 和 OLD）之前结束。然后分析各块电路之间的串并联关系。在图 4.5 所示的语句表中，划分出 3 块电路。OLD 或 ALD 指令将它上面靠近它的已经连接好的电路并联或串联起来，所以 OLD 指令并联的是语句表中划分的第 2 块和第 3 块电路。由图 4.5 可以看出语句表和梯形图中电路块的对应关系。

（6）其他逻辑堆栈操作指令

逻辑进栈（Logic Push，LPS）指令复制栈顶（即第 1 层）的值并将其压入逻辑堆栈的第 2 层，逻辑堆栈中原来的数据依次向下一层推移，逻辑堆栈最底层的值被推出并丢失，如图 4.6 所示。

逻辑读栈（Logic Read，LRD）指令将逻辑堆栈第 2 层的数据复制到栈顶，原来的栈顶值被复制值替代。第 2～31 层的数据不变。图中的 x 表示任意的数。

逻辑出栈（Logic Pop，LPP）指令将栈顶值弹出，逻辑堆栈各层的数据向上移动一层，第 2 层的数据成为新的栈顶值。可以用语句表程序状态监控查看逻辑堆栈中保存的数据。

装载堆栈（Load Stack，LDS N，$N＝1～31$）指令复制逻辑堆栈内第 N 层的值到栈

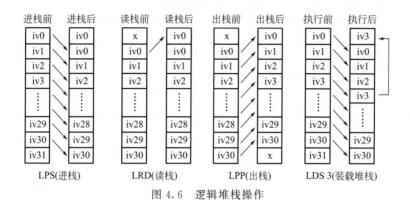

图 4.6　逻辑堆栈操作

顶。逻辑堆栈中原来的数据依次向下移动一层，逻辑堆栈最底层的值被推出并丢失。一般很少使用这条指令。

图 4.7 和图 4.8 中的分支电路分别使用堆栈的第二层和第二、三层来保存电路分支处的逻辑运算结果。每一条 LPS 指令必须有一条对应的 LPP 指令，中间的支路使用 LRD 指令，处理最后一条支路时必须使用 LPP 指令。在一块独立电路中，用进栈指令同时保存在逻辑堆栈中的中间运算结果不能超过 31 个。

图 4.8 中的第一条 LPS 指令将栈顶的 A 点的逻辑运算结果保存到逻辑堆栈的第 2 层，第二条 LPS 指令将 B 点的逻辑运算结果保存到逻辑堆栈的第 2 层，A 点的逻辑运算结果被"压"到逻辑堆栈的第 3 层。第一条 LPP 指令将逻辑堆栈第 2 层 B 点的逻辑运算结果上移到栈顶，第 3 层中 A 点的逻辑运算结果上移到逻辑堆栈的第 2 层。最后一条 LPP 指令将逻辑堆栈第 2 层的 A 点的逻辑运算结果上移到栈顶。从这个例子可以看出，逻辑堆栈"先入后出"的数据访问方式刚好可以满足多层分支电路保存和取用数据顺序的要求。

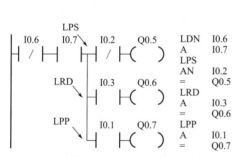

图 4.7　分支电路与逻辑堆栈指令

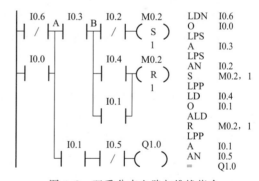

图 4.8　双重分支电路与堆栈指令

(7) 立即触点

立即（Immediate）触点指令只能用于输入位 I，执行立即触点指令时，立即读入物理输入点的值，根据该值决定触点的接通/断开状态，但是并不更新该物理输入点对应的过程映像输入寄存器。立即触点不是在 PLC 扫描周期开始时进行更新，而是在执行该指令时立即更新。在语句表中，分别用 LDI、AI、OI 来表示电路开始、串联和并联的常开立即触点，如表 4.3 所示。分别用 LDNI、ANI、ONI 来表示电路开始、串联和并联的常闭立即触点。触点符号中间的"I"和"/I"分别用来表示立即常开触点和立即常闭触点，如图 4.9 所示。

表 4.3 立即触点指令

语句表	描述	语句表	描述
LDI bit	立即装载,电路开始的常开触点	LDNI bit	取反后立即装载,电路开始的常闭触点
AI bit	立即与,串联的常开触点	ANI bit	立即与非,串联的常闭触点
OI bit	立即或,并联的常开触点	ONI bit	立即或非,并联的常闭触点

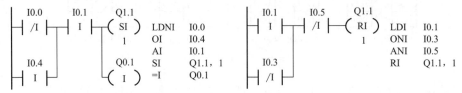

图 4.9 立即触点与立即输出指令

4.2.2 输出类指令与其他指令

输出类指令（见表 4.4）应放在梯形图同一行的最右边,指令中的变量为 BOOL 型（二进制位）。

表 4.4 输出类指令

语句表	描述	语句表	描述	语句表	描述	梯形图符号	描述
= bit	输出	S bit,N	置位	R bit,N	复位	SR	置位优先双稳态触发器
=I bit	立即输出	SI bit,N	立即置位	RI bit,N	立即复位	RS	复位优先双稳态触发器

(1) 立即输出

立即输出（=I）指令只能用于输出位 Q,执行该指令时,将栈顶值立即写入指定的物理输出点和对应的过程映像输出寄存器。线圈符号中的"I"用来表示立即输出,如图 4.9 所示。

(2) 置位与复位

置位（Set,S）指令和复位（Reset,R）指令用于将指定的位地址开始的 N 个连续的位地址置位（变为 ON）或复位（变为 OFF）,$N=1 \sim 255$,图 4.10 中 $N=1$。

置位指令与复位指令最主要的特点是有记忆和保持功能。当图 4.10 中 I0.1 的常开触点接通,M0.3 被置位为 ON。即使 I0.1 的常开触点断开,它也仍然保持为 ON。当 I0.2 的常开触点闭合时,M0.3 被复位为 OFF。即使 I0.2 的常开触点断开,它也仍然保持为 OFF。图 4.10 中的电路具有和启保停电路相同的功能。如果被指定复位的是定时器（T）或计数器（C）,将清除定时器/计数器的当前值,它们的位被复位为 OFF。

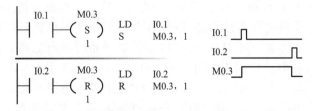

图 4.10 置位指令与复位指令

（3）立即置位与立即复位

执行立即置位（SI）指令或立即复位（RI）指令时（见图 4.9），从指定位地址开始的
N 个连续的物理输出点将被立即置位或复位，$N = 1 \sim 255$，线圈中的 I 表示立即。该指令只
能用于输出位 Q，新值被同时写入对应的物理输出点和过程映像输出寄存器。置位指令与复
位指令仅将新值写入过程映像输出寄存器。

（4）RS、SR 双稳态触发器指令

图 4.11 中标有 SR 的方框是置位优先双稳态触发器，标有 RS 的方框是复位优先双稳
态触发器。它们相当于置位（S）指令和复位（R）指令的组合，用置位输入和复位输入
来控制方框上面的位地址。可选的 OUT 连接反映了方框上面位地址的信号状态。置位输
入和复位输入均为 OFF 时，被控位的状态不变。置位输入和复位输入只有一个为 ON 时，
为 ON 的起作用。SR 触发器的置位信号 S1 和复位信号 R 同时为 ON 时，M0.5 被置位为
ON，如图 4.11 所示。RS 触发器的置位信号 S 和复位信号 R1 同时为 ON 时，M0.6 被复
位为 OFF。

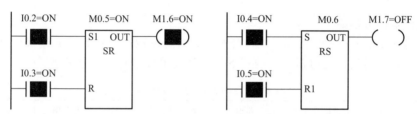

图 4.11　置位优先双稳态触发器与复位优先双稳态触发器

（5）其他位逻辑指令

1）跳变触点　正跳变触点（又称为上升沿检测器，见图 4.12）和负跳变触点（又称为
下降沿检测器）没有操作数，触点符号中间的"P"和"N"分别表示正跳变（Positive
Transition）和负跳变（Negative Transition）。正跳变触点检测到一次正跳变时（触点的输
入信号由 0 变为 1），或负跳变触点检测到一次负跳变时（触点的输入信号由 1 变为 0），触
点接通一个扫描周期。语句表中正、负跳变指令的助记符分别为 EU（Edge Up，上升沿）
和 ED（Edge Down，下降沿），见表 4.5。S7-200 SMART CPU 支持在程序中使用 1024 条
上升沿或下降沿检测器指令。EU 或 ED 分别检测到逻辑堆栈的栈顶值有正跳变和负跳变
时，将栈顶值设置为 1；否则将其设置为 0。

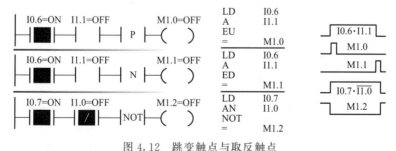

图 4.12　跳变触点与取反触点

表 4.5　其他位逻辑指令

语句	描述
EU	上升沿检测
ED	下降沿检测

语句	描述
NOT	取反
NOP N	空操作

2）取反触点　取反（NOT）触点将存放在逻辑堆栈顶部的它左边电路的逻辑运算结果取反，运算结果若为 1 则变为 0，为 0 则变为 1，该指令没有操作数。在梯形图中，能流到达该触点时即停止（见图 4.12）；若能流未到达该触点，该触点给右侧供给能流。

3）空操作指令　空操作（NOP N）指令不影响程序的执行，操作数 $N=0\sim255$。

4.3　定时器指令与计数器指令

4.3.1　定时器指令

（1）定时器的分辨率

定时器有 1ms、10ms 和 100ms 三种分辨率，分辨率取决于定时器的编号，如表 4.6 所示。输入定时器编号后，定时器方框的右下角内将会出现定时器的分辨率。

表 4.6　定时器编号与分辨率

类型	分辨率/ms	定时范围/s	定时器编号	类型	分辨率/ms	定时范围/s	定时器编号
TON/TOF	1	32.767	T32、T96	TONR	1	32.767	T0、T64
	10	327.67	T33～T36 和 T97～T100		10	327.67	T1～T4 和 T65～T68
	100	3276.7	T37～T63 和 T101～T255		100	3276.7	T5～T31 和 T69～T95

（2）接通延时定时器和保持型接通延时定时器

定时器和计数器的当前值、定时器的预设时间（Preset Time，PT）的数据类型均为 16 位有符号整数（INT），允许的最大值为 32767。除了常数外，还可以用 VW、IW 等地址做定时器和计数器的预设值。定时器指令与计数器指令见表 4.7。

表 4.7　定时器指令与计数器指令

语句表	描述	语句表	描述
TON Txxx,PT	接通延时定时器	CITIM IN,OUT	计算间隔时间
TOF Txxx,PT	断开延时定时器	CTU Cxxx,PV	加计数
TONR Txxx,PT	保持型接通延时定时器	CTD Cxxx,PV	减计数
BITIM OUT	开始间隔时间	CTUD Cxxx,PV	加/减计数

定时器方框指令左边的 IN 为使能输入端，可以将定时器方框视为定时器的线圈。

接通延时定时器（TON）和保持型接通延时定时器（TONR）的使能输入电路接通后开始定时，当前值不断增大。当前值大于等于 PT 端指定的预设值（1～32767）时，定时器位变为 ON，梯形图中对应的定时器的常开触点闭合，常闭触点断开。达到预设值后，当前值仍继续增加，直到最大值 32767。

定时器的预设时间等于预设值与分辨率的乘积，图 4.13 中的 T37 为 100ms 定时器，预设时间为 $100\text{ms}\times90=9\text{s}$。

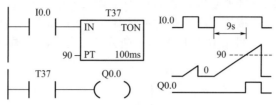

图 4.13　接通延时定时器

接通延时定时器的使能输入电路断开时，定时器被复位，其当前值被清零，定时器位变为 OFF。还可以用复位（R）指令复位定时器和计数器。

保持型接通延时定时器（TONR）的使能输入电路断开时，当前值保持不变。使能输入电路再次接通时，继续定时。可以用 TONR 来累计输入电路接通的若干个时间间隔。图 4.14 中的时间间隔 $t_1 + t_2 = 10s$ 时，10ms 定时器 T2 的定时器位变为 ON。只能用复位指令来复位 TONR。

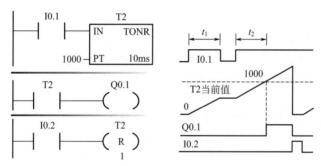

图 4.14　保持型接通延时定时器

在第一个扫描周期，所有的定时器位被清零。非保持型定时器（TON 和 TOF）被自动复位，当前值和定时器位均被清零。可以在系统块中设置有断电保持功能的 TONR 的地址范围。断电后再上电，有断电保持功能的 TONR 保持断电时的当前值不变。若要确保最小时间间隔，应将预设值 PT 增大 1。例如使用 100ms 定时器时，为确保最小时间间隔至少为 2000ms，应将 PT 设置为 21。图 4.15 是用接通延时定时器编程实现的脉冲定时器程序，在 I0.3 由 OFF 变为 ON 时（波形的上升沿），Q0.2 输出一个宽度为 3s 的脉冲，I0.3 的脉冲宽度可以大于 3s，也可以小于 3s。

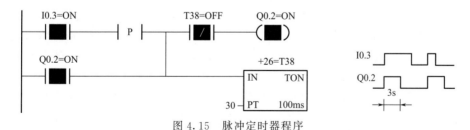

图 4.15　脉冲定时器程序

(3) 断开延时定时器指令

断开延时定时器（TOF）用来在使能输入（IN）电路断开后延时一段时间，再使定时器位变为 OFF，见图 4.16。它用 IN（输入）从 ON 到 OFF 的负跳变启动定时。断开延时定时器的使能输入电路接通时，定时器位立即变为 ON，当前值被清零。使能输入电路断开时，开始定时，当前值从 0 开始增大。当前值等于预设值时，输出位变为 OFF，当前值保持不变，直到使能输入电路接通。断开延时定时器可用于设备停机后的延时，例如大型变频电动机的冷却风扇的延时。图 4.16 同时给出了断开延时定时器的语句表程序。

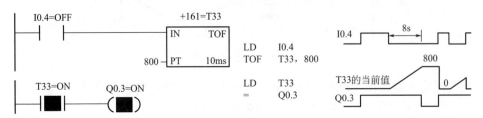

图 4.16　断开延时定时器

TOF 与 TON 不能使用相同的定时器号，例如不能同时对 T37 使用指令 TON 和 TOF。

（4）分辨率对定时器的影响

执行 1ms 分辨率的定时器指令时开始计时，其定时器位和当前值的更新与扫描周期不同步，每 1ms 更新一次。

执行 10ms 分辨率的定时器指令时开始计时，记录自定时器启用以来经过的 10ms 时间间隔的个数。在每个扫描周期开始时，10ms 分辨率的定时器的定时器位和当前值被刷新，一个扫描周期累计的 10ms 时间间隔数被累加到定时器当前值。定时器位和当前值在整个扫描周期中不变。

100ms 分辨率的定时器记录从定时器上次更新以来经过的 100ms 时间间隔的个数。在执行该定时器指令时，将从前一扫描周期起累积的 100ms 时间间隔的个数累加到定时器的当前值。为了使定时器正确地定时，应确保在一个扫描周期中只执行一次 100ms 定时器指令。启用该定时器后，如果在某个扫描周期内未执行定时器指令，或者在一个扫描周期多次执行同一条定时器指令，定时时间都会出错。

（5）间隔时间定时器

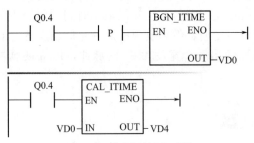

图 4.17　间隔时间定时器

在图 4.17 中 Q0.4 的上升沿执行"开始时间间隔"（BGN_ITIME）指令，读取内置的 1ms 双字计数器的当前值，并将该值储存在 VD0 中。"计算时间间隔"（CAL_ITIME）指令计算当前时间与 IN 输入端的 VD0 提供的时间（即图 4.17 中 Q0.4 的上升沿的时间）之差，并将该时间差储存在 OUT 端指定的 VD4 中。双字计数器的最大计时间隔为 2^{32} ms 或 49.7 天。CAL_ITIME 指令将自动处理计算时间间隔期间发生的 1ms 双字计数器的翻转（即它的值由最大值变为 0）。

▶ **[例 4-3]** 用定时器设计输出脉冲的周期和占空比可调的振荡电路（即闪烁电路）。

图 4.18 中 I0.3 的常开触点接通后，T41 的 IN 输入端为 ON，T41 开始定时。2s 后定时时间到了，T41 的常开触点接通，使 Q0.7 变为 ON，同时 T42 开始定时。3s 后 T42 的定时时间到，它的常闭触点断开，T41 因为 IN 输入电路断开而被复位。T41 的常开触点断开，使 Q0.7 变为 OFF，同时 T42 因为 IN 输入电路断开而被复位。复位后其常闭触点接通，下一扫描周期 T41 又开始定时。以后 Q0.7 的线圈将这样周期性地"通电"和"断电"，直到 I0.3 变为 OFF。Q0.7 的线圈"通电"和"断电"的时间分别等于 T42 和 T41 的预设值。

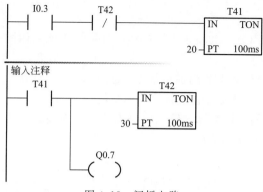

图 4.18　闪烁电路

闪烁电路实际上是一个具有正反馈的振荡电路，T41 和 T42 的输出信号通过它们的触点分别控制对方的线圈，形成了正反馈。特殊存储器位 SM0.5 的常开触点提供周期为 1s、占空比为 0.5 的脉冲信号，可以用它来驱动需要闪烁的指示灯。

（6）两条运输带的控制程序

图 4.19 所示的两条运输带顺序相连，为了避免运送的物料在下面的 1 号运输带上堆积，按下启动按钮 I0.5，1 号运输带开始运行，8s 后上面的 2 号运输带自动启动。停机的顺序与启动的顺序刚好相反，即按了停止按钮 I0.6 后，先停 2 号运输带，8s 后停 1 号运输带。PLC 通过 Q0.4 和 Q0.5 控制两台运输带。

梯形图如图 4.20 所示，程序中设置了一个用启动按钮和停止按钮控制的辅助元件 M0.0，用它的常开触点控制接通延时定时器 T39 和断开延时定时器 T40。接通延时定时器 T39 的常开触点在 I0.5 的上升沿之后 8s 接通，在它的 IN 输入端为 OFF 时（M0.0 的下降沿）断开。综上所述，可以用 T39 的常开触点直接控制 2 号运输带 Q0.5。断开延时定时器 T40 的常开触点在它的 IN 输入为 ON 时接通，在它结束 8s 延时后断开，因此可以用 T40 的常开触点直接控制 1 号运输带 Q0.4。

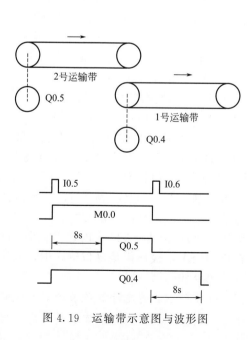

图 4.19　运输带示意图与波形图

图 4.20　梯形图

4.3.2　计数器指令

计数器的编号范围为 C0～C255，不同类型的计数器不能共用同一个计数器号。

(1) 加计数器 (CTU)

满足下列条件时，加计数器的当前值加 1（见图 4.21），直到计数最大值 32767。

1）接在 R 输入端的复位输入电路断开（未复位）。

2）接在 CU 输入端的加计数脉冲输入电路由断开变为接通（即 CU 信号的上升沿）。

3）当前值小于最大值 32767。

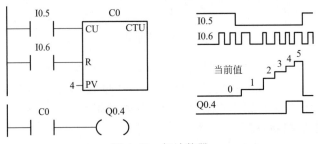

图 4.21　加计数器

当前值大于等于数据类型为 INT 的预设值 PV 时，计数器位变为 ON。当复位输入 R 为 ON 或对计数器执行复位（R）指令时，计数器被复位，计数器位变为 OFF，当前值被清零。在首次扫描时，所有的计数器位被复位为 OFF。可以用系统块设置有断电保持功能的计数器的范围。断电后又上电，有断电保持功能的计数器保持断电时的当前值不变。

在语句表中，栈顶值是复位输入（R），加计数输入值（CU）放在逻辑堆栈的第 2 层。

(2) 减计数器 (CTD)

在装载输入 LD 的上升沿，计数器位被复位为 OFF，并把预设值 PV 装入当前值寄存器。在减计数脉冲输入信号 CD（见图 4.22）的上升沿，从预设值开始，减计数器的当前值减 1，减至 0 时，停止计数，计数器位被置位为 ON。在语句表中，栈顶值是装载输入 LD，减计数输入 CD 放在逻辑堆栈的第 2 层。图 4.22 同时给出了减计数器的语句表程序。

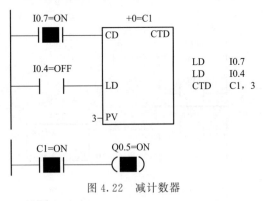

图 4.22　减计数器

(3) 加减计数器 (CTUD)

在加计数脉冲输入 CU（见图 4.23）的上升沿，计数器的当前值加 1，在减计数脉冲输入 CD 的上升沿，计数器的当前值减 1。当前值大于等于预设值 PV 时，计数器位为 ON，反之为 OFF。若复位输入 R 为 ON，或对计数器执行复位（R）指令时，计数器被复位。当前值为最大值 32767（十六进制数 16♯7FFF）时，下一个 CU 输入的上升沿使当前值加 1 后变为最小值 −32768（十六进制数 16♯8000）。当前值为 −32768 时，下一个 CD 输入的上升沿使当前值减 1 后变为最大值 32767。在语句表中，栈顶值是复位输入 R，减计数输入 CD 在逻辑堆栈的第 2 层，加计数输入 CU 在逻辑堆栈的第 3 层。

▶ ［例 4-4］用计数器设计长延时电路。S7-200 SMART 的定时器最长的定时时间为 3276.7s，如果需要更长的定时时间，可以使用图 4.24 中的计数器 C3 来实现长延时。周期为 1min 的时钟脉冲 SM0.4 的常开触点为加计数器 C3 提供计数脉冲。I0.1 由 OFF 变为 ON 时，解除了对 C3 的复位，C3 开始定时。图 4.24 中的定时时间为 30000min（500h）。

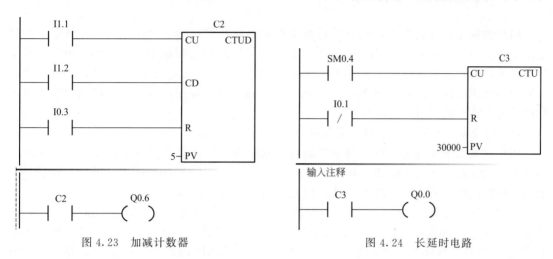

图 4.23　加减计数器　　　　　　　　　　图 4.24　长延时电路

⮞ [**例 4-5**] 用计数器扩展定时器的定时范围。

图 4.25 中的 100ms 定时器 T37 和加计数器 C4 组成了长延时电路。I0.2 为 OFF 时，T37 和 C4 处于复位状态，它们不能工作。I0.2 为 ON 时，其常开触点接通，T37 开始定时，3000s 后 T37 的定时时间到，其常开触点闭合，使 C4 加 1。T37 的常闭触点断开，使它自己复位，当前值变为 0。复位后下一扫描周期因为 T37 的常闭触点接通，它又开始定时。

T37 产生的周期为 3000s 的脉冲送给 C4 计数，计满 12000 个数（即 10000h）后，C4 的当前值等于预设值，它的常开触点闭合。设 T37 和 C4 的预设值分别为 K_T 和 K_C，对于 100ms 定时器，总的定时时间

$$T = 0.1 K_T K_C (s)$$

图 4.25 中的定时器自复位的电路只能用于 100ms 的定时器，如果需要用 1ms 或 10ms 的定时器来产生周期性的脉冲，应使用下面的程序：

```
LDN    M0.0       //T32 和 M0.0 组成脉冲发生器
TON    T32,500    //T32 的预设值为 500ms
```

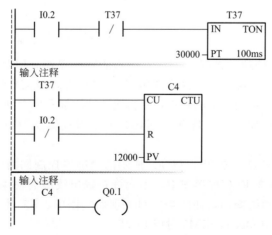

图 4.25　长延时电路

4.4　编程规则与技巧

PLC 的梯形图是在继电器触点控制系统基础上发展起来的一种编程语言。继电器控制电路是从左到右、从上到下同时工作的，而 PLC 是按照逐行扫描方式工作的。因此，在编写梯形图程序时，不可以完全按照继电器线路的设计方法进行，必须按照 PLC 的梯形图设计原则和规律进行。在 PLC 梯形图中，元器件或触点排列顺序可能会对程序执行带来很大影响，有时甚至使程序无法运行。

（1）继电器线路可使用、梯形图不能（不宜）使用的情况

PLC 梯形图的功能远远胜于继电器触点控制线路，但并非可以无条件地完全照搬继电器触点控制线路，有的线路必须通过必要的处理才能用于 PLC 梯形图中。下面 3 种情况在继电器控制回路中可以正常使用，但在 PLC 中需要经过必要的处理。

1）"桥接"支路　在梯形图中，不允许进行"垂直"方向的触点编程，这违背 PLC 的指令执行顺序。如图 4.26(a)、(c) 所示的继电器控制线路，为了节约触点，常采用"电桥型连接"（简称"桥接"支路）交叉实现对线圈 KM1、KM2 的控制。但在 PLC 梯形图控制中，只能采用图 4.26(b)、(d) 所示的程序。图中 K1 对应 I0.1，K2 对应 I0.2，K3 对应 I0.3，K4 对应 I0.4，K5 对应 I0.5，KM1 对应 Q0.1，KM2 对应 Q0.2。

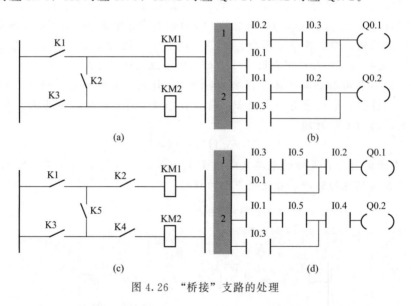

图 4.26　"桥接"支路的处理

2）并联输出支路的处理　在图 4.27(a) 所示的继电器控制回路中常用的"并联输出"支路，在梯形图中可以进行编程，但这样的编程在 PLC 处理时需要通过"堆栈"操作指令才能实现。实际使用时存在两方面的缺点：a.会无谓地增加程序存储器容量；b.在转换为指令表程序时，不便于程序阅读。宜将图 4.27(a) 所示形式转换为图 4.27(b) 或 (c) 所示形式。

3）"后置触点"的处理　在图 4.28(a) 所示的继电器控制回路中，可以在继电器线圈后使用"后置触点"。但在 PLC 梯形图中，不允许在输出线圈后使用"后置触点"，必须将输出线圈后"触点"移到线圈前，如图 4.28(b) 所示。图中，K1 对应 I0.1，K2 对应 I0.2，K3 对应 I0.3，KM1 对应 Q0.1，KM2 对应 Q0.2。

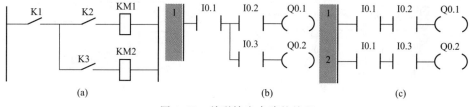

图 4.27　并联输出支路的处理

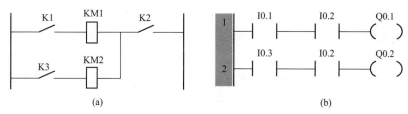

图 4.28　"后置触点"的处理

（2）梯形图能使用、继电器线路不能实现的情况

1）线圈重复　在继电器控制回路中，不能重复使用继电器线圈。但在 PLC 梯形图中，因编程需要，有时使用线圈重复输出（同一输出线圈重复使用）。如图 4.29（a）所示的梯形图中，输出线圈 Q0.3 重复使用（编程时可能提示线圈重复错误），Q0.3 的最终输出状态以最后执行的程序处理结果（第 2 次输出）为准。对于第 2 次输出前的程序段，Q0.3 的内部状态为第 1 次的输出状态。运行时序如图 4.29（b）所示，第 1 次输出时，当 I0.0 与 I0.2 同时为"1"、I0.1 与 I0.3 均为"0"时，Q0.1 将输出"1"，Q0.3 将输出"0"；第 2 次输出时，当 I0.0 与 I0.2 有一个为"0"、I0.1 与 I0.3 有一个为"1"时，Q0.3 将输出"1"，Q0.1 也将输出"1"。

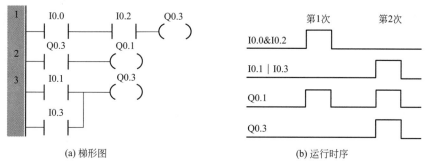

图 4.29　线圈重复输出的梯形图及其运行时序

2）边沿信号处理　在 PLC 梯形图程序中，可以实现边沿信号输出。在继电器控制回路中，类似回路的设计没有任何意义。图 4.30 所示为边沿信号输出梯形图及其运行时序。PLC 严格按照梯形图"从上到下"的时序执行，在 I0.1 为"1"的第 1 个 PLC 循环周期里，可以出现 M0.0、M0.1 同时为"1"的状态，即 M0.1 可以获得宽度为 1 个 PLC 循环周期的脉冲输出。在西门子 S7-200 SMART 系列 CPU 中已有边沿信号处理的编程指令，如指令 ┤P├、┤N├等。

（3）梯形图的优化

在编写梯形图时，某些指令的先后次序调整从实现的动作上看并无区别，但是转换为语

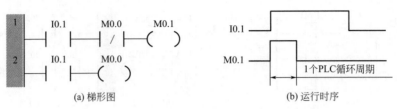

图 4.30 边沿信号输出的梯形图及其运行时序

句表后，其指令条数不同，占用的存储器容量有区别。为了简化程序，减少指令，有效地节约一些用户程序区域，需要对梯形图进行优化。

1) 复杂逻辑梯形图优化　在一些复杂逻辑的梯形图中，应使梯形图的逻辑关系尽量清楚，便于阅读检查和输入程序。图 4.31(a) 所示的梯形图结构比较复杂，逻辑关系不够清楚，用 ORB、ANB 指令编程不便区分逻辑关系。这时，可以重复使用一些触点画出它的等效电路梯形图，如图 4.31(b) 所示。程序指令条数虽然增多，但逻辑关系清楚，便于阅读和编程。

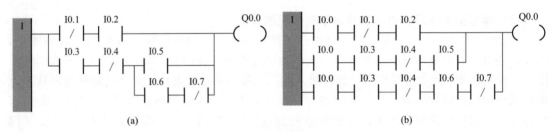

图 4.31 复杂逻辑梯形图优化

图 4.31(a) 所示梯形图对应的语句表如下：

```
LDN    I0.1
A      I0.2
LD     I0.3
AN     I0.4
LD     I0.5
LD     I0.6
AN     I0.7
OLD
ALD
OLD
ALD
=      Q0.0
```

图 4.31(b) 所示梯形图对应的语句表如下：

```
LD     I0.0
AN     I0.1
A      I0.2
LD     I0.0
A      I0.3
AN     I0.4
```

```
A    I0.5
OLD
LD   I0.0
A    I0.3
ANI  I0.4
A    I0.6
AN   I0.7
OLD
=    Q0.0
```

2）内部标志位存储器的使用　为了简化程序，减少指令步数，在程序设计时对于需要多次使用的若干逻辑运算的组合，应尽量使用内部标志位存储器，如图 4.32(a) 改为（b）。这样既可以简化程序，又可以在逻辑运算条件修改时，只需修改内部标志位存储器的控制条件，即可完成所有程序的修改，为程序的修改、调整带来方便。

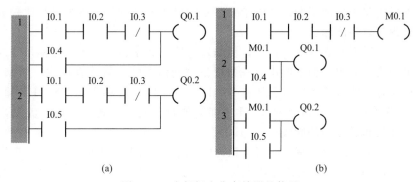

图 4.32　内部标志位存储器的使用

4.5　S7-200 SMART 的功能指令概述

功能指令（Functional Instruction）或称为应用程序（Applied Instruction）是代表 PLC 工作能力的指令。其特点：一是数量大，一般 PLC 功能指令都有上百条；二是功能强，一条功能指令所能完成的工作相当于计算机汇编语言编制的一大段子程序；三是使用时涉及参数多，比基本指令复杂。功能指令主要有以下几种类型：

1）较常用的指令　例如数据的传送与比较、数学运算、跳转、子程序调用等指令。

2）与数据的基本操作有关的指令　例如字逻辑运算、求反码、数据的移位、循环移位、数据类型转换等指令，几乎所有的计算机语言都有这些指令。它们与计算机的基础知识（例如数制、数据类型等）有关，应通过例子和实验了解这些指令的基本功能。学好某种型号的 PLC 的这类指令，就容易再学其他 PLC 的同类指令了。

3）与 PLC 的高级应用有关的指令　例如与中断、高速计数、高速输出、PID 控制、位置控制和通信有关的指令，有的涉及一些专门知识，可能需要阅读有关的书籍或教材才能正确地理解和使用它们。

4）用得较少的指令　例如与字符串有关的指令、表格处理指令、编码指令、解码指令、看门狗复位指令、读/写实时时钟指令等都是用得较少的指令。学习时对它们有一般性的了解就可以了。如果在读程序或编程序时遇到它们，单击选中程序中或指令列表中的某条指令，然后按 F1 键，通过出现的在线帮助就可以获得有关该指令应用的详细信息。

功能指令的学习方法。初学功能指令时，可以首先按指令的分类浏览所有的指令，了解它们的大致用途。除了指令的功能描述，功能指令的使用涉及很多细节问题，例如指令的每个操作数的意义、是输入参数还是输出参数，每个操作数的数据类型和可以选用的存储区，该指令执行后受影响的特殊存储器，使方框指令的 ENO（使能输出）为 OFF 的非致命错误条件等。PLC 的初学者没有必要花大量的时间去熟悉功能指令使用中的细节，更没有必要死记硬背它们。因为在需要的时候，可以通过系统手册或在线帮助了解指令的详细信息。学习功能指令时，应重点了解指令的基本功能和有关的基本概念。与学外语不能只靠背单词，应主要通过阅读和会话来学习一样，要学好 PLC 的功能指令，需要实践。一定要通过读程序、编程序和调试程序来学习功能指令，逐渐深入理解功能指令，在实践中提高阅读和编程的能力。只靠阅读编程手册或教材中与指令有关的信息，是永远掌握不了指令的使用方法的。

功能指令的表达形式及使用。和基本指令类似，功能指令具有梯形图及指令表等表达形式。由于功能指令的内涵主要是指令要完成什么功能，功能指令的梯形图符号多为功能框。由于数据处理远比逻辑处理复杂，功能指令涉及的机内器件种类及数据量都比较多。

（1）使能输入与使能输出

在梯形图中，用方框表示某些指令，例如定时器和数学运算指令。方框指令的输入端均在左边，输出端均在右边。梯形图中有一条提供"能流"的左侧垂直母线，图 4.33 中 I0.0 的常开触点接通时，能流流到整数除法指令 DIV_I 的 BOOL 输入端 EN（Enable in，使能输入），该输入端有能流时，指令 DIV_I 才能被执行。能流只能从左往右流动，程序段中不能有短路、开路和反方向的能流。

如果方框指令的 EN 输入端有能流且执行时无错误（DIV_I 指令的除数非 0），则使能输出 ENO（Enable Output）将能流传递给下一个元件，如图 4.33 所示。ENO 可以作为下一个方框指令的 EN 输入，即几个方框指令可以串联在同一行中。

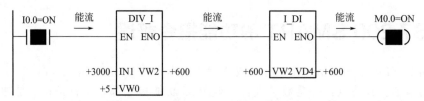

图 4.33 ENO 为 ON 的梯形图程序状态

如果指令在执行时出错，能流在出现错误的方框指令终止。图 4.34 中的 I0.0 为 ON 时，有能流流入 DIV_I 指令的 EN 输入端。因为 VW0 中的除数为 0，指令执行失败，DIV_I 指令框和方框外的地址和常数变为红色，没有能流从它的 ENO 输出端流出，它右边的"导线"、方框指令和线圈为灰色，表示没有能流流过它们。只有前一个方框指令被正确执行，后一个方框指令才能被执行。EN 和 ENO 的操作数均为能流，数据类型为 BOOL（布尔）型。

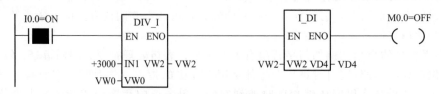

图 4.34 ENO 为 OFF 的梯形图程序状态

　　语句表（STL）程序没有 EN 输入，逻辑堆栈的栈顶值为 1 时 STL 指令才能执行。与梯形图中的 ENO 相对应，语句表设置了一个 ENO 位，可以用 AENO(AND ENO) 指令访问 ENO 位，AENO 用来产生与方框指令的 ENO 相同的效果。下面是图 4.33 中的梯形图对应的语句表程序。

```
LD      I0.0
MOVW    ＋3000,VW2        //3000→VW2
AENO
/I      VW0,VW2          //VW2/VW0→VW2
AENO
ITD     VW2,VD4          //VW2 转换为双整数后送给 VD4
AENO
=       M0.0
```

　　梯形图中除法指令的操作为 IN1/IN2＝OUT，语句表中除法指令的操作为 OUT/IN1＝OUT，输出参数 OUT 同时又是被除数，所以梯形图转换为语句表时自动增加了一条字传送指令 MOVW，为除法指令的执行做好准备。如果删除上述程序中的前两条 AENO 指令，将程序转换为梯形图后，可以看到图 4.33 中的两个方框指令由串联变为并联。

（2）梯形图中的指令

　　只有能流输入才能执行的方框指令或线圈指令称为条件输入指令，它们不能直接连接到左侧母线上。如果需要无条件地执行这些指令，可以用接在左侧母线上的 SM0.0（该位始终为 ON）的常开触点来驱动它们。有的线圈或方框指令的执行与能流无关，例如标号指令 LBL 和顺序控制指令 SCR 等，应将它们直接连接到左侧母线上。触点比较指令没有能流输入时，输出为 0，有能流输入时，输出与比较结果有关。在键入语句表指令时，值得注意的是必须使用英文的标点符号。如果使用中文的标点符号，将会出错。错误的输入用红色标记。符号"♯INPUT1"中的"♯"号表示该符号是局部变量，生成新的编程元件时出现的红色问号"??.?"或"????"表示需要输入的地址或数值，如图 4.35 所示。

（3）能流指示器

　　LAD 提供两种能流指示器，它们由编辑器自动添加和移除，并不是用户放置的。⟹是开路能流指示器（见图 4.35），指示程序段中存在开路状况。必须解决开路问题，程序段才能成功编译。

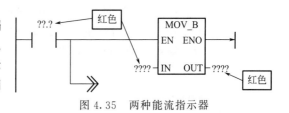

图 4.35　两种能流指示器

　　├──是可选能流指示器，用于指令的级连。该指示器在功能框元素的 ENO 能流输出端，表示可将其他梯形图元件附加到该位置。但是即使没有在该位置添加元件，程序段也能成功编译。

4.6　程序控制指令

4.6.1　跳转指令

（1）跳转与标号指令

　　跳转指令是一种重要的程序控制指令，如表 4.8 所示。JMP 线圈通电（即栈顶的值为 1）时，跳转条件满足，跳转（Jump，JMP）指令使程序流程跳转到对应的标号 LBL（Label）处，标号指令用来指示跳转指令的目的位置。JMP 与 LBL 指令的操作数 N 为常数 $0\sim255$，JMP 和对应的 LBL 指令必须在同一个程序中。多条跳转指令可以跳到同一个标号处。如果用一直为 ON 的 SM0.0 的常开触点驱动 JMP 线圈，相当于无条件跳转。

表 4.8　程序控制指令

梯形图	语句表	描述	梯形图	语句表	描述
END	END	程序有条件结束	—	CALL SBR_n,x1,x2,⋯	调用子程序
STOP	STOP	切换到 STOP 模式	RET	CRET	从子程序有条件返回
WDR	WDR	看门狗定时器复位	FOR	FOR INDX,INIT,FINAL	循环
JMP	JMP N	跳转到标号	NEXT	NEXT	循环结束
LBL	LBL N	标号	DIAG_LED	DLED IN	诊断 LED

图 4.36 的 I0.3 的常开触点断开时，跳转条件不满足，顺序执行下面的程序段，可以用 I0.5 控制 Q1.1。当 I0.3 的常开触点接通，跳转到标号 LBL 2 处。因为没有执行 I0.5 的触点所在的程序段，此时不能用 I0.5 控制 Q1.1。Q1.1 保持跳转之前最后一个扫描周期的状态不变。

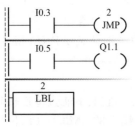

图 4.36　跳转与标号指令

（2）跳转指令对定时器的影响

图 4.37 中的 I0.0 为 OFF 时，跳转条件不满足，用 I0.1 ～ I0.3 启动各定时器开始定时。定时时间未到时，令 I0.0 为 ON，跳转条件满足。100ms 定时器 T37 停止定时，当前值保持不变。10ms 和 1ms 定时器 T33 和 T32 继续定时，定时时间到时，它们在跳转区外的触点也会动作。令 I0.0 变为 OFF，停止跳转，100ms 定时器在保持当前值的基础上继续定时。

（3）跳转对功能指令的影响

未跳转时图 4.37 中周期为 1s 的时钟脉冲 SM0.5（Clock_1s）通过 INC_W 指令使 VW2 每秒加 1。跳转条件满足时，不执行被跳过的 INC_W 指令，VW2 的值保持不变。

4.6.2　循环指令

在控制系统中经常会遇到需要重复执行若干次相同任务的情况，这时可以使用循环指令。FOR 指令表示循环开始，NEXT 指令表示循环结束。驱动 FOR 指令的逻辑条件满足时，反复执行 FOR 与 NEXT 之间的指令。在 FOR 指令中，需要设置 INDX（索引值或当前循环次数计数器）、初始值 INIT 和结束值 FINAL，它们的数据类型均为 INT。

（1）单重循环

▶[例 4-6] 在图 4.38 中用循环程序在 I0.5 的上升沿求 VB130～VB133 中 4 个字节的异或值，运算结果用 VB134 保存。VB130～VB133 同一位中 1 的个数为奇数时，

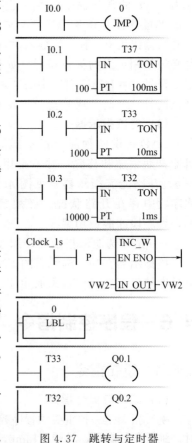

图 4.37　跳转与定时器

VB134 对应位的值为 1，反之为 0。

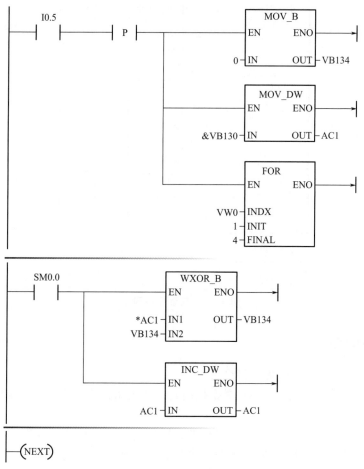

图 4.38　单重循环程序

第一次循环将指针 AC1 所指的 VB130 与 VB134 异或，运算结果用 VB134 保存。然后将地址指针 AC1 的值加 1，指针指向 VB131，为下一次循环的异或运算做好准备。

FOR 指令的 INIT 为 1，FINAL 为 4，每次执行到 NEXT 指令时，INDX 的值加 1，并将运算结果与结束值 FINAL 比较。如果 INDX 的值小于等于结束值，返回去执行 FOR 与 NEXT 之间的指令。如果 INDX 的值大于结束值，则循环终止。本例中 FOR 指令与 NEXT 指令之间的指令将被执行 4 次。如果起始值大于结束值，则不执行循环。

（2）多重循环

允许循环嵌套，即 FOR/NEXT 循环在另一个 FOR/NEXT 循环之中，最多可以嵌套 8 层。在图 4.39 中 I0.6 的上升沿，执行 10 次标有 1 的外层循环，如果此时 I0.7 为 ON，每执行一次外层循环，将执行 8 次标有 2 的内层循环。每次内层循环将 VW10 加 1，执行完后，VW10 的值增加 80（即执行内层循环的次数为 80）。

使用 FOR/NEXT 循环的注意事项：a. 如果启动了 FOR/NEXT 循环，除非在循环内部修改了结束值，否则循环就一直进行，直到循环结束，在循环的执行过程中，可以改变循环的参数；b. 再次启动循环时，初始值 INIT 被传送到指针 INDX 中；c. 循环程序是在一个扫描周期内执行的，如果循环次数很大，循环程序的执行时间很长，可能使监控定时器（看门狗）动作。循环程序一般在信号的上升沿时调用。

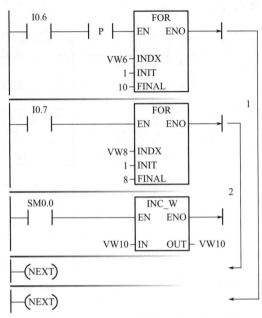

图 4.39　双重循环程序

4.6.3　其他指令

（1）条件结束指令与条件停止指令

条件结束指令 END（见表 4-8）根据控制它的逻辑条件终止当前的扫描周期。只能在主程序中使用 END 指令。

条件停止指令 STOP 使 CPU 从 RUN 模式切换到 STOP 模式，立即终止用户程序的执行。如果在中断程序中执行 STOP 指令，中断程序立即终止，忽略全部等待执行的中断，继续执行主程序的剩余部分。并在主程序执行结束时，完成从 RUN 模式至 STOP 模式的转换。

可以在检测到 I/O 错误时（SM5.0 为 ON）执行 STOP 指令，将 PLC 强制切换到 STOP 模式。

（2）GET_ERROR 指令

GET_ERROR（获取非致命错误代码）指令将 CPU 的当前非致命错误代码传送给参数 ECODE 指定的 WORD 地址，而 CPU 中的非致命错误代码被清除。

非致命错误可能降低 PLC 的某些性能，但是不会导致 PLC 无法执行用户程序和更新 I/O。非致命错误也会影响某些特殊存储器错误标志地址。图 4.40 中通用错误标志 SM4.3（运行时编程问题）为 ON 时，执行 GET_ERROR 指令，读取错误的代码，代码为 0 表示没有错误。可以用软件的帮助功能或系统手册查询错误代码的意义。

（3）监控定时器复位指令

监控定时器又称为看门狗（Watchdog），它的定时时间为 500ms，每次扫描它都被自动复位，然后又开始定时。正常工作时扫描周期小于 500ms，它不起作用。如果扫描周期超过 500ms，CPU 会自动切换到 STOP 模式，并会产生非致命错误"扫描看门狗超时"。

如果扫描周期可能超过 500ms，可以在程序中使用看门狗复位指令 WDR，以扩展允许使用的扫描周期。每次执行 WDR 指令时，看门狗超时时间都会复位为 500ms。即使使用了

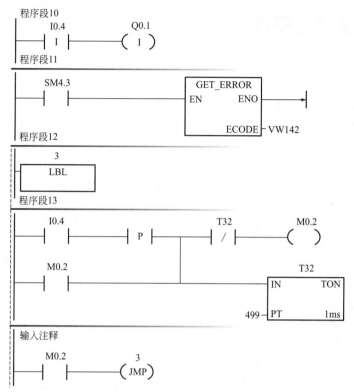

图 4.40　用于看门狗错误实验的电路

WDR 指令，如果扫描持续时间超过 5s，CPU 将会无条件地切换到 STOP 模式。

如果因为使用看门狗复位指令使扫描周期被过度延长，在该扫描周期结束之前禁止以下过程，因此应谨慎使用看门狗复位指令。

① 自由端口模式之外的通信。

② I/O 更新（立即 I/O 除外）、强制更新和 SM 位更新。

③ 运行时间诊断。

④ 在中断程序中的 STOP 指令。

图 4.40 中的 1ms 定时器 T32 等组成了一个脉冲发生器。从 I0.4 的上升沿开始，用 M0.2 输出一个宽度等于 T32 预设值的脉冲。在脉冲期间反复执行 JMP 指令，跳转回到指令"LBL 3"所在的程序段 12。上述反复跳转的过程是在一个扫描周期内完成的，因此扫描时间略大于 T32 的预设值。

扫描时间小于 500ms 时，图 4.40 的程序可以用来演示立即输出指令的作用。在 I0.4 上升沿所在的扫描周期，程序段 10 的立即输出指令使 Q0.1 立即变为 ON，对应的 LED 点亮。在一个扫描周期内用跳转指令延时约 0.5s 后，在扫描周期结束时，Q0.0 的过程映像输出寄存器的值送给物理输出点，Q0.0 对应的 LED 才点亮。

图 4.40 中 T32 的预设值超过 500ms 时，I0.4 的上升沿触发的延时使看门狗超时，CPU 从 RUN 模式切换到 STOP 模式。单击"PLC"菜单功能区的"信息"区域中的"PLC"按钮，打开"PLC 信息"对话框，看到 CPU 的状态为"非致命错误"。单击左边窗口中的 CPU，在右边窗口看到当前非致命错误事件为"扫描看门狗超时"。单击左边窗口中的"事件日志"，在右边的窗口中也可以看到错误"扫描看门狗超时"和事件产生的日期和时间。

4.7 局部变量与子程序

4.7.1 局部变量

(1) 局部变量与全局变量

I、Q、M、SM、AI、AQ、V、S、T、C、HC 地址区中的变量称为全局变量。在符号表中定义的上述地址区中的符号称为全局符号。程序中的每个 POU（程序组织单元），均有自己的由 64B（梯形图编程为 60B）的局部（Local）存储器组成的局部变量。局部变量用来定义有使用范围限制的变量，它们只能在它被创建的 POU 中使用。与此相反，全局变量在符号表中定义，在各 POU 中均可以使用。全局符号与局部变量名称相同时，在定义局部变量的 POU 中，该局部变量的定义优先，该全局变量的定义只能在其他 POU 中使用。局部变量有以下优点：a. 如果在子程序中只使用局部变量，不使用全局变量，不作任何改动，就可以将子程序移植到别的项目中去；b. 同一级的 POU 的局部变量使用公用的存储区，同一片物理存储器可以在不同的程序中分时使用；c. 局部变量用来在子程序和调用它的程序之间传递输入参数和输出参数。

(2) 查看局部变量表

局部变量用局部变量表（简称为变量表）来定义。如果没有打开变量表窗口，单击"视图"菜单的"窗口"区域中的"组建"按钮，再单击打开的下拉式菜单中的"变量表"，变量表将出现在程序编辑器的下面。用鼠标右键单击上述菜单中的"变量表"，可以用出现的快捷菜单命令将变量表放在快速访问工具栏上。

(3) 局部变量的类型

1）临时变量（TEMP） 临时变量是暂时保存在局部数据区中的变量。只有在执行某个 POU 时，它的临时变量才被使用。同一级的 POU 的局部变量使用公用的存储区，类似于公用的布告栏，谁都可以往上面贴布告，后贴的布告将原来的布告覆盖掉。每次调用 POU 之后，不再保存它的局部变量的值。假设主程序调用子程序 1 和子程序 2，它们属于同一级的子程序。在子程序 1 调用结束后，它的局部变量的值将被后面调用的子程序 2 的局部变量覆盖。每次调用子程序和中断程序时，首先应初始化局部变量（写入数值），然后使用它，简称为先赋值后使用。如果要在多个 POU 中使用同一个变量，应使用全局变量，而不是局部变量。主程序和中断程序的局部变量表中只有 TEMP 变量。子程序的局部变量表中还有 3 种局部变量。

2）输入参数（IN） 输入参数用来将调用它的 POU 提供的数据值传入子程序。如果参数是直接寻址，例如 VB10，指定地址的值被传入子程序。如果参数是间接寻址，例如 *AC1，用指针指定的地址的值被传入子程序。如果参数是常数（例如 16♯1234）或地址（例如 &VB100），常数或地址的值被传入子程序。

3）输出参数（OUT） 输出参数用来将子程序的执行结果返回给调用它的 POU。由于输出参数并不保留子程序上次执行时分配给它的值，所以每次调用子程序时必须给输出参数分配值。

4）输入_输出参数（IN_OUT） 其初始值由调用它的 POU 传送给子程序，并用同一个参数将子程序的执行结果返回给调用它的 POU。常数和地址（例如 &VB100）不能做输出参数和输入_输出参数。如果要在多个 POU 中使用同一个变量，应使用全局变量，而不是局部变量。

（4）在局部变量表中增加和删除变量

首先应在变量表中定义局部变量，然后才能在 POU 中使用它们。在程序中使用符号名时，程序编辑器首先检查当前执行的 POU 的局部变量表，然后检查符号表。如果符号名在这两个表中均未定义，程序编辑器则将它视为未定义的全局符号。这类符号用绿色波浪下划线指示。

每个子程序最多可以使用 16 个输入/输出参数。如果下载超出此限制的程序，STEP 7-Micro/WIN SMART 将返回错误。

主程序和中断程序只有 TEMP（临时）变量。用鼠标右键单击它们的局部变量表中的某一行，在弹出的菜单中执行"插入"→"上方的行"命令，将在所选行的上面插入新的行。执行弹出的菜单中的"插入"→"下方的行"命令，将在所选行的下面插入新的行。

子程序的局部变量表有预先定义为 IN、IN_OUT、OUT 和 TEMP 的一系列行，不能改变它们的顺序。如果要增加新的局部变量，必须用鼠标右键单击已有的行，并用弹出菜单在所选行的上面或下面插入相同类型的新的行。

选中变量表中的某一行，单击变量表窗口工具栏上的按钮 ![按钮]，将在所选行上面自动生成一个新的行，其变量类型与所选变量的类型相同。

单击变量表中某一行最左边的变量序号，该行的背景色变为深蓝色，按 Delete 键可以删除该行。也可以用右键快捷菜单中的命令删除选中的行。

选择变量类型与要定义的变量类型相符的空白行，然后在"符号"列键入变量的符号名，符号名最多由 23 个字符组成，第一个字符不能是数字。单击"数据类型"列，用出现的下拉式列表设置变量的数据类型。

（5）局部变量的地址分配

在局部变量表中定义变量时，只需指定局部变量的变量类型（TEMP、IN、IN_OUT 或 OUT）和数据类型，不用指定存储器地址。程序编辑器自动地在局部存储器中为所有局部变量指定存储器地址。起始地址为 LB0，1~8 个连续的位参数分配一个字节，字节中的位地址为 Lx.0~Lx.7（x 为字节地址）。字节、字和双字值在局部存储器中按字节顺序分配，例如 LBx、LWx 或 LDx。

4.7.2　子程序的编写与调用

S7-200 SMART 的控制程序由主程序 OB1、子程序和中断程序组成。STEP 7-Micro/WIN SMART 在程序编辑器窗口里为每个 POU（程序组织单元）提供一个独立的页。主程序总是第 1 页，后面是子程序和中断程序。一个项目最多可以有 128 个子程序。因为各个POU 在程序编辑器窗口中是分页存放的，子程序或中断程序在执行到末尾时自动返回，不必加返回指令；在子程序或中断程序中可以使用条件返回指令。

（1）子程序的作用

子程序常用于需要多次反复执行相同任务的地方，只需要写一次子程序，别的程序在需要它的时候调用它，而无须重写该程序。子程序的调用是有条件的，未调用它时不会执行子程序中的指令，因此使用子程序可以减少扫描时间。

在编写复杂的 PLC 程序时，最好把全部控制功能划分为若干个符合工艺控制要求的子功能块，每个子功能块由一个或多个子程序组成。子程序使程序结构简单清晰，易于调试、查错和维护。在子程序中尽量使用 L 存储器中的局部变量，避免使用全局变量或全局符号，因为与其他 POU 几乎没有地址冲突，可以很方便地将这样的子程序移植到其他项目。

不能使用跳转指令跳入或跳出子程序。在同一个扫描周期内多次调用同一个子程序时，不能使用上升沿、下降沿、定时器和计数器指令。

(2) 子程序中的定时器

停止调用子程序时，子程序内的线圈的 ON/OFF 状态保持不变。如果在停止调用子程序 SBR_2 时（见图 4.41），该子程序中的定时器正在定时，100ms 定时器 T37 将停止定时，当前值保持不变，重新调用子程序时继续定时。但是 1ms 定时器 T32 和 10ms 定时器 T33 将继续定时，定时时间到时，它们在子程序之外的触点也会动作。

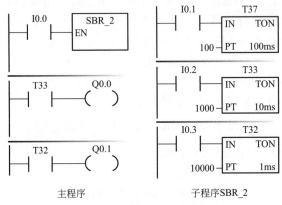

图 4.41　主程序与子程序 SBR_2

(3) 子程序举例

名为"正弦计算"的子程序如图 4.42 所示，创建项目时自动生成了一个子程序 SBR0。用鼠标右键单击项目树中的该子程序，执行出现的快捷菜单中的"重命名"命令，将它的符号名改为"正弦计算"。

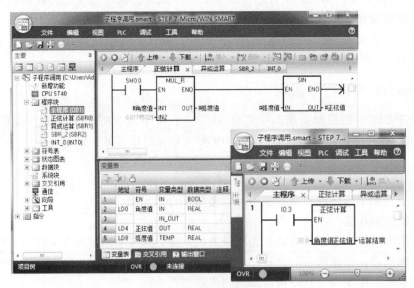

图 4.42　主程序与子程序

在该子程序的变量表中，定义了名为"角度值"的输入参数，名为"正弦值"的输出参数和名为"弧度值"的临时（TEMP）变量。局部变量表的"地址"列是编程软件自动分配的每个参数在局部存储器中的地址。子程序中变量名称前面的"♯"表示局部变量，是编程软件自动添加的。在子程序中键入局部变量时不用键入"♯"号。

（4）子程序的调用

可以在主程序、其他子程序或中断程序中调用子程序，调用子程序时将执行子程序中的指令，直至子程序结束，然后返回调用它的程序中，执行该子程序调用指令的下一条指令。

子程序可以嵌套调用，即在子程序中调用别的子程序，从主程序调用时子程序的嵌套深度为 8 级，从中断程序调用时嵌套深度为 4 级。主程序、从主程序启动的 8 个子程序嵌套级别、一个中断程序和从中断程序启动的 4 个子程序嵌套级别，均有它们的 64B 的局部存储器。对于梯形图程序，在子程序局部变量表中为该子程序定义参数后，将生成客户化调用程序块（见图 4.42 中的小图），程序块的左边是子程序的输入参数和输入-输出参数，右边是输出参数。

在主程序中插入子程序调用指令时，首先打开程序编辑器视窗的主程序 OB1，显示出需要调用子程序的地方。打开项目树的"程序块"文件夹或最下面的"调用子程序"文件夹，用鼠标左键按住需要调用的子程序"正弦计算"图标，将它"拖"到程序编辑器中需要的位置。放开左键，子程序"正弦计算"便被放置在该位置。也可以将矩形光标置于程序编辑器视窗中需要放置该子程序的地方，然后双击项目树中要调用的子程序，子程序方框将自动出现在光标所在的位置。

如果用语句表编程，子程序调用指令的格式为

CALL 子程序号，参数 1，参数 2，…，参数 n 　　　　$n=1\sim16$

图 4.42 中的主程序梯形图对应的语句表程序为

```
LD  I0.3
CALL 正弦计算,30.0,运算结果
```

在语句表中调用带参数的子程序时，参数按下述的顺序排列：输入参数在最前面，其次是输入-输出参数，最后是输出参数。在语句表中，各类参数内部按梯形图调用子程序时从上到下的顺序排列。

子程序调用指令中的有效操作数为存储器地址、常数（只能用于输入参数）、全局符号和调用指令所在的 POU 中的局部变量，以及不能指定为被调用子程序中的局部变量。

在调用子程序时，CPU 保存当前的逻辑堆栈，将栈顶值置为 1，逻辑堆栈中的其他值清零，控制转移至被调用的子程序。该子程序执行完后，CPU 将逻辑堆栈恢复为调用时保存的数值，并将控制返回调用子程序的 POU。

子程序和调用它的程序共用累加器，不会因为使用子程序自动保存或恢复累加器的值。调用子程序时，输入参数被复制到子程序的局部存储器，子程序执行完后，从局部存储器复制输出参数值到指定的输出参数地址。如果在使用子程序调用指令后修改了该子程序中的局部变量表，调用指令将变为无效。必须删除无效调用，然后重新调用修改后的子程序。

（5）局部变量数据类型检查

局部变量作为子程序的参数传递时，在该子程序的局部变量表中指定的数据类型必须与调用它的 POU 中的变量的数据类型匹配。例如图 4.42 在主程序 OB1 中调用子程序"正弦计算"，在该子程序的局部变量表中，定义了一个名为"正弦值"的实数输出参数。当 OB1 调用该子程序时，输出参数"正弦值"的数值被传送给符号表中定义的全局变量"运算结果"，后者和"正弦值"的数据类型必须匹配（均为 REAL）。

（6）子程序的有条件返回

在子程序中用触点电路控制 RET（从子程序有条件返回）线圈指令，触点电路接通时

条件满足，子程序被停止执行，返回调用它的程序。

(7) 有保持功能的电路的处理

在子程序 SBR＿0 的局部变量表中生成输入参数"启动""停止"，以及 IN＿OUT 参数"电机"，数据类型均为 BOOL。图 4.43 是 SBR＿0 中的梯形图。在 OB1 中两次调用 SBR＿0（见图 4.44）。如果将参数"电机"的数据类型改为输出（OUT），在运行程序时发现，接通 I0.0 外接的小开关，Q0.0 和 Q0.1 同时变为 ON。这是因为分配给 SBR＿0 的输出参数"电机"的地址为 L0.2，第一次调用 SBR＿0 之后，L0.2 的值为 ON。第二次调用 SBR＿0 时，虽然启动按钮 I0.2 为 OFF，但是因为两次调用 SBR＿0 时局部变量区是公用的，此时输出参数"电机"（L0.2）是上一次调用 SBR＿0 时的运算结果，仍然为 ON，所以第二次调用 SBR＿0 之后，由于执行图 4.43 中的程序，输出参数"电机"使 Q0.1 为 ON。如果将图 4.43 中的电路改为置位、复位电路，也有同样的问题。

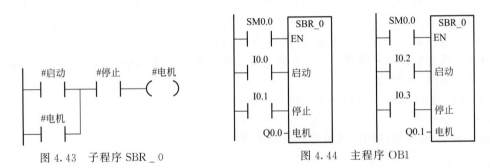

图 4.43　子程序 SBR＿0　　　　　　图 4.44　主程序 OB1

将输出参数"电机"的变量类型改为 IN＿OUT 就可以解决上述问题。这是因为两次调用子程序，参数"电机"返回的运算结果分别用 Q0.0 和 Q0.1 保存，在第二次调用子程序 SBR＿0、执行语句"O ♯电机"时，用 IN＿OUT 参数"电机"接收的是前一个扫描周期保存到 Q0.1 的值，与本扫描周期第一次调用子程序后保存在 Q0.0 的参数"电机"的值无关。POU 中的局部变量一定要遵循"先赋值后使用"的原则。

(8) POU 和项目文件的加密

主程序、子程序和中断程序总称为程序组织单元（POU），可以对某个 POU 单独加密。

1）加密 POU 的操作步骤　用鼠标右键单击项目树中要加密的 POU，执行弹出的快捷菜单中的"属性"命令，或者单击程序编辑器工具栏最右边的 POU 属性按钮 📋，选中打开的"属性"对话框左边窗口中的"保护"。单击选中右边窗口中的多选框"密码保护此程序块"，在"密码"和"验证"文本框中输入相同的密码。单击"确定"按钮，退出对话框。项目树中被加密 POU 图标上和被加密的 POU 的程序区中出现一把锁的图标，必须用密码才能打开它和查看程序的内容。程序下载到 CPU 后再上传，也保持加密状态。

2）打开被加密的 POU　不知道已加密的 POU 的密码也一样可以使用它。虽然看不到程序的内容，在程序编辑器中可以查看其局部变量表中变量的符号名、数据类型和注释等信息。打开被加密的 POU 的"属性"对话框的"保护"选项卡，在"密码"文本框输入正确的密码，然后单击"授权"按钮，就可以打开 POU，查看其中的内容和编辑它。获取授权后选中复选框"永久删除密码"单击"授权"按钮，将会删除密码。

3）项目文件的加密　单击"文件"菜单功能区的"保护"区域中的"项目""POU"和"数据页"按钮，可以分别为整个项目、打开的 POU 和数据块的数据页加密，不知道密码的人不能打开它们。

4.8　数据处理指令

4.8.1　比较指令与数据传送指令

(1) 字节、整数、双整数和实数比较指令

比较指令用来比较两个数据类型相同的数值 IN1 与 IN2 的大小，如图 4.45 所示。可以比较无符号字节、整数、双整数、实数和字符串。在梯形图中，满足比较关系式给出的条件时，比较指令对应的触点接通。触点中间和语句表指令中的 B、I（语句表指令中为 W）、D、R、S 分别表示无符号字节、有符号整数、有符号双整数、有符号实数（RE-AL，或称为浮点数）和字符串（STRING）

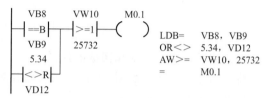

图 4.45　比较指令

比较。表 4.9 中的字节、整数、双整数和实数的比较条件"x"是＝＝（语句表为＝）、＜＞（不等于）、＞＝、＜＝、＞和＜。以比较条件"＞"为例，当 IN1＞IN2，梯形图中的比较触点闭合。IN1 在触点的上面，IN2 在触点下面。

在语句表中，以 LD、A、O 开始的比较指令分别表示开始、串联和并联的比较触点。满足比较条件时，以 LD、A、O 开始的比较指令分别将二进制数 1 装载到逻辑堆栈的栈顶，将 1 与栈顶中的值进行"与"运算或者"或"运算。

字节比较指令用来比较两个无符号字节 IN1 与 IN2 的大小；整数比较指令用来比较两个有符号整数 IN1 与 IN2 的大小，最高位为符号位，例如 16♯7FFF＞16♯8000（后者为负数）；双整数比较指令用来比较两个有符号双整数 INI 与 IN2 的大小；实数比较指令用来比较两个有符号实数 IN1 与 IN2 的大小。

表 4.9　比较指令

无符号字节比较		有符号整数比较		有符号双整数比较		有符号实数比较		字符串比较	
LDBx	IN1,IN2	LDWx	IN1,IN2	LDDx	IN1,IN2	LDRx	IN1,IN2	LDSx	IN1,IN2
ABx	IN1,IN2	AWx	IN1,IN2	ADx	IN1,IN2	ARx	IN1,IN2	ASx	IN1,IN2
OBx	IN1,IN2	OWx	IN1,IN2	ODx	IN1,IN2	ORx	IN1,IN2	OSx	IN1,IN2

▶ [例 4-7]　用接通延时定时器和比较指令组成占空比可调的脉冲发生器。

用 100ms 定时器 T37 的常闭触点控制它的 IN（使能）输入组成了一个脉冲发生器，使 T37 的当前值按图 4.46 所示的锯齿波变化。比较指令用来产生脉冲宽度可调的方波，Q0.0 为 OFF 的时间取决于比较指令"LDW＞＝T37，8"的第 2 个操作数的值。

(2) 字符串比较指令

字符串比较指令比较两个数据类型为 STRING 的 ASCII 码字符串相等或不相等。表 4-9 中的比较条件"x"只有＝＝（语句表为＝）和＜＞。

可以在两个字符串变量之间，或一个常数字符串和一个字符串变量之间进行比较。如果比较中使用了常数字符串，它必须是梯形图中比较触点上面的参数，或语句表比较指令中的第一个参数。在程序编辑器中，常数字符串参数赋值必须以英语的双引号字符开始和结束。常数字符串的最大长度为 126 个字符，每个字符占一个字节。如果字符串变量从 VB100 开始存放，字符串比较指令中该字符串对应的输入参数为 VB100。字符串变量的最大长度为

254 个字符（字节），可以用数据块初始化字符串。

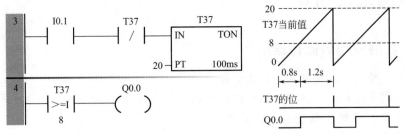

图 4.46　定时器和比较指令组成的脉冲发生器

（3）字节、字、双字和实数的传送

传送指令将源输入数据 IN 传送到输出参数 OUT 指定的目的地址，传送过程不改变源存储单元的数据值，如图 4.47 所示。

图 4.47　传送指令

表 4.10 的传送指令助记符中最后的 B、W、DW（或 D）和 R 分别表示操作数为字节、字、双字和实数。

表 4.10　传送指令

梯形图	语句表	描述	梯形图	语句表	描述
MOV_B	MOVB　IN,OUT	传送字节	MOV_BIW	BIW　IN,OUT	字节立即写
MOV_W	MOVW　IN,OUT	传送字	BLKMOV_B	BMB　IN,OUT,N	传送字节块
MOV_DW	MOVD　IN,OUT	传送双字	BLKMOV_W	BMW　IN,OUT,N	传送字块
MOV_R	MOVR　IN,OUT	传送实数	BLKMOV_D	BMD　IN,OUT,N	传送双字块
MOV_BIR	BIR　IN,OUT	字节立即读	SWAP	SWAP　IN	交换字节

字传送指令的操作数可以是 WORD 和 INT，双字传送指令的操作数可以是 DWORD 和 DINT。

（4）字节立即读写指令

传送字节立即读取（Move Byte Immediate Read，MOV_BIR）指令读取输入 IN 指定的一个字节的物理输入，并将结果写入 OUT 指定的地址，但是并不更新对应的过程映像输入寄存器。

传送字节立即写入（Move Byte Immediate Write，MOV_BIW）指令将输入 IN 指定的一个字节的数值写入 OUT 指定的物理输出，同时更新对应的过程映像输出字节。这两条指令的参数 IN 和 OUT 的数据类型都是 BYTE（字节）。

（5）字节、字、双字的块传送指令

块传送指令将起始地址为 IN 的 N 个连续的存储单元中的数据，传送到从 OUT 指定的一个字节的数值地址开始的 N 个存储单元，字节变量 N＝1～255。图 4.47 中的字节块传送指令 BLKMOV_B 将 VB22～VB24 中的数据传送到 VB25～VB27 中。

（6）字节交换指令

字节交换（Swap Bytes，SWAP）指令用来交换输入参数 IN 指定的数据类型为 WORD 的字的高字节与低字节。该指令应采用脉冲执行方式，否则每个扫描周期都要交换一次。

4.8.2　移位与循环移位指令

字节、字、双字移位指令和循环移位指令的操作数 IN 和 OUT 的数据类型分别为 BYTE、WORD 和 DWORD。移位位数 N 的数据类型为 BYTE。

（1）右移位和左移位指令

移位指令（见表 4.11）将输入 IN 中的二进制数各位的值向右或向左移动 N 位后，送给输出 OUT 指定的地址。移位指令对移出位自动补 0（见图 4.48），如果移动的位数 N 大于允许值（字节操作为 8，字操作为 16，双字操作为 32），实际移位的位数为最大允许值。字节移位操作是无符号的，对有符号的字和双字移位时，符号位也被移位。

表 4.11　移位与循环移位指令

梯形图	语句表		描述	梯形图	语句表		描述
SHR_B	SRB	OUT,N	右移字节	ROR_B	RRB	OUT,N	循环右移字节
SHL_B	SLB	OUT,N	左移字节	ROL_B	RLB	OUT,N	循环左移字节
SHR_W	SRW	OUT,N	右移字	ROR_W	RRW	OUT,N	循环右移字
SHL_W	SLW	OUT,N	左移字	ROL_W	RLW	OUT,N	循环左移字
SHR_DW	SRD	OUT,N	右移双字	ROR_DW	RRD	OUT,N	循环右移双字
SHL_DW	SLD	OUT,N	左移双字	ROL_DW	RLD	OUT,N	循环左移双字
—	—		—	SHRB	SHRB	DATA,S_BIT,N	移位寄存器

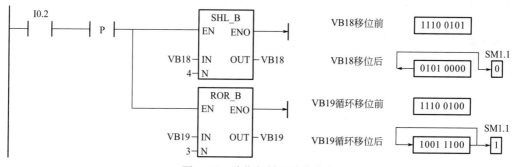

图 4.48　移位与循环移位指令

如果移位次数非 0，"溢出"标志位 SM1.1 保存最后一次被移出的位的值（见图 4.48）。如果移位操作的结果为 0，零标志位 SM1.0 被置为 ON。如果源操作数和目标操作数相同，移位指令和循环移位指令应采用脉冲执行方式。

（2）循环右移位和循环左移位指令

循环移位指令将输入 IN 中各位的值向右或向左循环移动 N 位后，送给输出 OUT 指定的地址。循环移位是环形的，即被移出来的位返回到另一端空出来的位，如图 4.48 所示。移出的最后一位的数值存放在溢出位 SM1.1。

如果移动的位数 N 大于允许值（字节操作为 8，字操作为 16，双字操作为 32），执行循环移位之前先对 N 进行求模运算。例如字循环移位时，将 N 除以 16 后取余，从而得到一个有效的移位次数。字节循环移位求模运算的结果为 0～7，字循环移位为 0～15，双字循环移位为 0～31。如果求模运算的结果为 0,不进行循环移位操作,零标志 SM1.0 被置为 ON。字节操作是无符号的,对有符号的字和双字移位时,符号位也被移位。

(3) 移位寄存器指令

移位寄存器(SHRB)指令将 DATA 端输入的位数 M 移入移位寄存器,如图 4.49 所示。S_BIT 指定移位寄存器最低位的地址,字节型变量 N 指定移位寄存器的长度和移位方向,正向移位(左移)时 N 为正,反向移位(右移)时 N 为负。SHRB 指令移出的位被传送到溢出标志位 SM1.1。DATA 和 S_BIT 为 BOOL 变量,移位寄存器的最大长度为 64 位。移位寄存器提供了一种排列和控制产品流或者数据的简单方法。

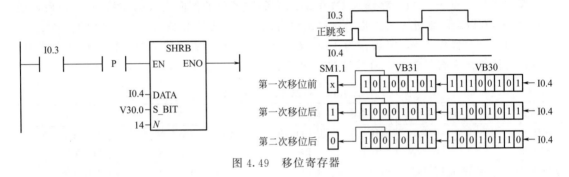

图 4.49 移位寄存器

图 4.49 中 N 为正数 14,在使能输入 I0.3 的上升沿,I0.4 的值从移位寄存器的最低位 V30.0 移入,寄存器中的各位由低位向高位移动(左移)一位,被移动的最高位 V31.5 的值被移到溢出位 SM1.1。N 为-14 时,I0.4 的值从移位寄存器的最高位 V31.5 移入,从最低位 V30.0 移到溢出位 SM1.1。做实验时如果在状态图表中以字为单位监控 VW30,应注意 VB30 在 VW30 的高位字节,输入 VW30 的初始值应为 2#1110 0101 1010 0101。还应注意在移位之前应设置好要移入的 I0.4 的值。因为很多指令的执行都会影响到 SM1.1,RUN 模式时在状态图表中监视 SM1.1 没有什么意义。

4.8.3 数据转换指令

(1) 标准转换指令

表 4.12 中除了解码、编码指令之外的 10 条指令属于标准转换指令,它们是字节(B)与整数(I)之间(数值范围为 0～255)、整数与双整数(DI)之间、BCD 码与整数之间、双整数(DI)与实数(R)之间的转换指令和七段译码指令。

BCD 码与整数相互转换的指令的有效范围为 0～9999。STL 中的 BCDI 和 IBCD 指令的输入、输出参数使用同一个地址。如果转换后的数值超出输出的允许范围,溢出标志位 SM1.1 将被置为 ON。

表 4.12 数据转换指令

梯形图	语句表	描述	梯形图	语句表	描述
B_I	BTI IN,OUT	字节转换为整数	BCD_I	BCDI OUT	BCD 码转换为整数
I_B	ITB IN,OUT	整数转换为字节	ROUND	ROUND IN,OUT	实数四舍五入为双整数
I_DI	ITD IN,OUT	整数转换为双整数	TRUNC	TRUNC IN,OUT	实数截位取整为双整数
DI_I	DTI IN,OUT	双整数转换为整数	SEG	SEG IN,OUT	段码
DI_R	DTR IN,OUT	双整数转换为实数	DECO	DECO IN,OUT	解码
I_BCD	IBCD OUT	整数转换为 BCD 码	ENCO	ENCO IN,OUT	编码

有符号的整数转换为双整数时，符号位被扩展到高位字。字节是无符号的，字节转换为整数时没有扩展符号位的问题（高位字节恒为 0）。整数转换为字节指令只能转换 0～255，转换其他数值时会产生溢出，并且输出不会改变。ROUND 指令将 32 位的实数四舍五入后转换为双整数，如果小数部分≥0.5，整数部分加 1。截位取整指令 TRUNC 将 32 位实数转换为 32 位带符号整数，小数部分被舍去。如果转换后的数超出双整数的允许范围，溢出标志位 SM1.1 被置为 ON。

（2）段码指令

段（Segment）码（SEG）指令根据输入字节 IN 的低 4 位对应的十六进制数（16♯0～F），产生点亮 7 段显示器各段的代码，并送到输出字节 OUT。图 4.50 中 7 段显示器的 D0～D6 段分别对应于输出字节的最低位（第 0 位）～第 6 位。某段应亮时输出字节中对应的位为 1，反之为 0。例如显示数字"1"时，仅 D1 和 D2 段亮，其余各段熄灭，SEG 指令的输出值为二进制数 2♯0000 0110（十进制数 6）。

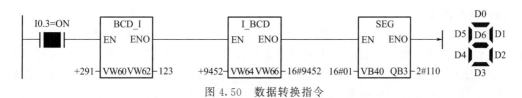

图 4.50　数据转换指令

用 PLC 的 4 个输出点来驱动外接的七段译码驱动芯片，再用它来驱动七段显示器，可以节省 3 个输出点，并且不需要使用段码指令。

（3）计算程序中的数据转换

压力变送器的量程为 0～10MPa，输出信号为 0～10V，模拟量输入模块的量程为 0～10V，转换后的数字量为 0～27648，设转换后的数字为 N，以 kPa 为单位的压力值的转换公式为

$$p=(1000\times N)/27648=0.36169\times N(\text{kPa}) \tag{4.1}$$

来自 AI 模块的 AIW16 的模拟量转换值为 16 位整数，首先用 I_DI 指令将整数转换为双整数，然后用 DI_R 指令转换为实数（REAL），再用实数乘法指令 MUL_R 完成式(4.1)的运算（见图 4.51）。最后用四舍五入的 ROUND 指令，将运算结果转换为以 kPa 为单位的整数。

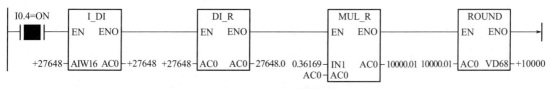

图 4.51　压力计算程序

（4）解码指令与编码指令

解码（Decode，或称译码）指令 DECO 根据字节 IN 的最低 4 位表示的位号，将输出字 OUT 对应的位置位为 1，输出字的其他位均为 0。图 4.52 的 VB83 中是错误代码 3，解码指令"DECO VB83，VW84"将 VW84 的第 3 位置 1，VW84 中的二进制数为 2♯0000 0000 0000 1000（16♯0008）。DECO 指令相当于自动电话交换机的功能，源操作数的最低 4 位为电话号码，交换机根据它接通对应的电话机（将目标操作数的对应位置位为 1）。

编码（Encode）指令 ENCO 将输入字 IN 中的最低有效位（有效位的值为 1）的位编号

写入输出字节 OUT 的最低 4 位。图 4.52 的 VW86 中的错误信息为 2#0000 0010 0001 0000（第 4 位和第 9 位为 1，低位的错误优先），编码指令"ENCO VW86，VB88"将错误信息转换为 VB88 中的错误代码 4。

图 4.52　解码指令与编码指令

假设 VW86 的各位对应于指示电梯的轿厢所在楼层的 16 个限位开关，执行编码指令后，VB88 中是轿厢所在的楼层数。

4.8.4　表格指令

（1）填表指令

填表（Add To Table，ATT）指令向表格 TBL 中增加一个参数 DATA 指定的字数值（见表 4.13）。表格的第一个数是表格的最大条目数 TL。创建表格时，可以在首次扫描时设置 TL 的初始值（见图 4.53）。第二个数是表格内实际的条目数 EC。新数据被放入表格内上一次填入的数的后面。每向表格内填入一个新的数据，EC 自动加 1。除了 TL 和 EC 外，表格最多可以装入 100 个数据。填入表格的数据过多时，SM1.4 将被置 1。

表 4.13　表格指令

梯形图	语句表		描述	梯形图	语句表		描述
AD_T_TBL	ATT	DATA,TBL	填表	TBL_FIND	FND>	TBL,PTN,INDX	查表
TBL_FIND	FND=	TBL,PTN,INDX	查表	FIFO	FIFO	TBL,DATA	先入先出
TBL_FIND	FND<>	TBL,PTN,INDX	查表	LIFO	LIFO	TBL,DATA	后入先出
TBL_FIND	FND<	TBL,PTN,INDX	查表	FILL_N	FILL	IN,OUT,N	存储器填充

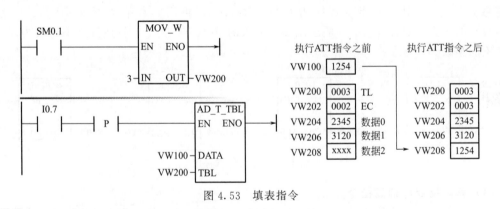

图 4.53　填表指令

（2）先入先出（FIFO）指令

先入先出（First In First Out）指令从 TBL 指定的表格中移走最先放进去的第一个数据（数据 0），并将它送入 DATA 指定的地址（见图 4.54）。表格中剩余的各条目依次向上移动一个位置。每次执行该指令，条目数 EC 减 1。FIFO 和 LIFO 指令如果试图从空表中移走数据，错误标志位 SM1.5 将被置为 ON。

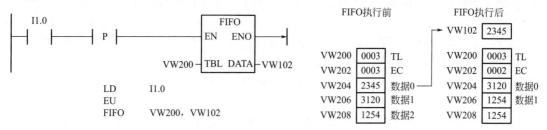

图 4.54　先入先出指令

(3) 后入先出（LIFO）指令

后入先出（Last In First Out）指令从 TBL 指定的表格中移走最后放进的数据，并将它送入 DATA 指定的地址（见图 4.55）。每执行一次指令，条目数 EC 减 1。

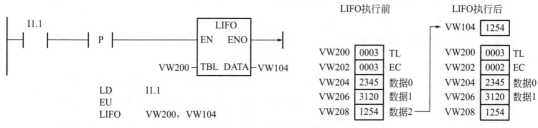

图 4.55　后入先出指令

(4) 查表指令

查表（Table Find）指令从指针 INDX 所指的地址开始查 TBL 指定的表格，搜索与数据 PTN 的关系满足输入参数 CMD 定义的条件的数据。CMD＝1～4，分别代表＝、＜＞（不等于）、＜和＞。若发现了一个符合条件的数据，则 INDX 指向该数据。要查找下一个符合条件的数据，再次调用查表指令之前，应先将 INDX 加 1。若没有找到，INDX 的数值等于 EC。一个表格最多有 100 个编号为 0～99 的数据条目。

TBL 和 INDX 的数据类型为 WORD，PTN 和 CMD 的数据类型分别为 INT 和 BYTE。

用查表指令查找 ATT、LIFO 和 FIFO 指令生成的表时，实际条目数 EC 和输入的条目数相对应。查表指令并不需要 ATT、LIFO 和 FIFO 指令中的最大条目数 TL。因此，查表指令用参数 TBL 定义的地址（VW202）比 ATT、LIFO 或 FIFO 指令的 TBL 定义的地址（VW200）大两个字节。

在 I1.2 的上升沿（见图 4.56），从 EC 地址为 VW202 的表格中查找等于（CMD＝1）3130 的数。为了从头开始查找，指针 INDX（VW106）的初值为 0。查表指令执行后，VW106＝2，找到了满足条件的数据 2。查表中剩余的数据之前，将指针 VW106 加 1 后变

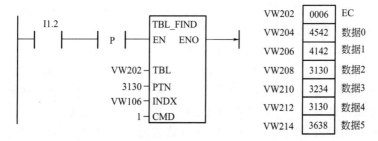

图 4.56　查表指令

为 3。第 2 次执行查表指令后，VW106＝4，找到了满足条件的数据 4，将 VW106 再次加 1 后变为 5。第 3 次执行查表指令后，VW106 等于表中填入的条目数（EC）6，表示表已查完，没有找到符合条件的数据。再次查表之前，应将 INDX 清零。

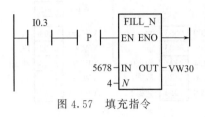

图 4.57　填充指令

（5）存储器填充指令

存储器填充（Memory Fill，FILL）指令用 IN 指定的字值填充从地址 OUT 开始的 N 个连续的字，字节型参数 $N＝1\sim255$。图 4.57 中的 FILL 指令将 5678 填入 VW30～VW36 这 4 个字。IN 和 OUT 的数据类型为 INT。

4.8.5　数据运算指令

4.8.5.1　四则运算指令与递增递减指令

（1）加减乘除指令

在梯形图中，整数、双整数与浮点数的加、减、乘、除指令（见表 4.14）分别执行下列运算：

IN1＋IN2＝OUT，IN1－IN2＝OUT，IN1 * IN2＝OUT，IN1/IN2＝OUT

在语句表中，整数、双整数与浮点数的加、减、乘、除指令分别执行下列运算：

IN1＋OUT＝OUT，OUT－IN1＝OUT，IN1 * OUT＝OUT，OUT/IN1＝OUT

这些指令影响 SM1.0（运算结果为零）、SM1.1（有溢出，运算期间生成非法值或非法输入）、SM1.2（运算结果为负）和 SM1.3（除数为 0）。

整数（I）、双整数（DI 或 D）和实数（浮点数，R）运算指令的运算结果分别为整数、双整数和实数，除法不保留余数。运算结果如果超出允许的范围，溢出位被置 1。

表 4.14　数学运算指令

梯形图	语句表		描述	梯形图	语句表		描述
ADD_I	＋I	IN1,OUT	整数加法	DIV_DI	/D	IN1,OUT	双整数除法
SUB_I	－I	IN1,OUT	整数减法	ADD_R	＋R	IN1,OUT	实数加法
MUL_I	* I	IN1,OUT	整数乘法	SUB_R	－R	IN1,OUT	实数减法
DIV_I	/I	IN1,OUT	整数除法	MUL_R	* R	IN1,OUT	实数乘法
ADD_DI	＋D	IN1,OUT	双整数加法	DIV_R	/R	IN1,OUT	实数除法
SUB_DI	－D	IN1,OUT	双整数减法	MUL	MUL	IN1,OUT	整数相乘产生双整数
MUL_DI	* D	IN1,OUT	双整数乘法	DIV	DIV	IN1,OUT	带余数的整数除法

整数乘法产生双整数指令 MUL 将两个 16 位整数相乘，产生一个 32 位乘积。在 STL 的 MUL 指令中，32 位 OUT 的低 16 位被用作乘数。带余数的整数除法指令 DIV 将两个 16 位整数相除，产生一个 32 位结果，高 16 位为余数，低 16 位为商。在 STL 的 DIV 指令中，32 位 OUT 的低 16 位被用作被除数。

▶[例 4-8]　压力变送器的压力计算公式为 $p＝10000\times(N－5530)/22118(\text{kPa})$，式中的 N 是 AI 模块将 4～20mA 电流转换后得到的 5530～27648 的整数。假设使用的 AI 模块的通道地址为 AIW16，计算程序见图 4.58，N 为 10000 时，计算出的压力值为 2020kPa，与用计算器计算出的值相同。可以用累加器来保存运算的中间结果。

如果调试程序时没有 AI 模块，在程序状态监控时用右键单击 AIW16 方框外的值，单击出现的快捷菜单中的"强制"，在"强制"对话框输入强制值。单击"强制"按钮，可以看到刚输入的强制值和它左边的强制符号。

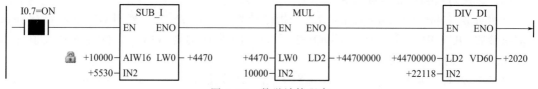

图 4.58　数学计算程序

（2）递增与递减指令

在梯形图中，递增（Increment）和递减（Decrement）指令（见表 4.15）分别执行运算 IN+1=OUT 和 IN−1=OUT。在语句表中，递增指令和递减指令分别执行运算 OUT+1=OUT 和 OUT−1=OUT。字节递增、递减操作是无符号的，整数和双整数的递增、递减操作是有符号的。这些指令影响零标志 SM1.0、溢出标志 SM1.1 和负数标志 SM1.2。

表 4.15　递增与递减指令

梯形图	语句表	描述	梯形图	语句表	描述
INC_B	INCB　OUT	字节递增	DEC_B	DECB　OUT	字节递减
INC_W	INCW　OUT	字递增	DEC_W	DECW　OUT	字递减
INC_D	INCD　OUT	双字递增	DEC_D	DECD　OUT	双字递减

4.8.5.2　浮点数函数运算指令

浮点数函数运算指令（见表 4.16）的输入参数 IN 与输出参数 OUT 均为实数（即浮点数）。这类指令影响零标志 SM1.0、溢出标志 SM1.1 和负数标志 SM1.2。SM1.1 用于表示溢出错误和非法数值。

表 4.16　浮点数函数运算指令

梯形图	语句表	描述	梯形图	语句表	描述
SIN	SIN　IN,OUT	正弦	LN	LN　IN,OUT	自然对数
COS	COS　IN,OUT	余弦	EXP	EXP　IN,OUT	自然指数
TAN	TAN　IN,OUT	正切	SQRT	SQRT　IN,OUT	平方根
—		—	PID	PID　TBL,LOOP	PID 回路

（1）三角函数指令

正弦（SIN）、余弦（COS）和正切（TAN）指令计算输入参数 IN（角度）的三角函数，结果存放在输出参数 OUT 指定的地址中，输入值是以弧度为单位的浮点数，求三角函数前应先将以度为单位的角度值乘以 π/180(0.01745329)，转换为弧度值。

▶ [例 4-9]　图 4.59 是求余弦值的程序，VD64 中的角度值是以度为单位的浮点数，LD6 中是转换后的弧度值，用 COS 指令求输入的角度的余弦值。

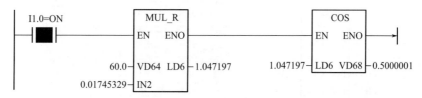

图 4.59　余弦值运算程序

将浮点数值 60.0 写入 VD64，接通 I1.0 对应的小开关，VD68 中的计算结果为 0.5000001。

（2）自然对数和自然指数指令

自然对数（Natural Logarithm，LN）指令计算输入值 IN 的自然对数，并将结果存放在输出参数 OUT 中，即 LN(IN)＝OUT。求以 10 为底的对数时，应将自然对数值除以 2.302585（10 的自然对数值）。

自然指数（Natural Exponential，EXP）指令计算输入值 IN 的以 e 为底的指数（e 约等于 2.71828），结果用 OUT 指定的地址存放。该指令与自然对数指令配合，可以实现以任意实数为底，任意实数为指数的运算。

求 5 的立方：$5^3＝EXP[3.0×LN(5.0)]＝125.0$。

求 5 的 3/2 次方：$5^{3/2}＝EXP[1.5×LN(5.0)]＝11.18034$。

（3）平方根指令

平方根（Square Root，SQRT）指令将 32 位正实数 IN 开平方，得到 32 位实数运算结果 OUT，即 $\sqrt{IN}＝OUT$。

4.8.6 逻辑运算指令

字节、字、双字逻辑运算指令各操作数的数据类型分别为 BYTE、WORD 和 DWORD。

（1）取反指令

梯形图中的取反（求反码）指令（见图 4.60）将输入 IN 中的二进制数逐位取反，即二进制数的各位由 0 变为 1，由 1 变为 0（见图 4.61 中的 VB72 和 VB73），并将运算结果装入输出参数 OUT 指定的地址。取反指令影响零标志 SM1.0。语句表中的取反指令（见表 4.17）将 OUT 中的二进制数逐位取反，并将运算结果装入 OUT 指定的地址。

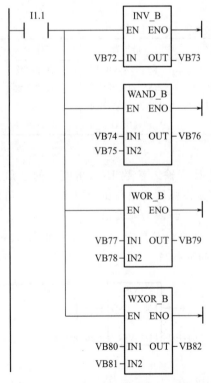

图 4.60　取反指令　　　　图 4.61　状态图表

表 4.17　逻辑运算指令

梯形图	语句表		描述	梯形图	语句表		描述
INV_B	INVB	OUT	字节取反	WAND_W	ANDW	IN1,OUT	字与
INV_W	INVW	OUT	字取反	WOR_W	ORW	IN1,OUT	字或
INV_DW	INVD	OUT	双字取反	WXOR_W	XORW	IN1,OUT	字异或
WAND_B	ANDB	IN1,OUT	字节与	WAND_DW	ANDD	IN1,OUT	双字与
WOR_B	ORB	IN1,OUT	字节或	WOR_DW	ORD	IN1,OUT	双字或
WXOR_B	XORB	IN1,OUT	字节异或	WXOR_DW	XORD	IN1,OUT	双字异或

（2）逻辑运算指令

字节、字、双字作"与"运算时，如果两个操作数的同一位均为 1，运算结果的对应位为 1，否则为 0（见图 4.61）。作"或"运算时，如果两个操作数的同一位均为 0，运算结果的对应位为 0，否则为 1。作"异或"（Exclusive Or）运算时，如果两个操作数的同一位不同，运算结果的对应位为 1，否则为 0。这些指令影响零标志 SM1.0。

（3）逻辑运算指令应用举例

要求用字节逻辑"或"运算将 QB0 的低 3 位置为 1，其余各位保持不变。

图 4.62 中的 WOR_B 指令的输入参数 IN1（16#07）的最低 3 位为 1，其余各位为 0。QB0 的某一位与 1 作"或"运算，运算结果为 1，与 0 作"或"运算，运算结果不变。不管 QB0 最低 3 位为 0 或 1，逻辑"或"运算后 QB0 的这几位总是为 1，其他位不变。

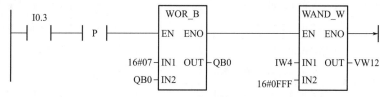

图 4.62　逻辑运算举例

假设用 IW4 的低 12 位读取 3 位拨码开关的 BCD 码，IW4 的高 4 位另作他用。

图 4.62 中的 WAND_W 指令的输入参数 IN2（16#0FFF）的最高 4 位二进制数为 0，低 12 位为 1。IW4 的某一位与 1 作"与"运算，运算结果不变；与 0 作"与"运算，运算结果为 0。WAND_W 指令的运算结果 VW12 的低 12 位与 IW4 的低 12 位（3 位拨码开关输入的 BCD 码）的值相同，VW12 的高 4 位为 0。

两个相同的字节作"异或"运算后，运算结果的各位均为 0。图 4.63 的 VB14 中是上一个扫描周期 IB0 的值。如果 IB0 至少有一位的状态发生了变化，前后两个扫描周期 IB0 的值的异或运算结果 VB15 的值非 0，图中的比较触点接通，将 M10.0 置位。状态发生了变化的位的异或结果为 1。异或运算后将 IB0 的值保存到 VB14，供下一次异或运算时使用。

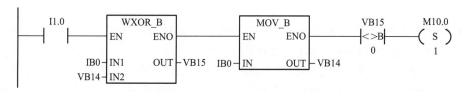

图 4.63　"异或"运算指令的应用

4.8.7 中断程序与中断指令

4.8.7.1 中断的基本概念

中断功能用中断程序及时地处理中断事件（见表 4.18），中断事件与用户程序的执行时序无关，有的中断事件不能事先预测何时发生。中断程序不是由用户程序调用，而是在中断事件发生时由操作系统调用。中断程序是用户编写的。但需要由用户程序把中断程序与中断事件连接起来，并且在允许系统中断后，才进入等待中断事件触发中断程序执行的状态。可以用指令取消中断程序与中断事件的连接，或者禁止全部中断。

表 4.18 中断事件描述

优先级分组	中断号	中断描述	优先级分组	中断号	中断描述
通信(最高)	8	端口 0:字符接收	I/O(中等)	7	I0.3 的下降沿
	9	端口 0:发送完成		36*	信号板输入 I7.0 的下降沿
	23	端口 0:接收消息完成		38*	信号板输入 I7.1 的下降沿
	24*	端口 1:接收消息完成		12	HSC0 的当前值等于预设值
	25*	端口 1:字符接收		27	HSC0 输入方向改变
	26*	端口 1:发送完成		28	HSC0 外部复位
I/O(中等)	0	I0.0 的上升沿		13	HSC1 的当前值等于预设值
	2	I0.1 的上升沿		16	HSC2 的当前值等于预设值
	4	I0.2 的上升沿		17	HSC2 输入方向改变
	6	I0.3 的上升沿		18	HSC2 外部复位
	35*	信号板输入 I7.0 的上升沿		32	HSC3 的当前值等于预设值
	37*	信号板输入 I7.1 的上升沿	定时(最低)	10	定时中断 0,使用 SMB34
	1	I0.0 的下降沿		11	定时中断 1,使用 SMB35
	3	I0.1 的下降沿		21	T32 的当前值等于预设值
	5	I0.2 的下降沿		22	T96 的当前值等于预设值

在中断程序中可以调用 4 级嵌套的子程序,累加器和逻辑堆栈在中断程序和中断程序调用的 4 个嵌套级别子程序之间是共享的。因为不能预知系统何时调用中断程序,在中断程序中不应改写其他程序使用的存储器,为此在中断程序中应尽量使用它的临时局部变量和它调用的子程序的局部变量,或者使用分配给它的全局变量。

中断处理提供对特殊内部事件或外部事件的快速响应。应优化中断程序,执行完某项特定任务后立即返回被中断的程序。应使中断程序尽量短小,以减少中断程序的执行时间,减少对其他处理的延迟,否则可能引起主程序控制的设备操作异常。设计中断程序时应遵循"越短越好"的格言。

中断程序不能嵌套,即中断程序不能再被中断。正在执行中断程序时,如果又有中断事件发生,将会按照发生的时间顺序和优先级排队。

新建项目时自动生成中断程序 INT_0,S7-200 SMART CPU 最多可以使用 128 个中断程序。用鼠标右键单击项目树的"程序块"文件夹,执行弹出的菜单中的命令"插入"→"中断程序",可以创建一个中断程序。创建成功后程序编辑器将显示新的中断程序。

4.8.7.2　中断指令

(1) 中断允许指令与中断禁止指令

中断允许指令 ENI(Enable Interrupt，见表 4.19)全局性地允许处理所有被连接的中断事件。CPU CR40/CR60 不支持表 4.18 中标有 * 号的中断事件。禁止中断指令 DISI(Disable Interrupt)全局性地禁止处理所有的中断事件。从中断程序有条件返回(CRETI)指令在控制它的逻辑条件满足时从中断程序返回。

表 4.19　中断指令

梯形图	语句表	描述	梯形图	语句表	描述
RETI	CREH	从中断程序有条件返回	ATCH	ATCH INT,EVNT	中断连接
ENI	ENI	中断允许	DTCH	DTCH EVNT	中断分离
DISI	DISI	禁止中断	CLR_EVNT	CEVNT EVNT	清除中断事件

(2) 中断连接指令与中断分离指令

中断连接指令 ATCH(Attach Interrupt) 用来建立中断事件 EVNT 和处理该事件的中断程序 INT 之间的联系，并允许处理该中断事件。中断事件由表 4.18 中的中断事件号指定，中断程序由中断程序号指定。INT 和 EVNT 的数据类型均为 BYTE。

中断分离指令 DTCH(Detach Interrupt) 用来断开用参数 EVNT 指定的中断事件与所有中断程序之间的联系，从而禁止处理该中断事件。

清除中断事件指令 CEVNT(Clear Event) 从中断队列中清除所有的中断事件，例如用来清除因为机械震动造成的 A/B 相高速计数器产生的错误的中断事件。如果该指令用于清除假的中断事件，则应在从队列中清除事件之前分离事件。否则，在执行清除事件指令后，将向队列申请添加新的事件。

(3) 中断程序的执行

在 CPU 自动调用中断程序之前，应使用 ATCH 指令，建立中断事件和该事件发生时希望执行的中断程序之间的关联。只有在执行了全局中断允许指令 ENI 和 ATCH 指令后，出现对应的中断事件时，CPU 才会执行连接的中断程序。否则，该事件将添加到中断事件队列中。

执行完中断程序的最后一条指令之后，将会从中断程序返回，继续执行被中断的操作。可以通过执行从中断有条件返回 (CRETI) 指令退出中断程序。

如果使用全局中断禁止 (DISI) 指令禁止了所有的中断，每次出现的中断事件将会排队等待，直到使用全局中断允许指令 ENI 重新启用中断，或中断队列溢出。进入 RUN 模式时自动禁止中断。

可以使用中断分离指令取消中断事件和中断程序之间的关联，从而禁用单独的中断事件。中断分离指令使对应的中断返回未被激活或被忽略的状态。

可以将多个中断事件连接到同一个中断程序，但是一个中断事件不能同时连接到多个中断程序。中断被允许且中断事件发生时，将执行为该事件指定的最后一个中断程序。

在中断程序中不能使用 DISI、ENI、HDEF (高速计数器定义) 和 END 指令。

执行中断程序之前和执行之后，系统保存和恢复逻辑堆栈、累加器和指示累加器与指令操作状态的特殊存储器标志位 (SM)，避免了中断程序对主程序可能造成的影响。

(4) 中断优先级与中断队列溢出

中断按以下固定的优先级顺序执行：通信中断 (最高优先级)、I/O 中断和定时中断 (最低优先级)。在上述 3 个优先级范围内，CPU 按照先来先服务的原则处理中断，任何时刻只能执行一个中断程序。一旦一个中断程序开始执行，它要一直执行到完成，即使另一中断程序的优先级较高，也不能中断正在执行的中断程序。正在处理其他中断时发生的中断事件则排队等待处理。3 个中断队列的最大中断个数和队列溢出状态位如表 4.20 所示。

表 4.20   各中断队列的最大中断数和队列溢出状态位

队列	通信队列	I/O 中断队列	定时中断队列
队列深度	4	16	8
队列溢出状态位	SM4.0	SM4.1	SM4.2

如果中断事件的产生过于频繁，使中断产生的速率比可以处理的速率快，或者中断被 DISI 指令禁止，中断队列溢出状态位被置 1，如表 4.20 所示。只能在中断程序中使用这些位，因为当队列变空或返回主程序时这些位被复位。

如果多个中断事件同时发生，则组和组内的优先级会确定首先处理哪一个中断事件。处理了优先级最高的中断事件之后，会检查队列，以查找仍在队列中的当前优先级最高的事件，并会执行连接到该事件的中断程序。CPU 将按此规则继续执行，直至队列为空且控制权返回到主程序的扫描执行。

(5) 对多个共享变量的访问

如果共享数据由许多相关的字节、字或双字组成，可以在主程序中即将对共享存储单元开始操作的点禁止中断。所有影响共享变量的操作都完成后，重新启用中断。在中断禁用期间，不能执行中断程序，因此中断程序不能访问共享存储单元。但是这种方法会导致对中断事件的响应产生延迟。

4.8.7.3 中断程序举例

(1) 通信端口中断

可以通过用户程序控制 PLC 的串行通信端口，通信端口的这种工作模式称为自由端口模式。在该模式下，接收消息完成、发送消息完成和接收到一个字符均可以产生中断事件，利用接收中断和发送中断可以简化程序对通信的控制。

(2) I/O 中断

I/O 中断包括上升沿中断、下降沿中断和高速计数器中断。CPU 可以用输入点 I0.0～I0.3 的上升沿或下降沿产生中断。可选的数字量输入信号板的 I7.0 和 I7.1 也可以产生上升沿中断或下降沿中断。高速计数器中断允许响应高速计数器的计数当前值等于预设值、与轴转动的方向对应的计数方向改变和计数器外部复位等中断事件。这些事件均可以触发实时执行的操作，而 PLC 的扫描工作方式不能快速响应这些高速事件。

➡ [例 4-10]   在 I0.0 的上升沿通过中断使 Q0.0 立即置位，同时将中断产生的日期和时间保存到 VB10～VB17 中。在 I0.1 的下降沿通过中断使 Q0.0 立即复位，同时将中断产生的日期和时间保存到 VB18～VB25 中。

```
//主程序 OB1
LD      SM0.1           //第一次扫描时
ATCH    INT_0,0         //连接 0 号中断事件(I0.0 的上升沿)和中断程序 INT_0
ATCH    INT_1,3         //连接 3 号中断事件(I0.1 的下降沿)和中断程序 INT_1
ENI                     //允许全局中断
LD      SM5.0           //如果检测到 I/O 错误
DTCH    0               //则禁用 I0.0 的上升沿中断
DTCH    3               //禁用 I0.1 的下降沿中断
```

```
//中断程序 0(INT_0)
LD      SM0.0              //该位总是为 ON
SI      Q0.0,1             //使 Q0.0 立即置位
TODR    VB10               //读实时时钟
//中断程序 1(INT_1)
LD      SM0.0              //该位总是为 ON
RI      Q0.0,1             //立即复位 Q0.0
TODR    VB18               //读实时时钟
```

（3）定时中断

基于时间的中断包括定时中断和定时器 T32/T96 中断。

可以用定时中断来执行一个周期性的操作，以 1ms 为增量，周期时间可以取 1～255ms。定时中断 0 和定时中断 1 的时间间隔分别用特殊存储器字节 SMB34 和 SMB35 来设置。每当定时时间到，执行指定的定时中断程序，例如可以用定时中断来采集模拟量的值和执行 PID 程序。如果定时中断事件已被连接到一个定时中断程序，为了改变定时中断的时间间隔，首先必须修改 SMB34 或 SMB35 的值，然后重新把中断程序连接到定时中断事件上。重新连接时，定时中断功能清除前一次连接的累计时间，并用新的定时值重新开始定时。

定时中断一旦被启用，中断就会周期性地不断产生。每当定时时间到，就会执行被连接的中断程序。如果退出 RUN 状态或者定时中断被分离，定时中断被禁止。如果执行了全局中断禁止（DISI）指令，定时中断事件仍然会连续出现，但是不会处理所连接的中断程序。每个定时中断事件都会进入中断队列排队等候，直到中断被启用或中断队列满。

▶ [例 4-11]　用定时中断 0 实现周期为 2s 的高精度定时。定时中断的定时时间最长为 255ms，将定时中断的定时时间间隔设为 250ms，为了实现周期为 2s 的高精度周期性操作的定时，在定时中断 0 的中断程序中，将 VB10 加 1，然后用比较触点指令"LDB＝"判断 VB10 是否等于 8。若相等（中断了 8 次，对应的时间间隔为 2s），在中断程序中执行每 2s 一次的操作，例如使 QB0 加 1。下面是语句表程序：

```
//主程序 OB1
LD      SM0.1              //第一次扫描时
MOVB    0,VB10             //将中断次数计数器清零
MOVB    250,SMB34          //设置定时中断 0 的中断时间间隔为 250ms
ATCH    INT_0,10           //指定产生定时中断 0 时执行中断程序 INT_0
ENI                        //允许全局中断
//中断程序 INT_0,每隔 250ms 中断一次
LD      SM0.0              //该位总是为 ON
INCB    VB10               //中断次数计数器加 1
LDB=    8,VB10             //如果中断了 8 次(2s)
MOVB    0,VB10             //将中断次数计数器清零
INCB    QB0                //每 2s 将 QB0 加 1
```

如果有两个定时时间间隔分别为 200ms 和 500ms 的周期性任务，将定时中断的时间间隔设置为 100ms，可以在同一个中断程序中用两个 V 区的字节分别对中断次数计数，根据计数值来处理这两个任务。

（4）T32/T96 中断

定时器 T32/T96 中断用于及时地响应一个指定的时间间隔的结束，只有 1ms 分辨率的

定时器 T32 和 T96 支持这种中断。中断被启用后，当定时器的当前值等于预设时间值，在 CPU 的 1ms 定时器刷新时，执行被连接的中断程序。定时器 T32/T96 中断的优点是最大定时时间为 32.767s，比定时中断的 255ms 大得多。

▶ [例 4-12]　使用 T32 中断控制 8 位节日彩灯，每 3s 循环左移一位。1ms 定时器 T32 定时时间到时产生中断事件，中断号为 21。分辨率为 1ms 的定时器必须使用下面主程序中 LDN 开始的 4 条指令来产生脉冲序列。

```
//主程序 OB1
LD      SM0.1           //第一次扫描时
MOVB    16#7,QB0        //设置彩灯的初始状态,最低 3 位的灯被点亮
ATCH    INT_0,21        //指定 T32 定时时间到时执行中断程序 INT_0
ENI                     //允许全局中断
LDN     M0.0            //T32 和 M0.0 组成脉冲发生器
TON     T32,3000        //T32 的预设值为 3000ms
LD      T32
=       M0.0
//中断程序 INT_0
LD      SM0.0
RLB     QB0,1           //8 位彩灯循环左移 1 位
```

4.8.8　高速计数器与高速脉冲输出指令

PLC 的普通计数器的计数过程与扫描工作方式有关，普通计数器的工作频率很低，一般仅有几十赫兹。被测信号的频率较高时，将会丢失计数脉冲。高速计数器可以对普通计数器无能为力的事件计数，S7-200 SMART 有 4 个高速计数器 HSC0～HSC3，可以设置 8 种不同的工作模式。

4.8.8.1　高速计数器的工作模式与外部输入信号

高速计数器一般与增量式编码器一起使用。编码器每圈发出一定数量的计数时钟脉冲和一个复位脉冲，作为高速计数器的输入。高速计数器有一组预设值，开始运行时装入第一个预设值，当前计数值小于预设值时，设置的输出为 ON。当前计数值等于预设值或者有外部复位信号时，产生中断。发生当前计数值等于预设值的中断时，装载入新的预设值，并设置下一阶段的输出。出现复位中断事件时，装入第一个预设值和设置第一组输出状态，以重复该循环。

用高速计数器可以实现与 PLC 的扫描周期无关的高速运动的精确控制。编码器分为以下两种类型。

1）增量式编码器　光电增量式编码器的码盘上有均匀刻制的光栅。码盘旋转时，输出与转角的增量成正比的脉冲，用高速计数器来计脉冲数。根据输出信号的个数，有下列 3 种增量式编码器。

① 单通道增量式编码器内部只有 1 对光耦合器，只能产生一个脉冲序列。

② 双通道增量式编码器又称为 A/B 相型编码器，内部有 2 对光耦合器，能输出相位差为 90°的两路独立的脉冲序列。正转和反转时两路脉冲的超前、滞后关系刚好相反（见图 4.64），如果使用 A/B 相型编码器，PLC 可以识别出转轴旋转的方向。

③ 三通道增量式编码器内部除了有双通道增量式编码器的 2 对光耦合器外，在脉冲码盘的另外一个通道有一个透光段，每转 1 圈，输出一个脉冲，该脉冲称为 Z 相零位脉冲，用

作系统清零信号，或作为坐标的原点，以减少测量的积累误差。

2）绝对式编码器　N 位绝对式编码器有 N 个码道，最外层的码道对应于编码的最低位。每个码道有一个光耦合器，用来读取该码道的 0、1 数据。绝对式编码器输出的 N 位二进制数反映了运动物体所处的绝对位置，根据位置的变化情况，可以判别出旋转的方向。

（1）高速计数器的工作模式

S7-200 SMART 的高速计数器有以下工作模式。

1）具有内部方向控制功能的单相时钟计数器（模式 0、1），用高速计数器的控制字节的第 3 位来控制加计数或减计数。该位为 1 时为加计数，为 0 时为减计数。

2）具有外部方向控制功能的单相时钟计数器（模式 3、4），方向输入信号为 1 时为加计数，为 0 时为减计数。

3）具有加、减时钟脉冲输入的双相时钟计数器（模式 6、7），若加计数脉冲和减计数脉冲的上升沿出现的时间间隔不到 $0.3\mu s$，高速计数器认为这两个事件是同时发生的，当前值不变，也不会有计数方向变化的指示。反之，高速计数器能捕捉到每一个独立事件。

4）A/B 相正交计数器（模式 9、10）的两路计数脉冲的相位互差 $90°$（见图 4.64），正转时为加计数，反转时为减计数。

5）A/B 相正交计数器可以选择 1 倍速模式（见图 4.64）和 4 倍速模式（见图 4.65），1 倍速模式在时钟脉冲的每一个周期计 1 次数，4 倍速模式在两个时钟脉冲的上升沿和下降沿都要计数，因此时钟脉冲的每一个周期要计 4 次数。

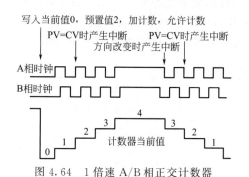

图 4.64　1 倍速 A/B 相正交计数器

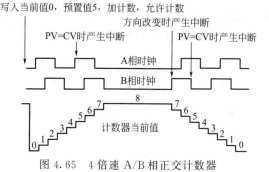

图 4.65　4 倍速 A/B 相正交计数器

根据有无外部复位输入，上述几类工作模式又可以分别分为两种（见表 4.21）。

（2）高速计数器的外部输入信号

高速计数器的模式与外部输入点分配如表 4.21 所示。有些高速计数器的输入点相互之间、或它们与边沿中断（I0.0～I0.3）的输入点之间有重叠，同一个输入点不能同时用于两种不同的功能。但是高速计数器当前模式未使用的输入点可以用于其他功能。例如 HSC0 工作在模式 1 时，只使用 I0.0 和 I0.4，I0.1 可供边沿中断、HSC1 或运动控制输入使用。

HSC0 和 HSC2 支持表 4.21 中的全部计数模式，HSC1 和 HSC3 因为只有一个时钟脉冲输入，只支持模式 0。

表 4.21　高速计数器的模式与外部输入点分配

模式	说明	输入点分配		
	HSC0	I0.0	I0.1	I0.4
	HSC1	I0.1		
	HSC2	I0.2	I0.3	I0.5

续表

模式	说明	输入点分配		
	HSC3	I0.3		
0	具有内部方向控制功能的单相时钟计数器	时钟		
1		时钟		复位
3	具有外部方向控制功能的单相时钟计数器	时钟	方向	
4		时钟	方向	复位
6	具有加、减时钟输入的双相时钟计数器	加时钟	减时钟	
7		加时钟	减时钟	复位
9	A/B 相正交计数器	A 相时钟	B 相时钟	
10		A 相时钟	B 相时钟	复位

脉冲源设备的输出为集电极开路晶体管时，为了防止高速时可能出现的信号失真，可以在 PLC 的脉冲输入端对地接一个 $100\Omega/5W$ 的下拉电阻。

4.8.8.2　高速计数器的程序设计

(1) 高速计数器指令

高速计数器定义指令 HDEF（见表 4.22）用输入参数 HSC 指定高速计数器 HSC0～HSC3，用输入参数 MODE 设置工作模式。这两个参数的数据类型为 BYTE。每个高速计数器只能用一条 HDEF 指令。可以在第一个扫描周期用 HDEF 指令来定义高速计数器。

高速计数器指令 HSC 用于启动编号为 N 的高速计数器，N 的数据类型为 WORD。

表 4.22　高速计数器与高速输出指令

梯形图	语句表	描述
HDEF	HDEF　HSC,MODE	定义高速计数器的工作模式
HSC	HSC　N	激活高速计数器
PLS	PLS　N	脉冲输出

(2) 使用指令向导生成高速计数器的应用程序

在特殊存储器（SM）区，每个高速计数器都有一个状态字节、一个设置参数用的控制字节、一个 32 位预设值寄存器和一个 32 位当前值寄存器。状态字节给出了当前计数方向和当前值是否大于或等于预设值等信息。只有在执行高速计数器的中断程序时，状态位才有效。用控制字节中的各位来设置高速计数器的属性。可以在 S7-200 SMART 的系统手册中查阅这些特殊存储器的信息。

用户在使用高速计数器时，需要根据有关的特殊存储器的意义来编写初始化程序和中断程序。这些程序的编写既烦琐又容易出错。

STEP 7-Micro/WIN SMART 的向导功能很强，使用向导来完成某些功能的编程既简单方便，又不容易出错。使用指令向导能简化高速计数器的编程过程。

4.8.9　数据块应用与字符串指令

4.8.9.1　数据块概述

(1) 在数据块中对地址和数据赋值

数据块用来对 V 存储器（变量存储器）的字节、字和双字地址分配常数（赋值）。上电时 CPU 将数据块中的初始值传送到指定的 V 存储器地址。

双击项目树的"数据块"文件夹中的"页面＿1"图标，打开数据块。

数据块中的典型行包括起始地址以及一个或多个数据值，双斜线（//）之后的注释为可选项。数据块的第一行必须包含明确的地址（包括符号地址），以后的行可以不包含明确的地址。在单地址值后面键入多个数据或键入只包含数据的行时，由编辑器进行地址赋值。编辑器根据前面的地址和数据的长度（字节、字或双字）为数据指定地址。数据块编辑器接受大小写字母，允许用英语的逗号、制表符或空格做地址和数据的分隔符。图 4.66 给出了一个数据块的例子。

```
VB1      25, 134              //从VB1开始的两个字节数值
VD4      100.5                //地址为VD4的双字实数数值
VW10     -1357, 418, 562      //从VW10开始的3个字数值
         2567, 5328           //数据值的地址为VW16和VW18
```
图 4.66　数据块

完成一个赋值行后同时按 Ctrl 键和 Enter 键，在下一行自动生成下一个可用的地址。对数据块所作的更改在数据块下载后才生效。在下载时可以选择是否下载数据块。

（2）错误处理

输入错误的地址和数据、地址在数据值之后、使用非法语法或无效值、使用了中文的标点符号，将在错误行的左边出现红色的✖，出错的地址或数据的下面用波浪下划线标示。单击工具栏上的编译按钮☑，对项目所有的组件进行编译。如果编译器发现地址重叠或对同一地址重复赋值等错误，将在输出窗口显示错误。双击错误信息，将在数据块窗口指出有错误的行。

（3）生成数据页

用鼠标右键单击项目树的"数据块"文件夹中的数据页，执行快捷菜单中的"插入"→"数据页"命令，可以生成一个数据页。执行快捷菜单中的"属性"命令，在打开的对话框的"保护"选项卡，可以为数据页设置密码保护。

4.8.9.2　字符、字符串与数据的转换指令

（1）字符和字符串的表示方法

相比于字符常量，字符串常量的第一个字节是字符串的长度（即字符个数）。ASCII 常用字符的有效范围是 ASCII 32～ASCII 255，不包括 DEL 字符、单引号和双引号字符。在此范围之外的 ASCII 字符必须使用特殊字符格式 $。例如字节中的数为 07 时，状态表显示的是 '$07'。

1）符号表中字符和字符串的表示方法　字节、字和双字中的 ASCII 字符用英语的单引号表示，例如 'A' 'AB' 'AB12'。不能定义 3 个字符或大于 4 个字符的符号。指定给符号名的 ASCII 常量字符串用英语的双引号表示，如 "ABCDE"。

2）数据块中字符和字符串的表示方法　在数据块编辑器中，用英文的单引号定义字符常量，可以将 VB 地址分配给任意的字符常量，将 VW 和 VD 地址分别分配给 2 个和 4 个字符的常量。对于 3 个字符或大于 4 个字符的常量，必须使用 V 或 VB 地址。用英语的双引号定义最多 254 个字符的字符串，只能将 V 或 VB 地址用于字符串分配。下面是一些例子：

```
VW0      'AB','35'          //字符常量
VB10     'BDk32','BOY'      //较长的字符常量和 3 个字符的常量
V20      "ABCD","Motor"     //字符串常量,第一个字节是字符串长度
```

3）程序编辑器中字符和字符串的表示方法　在程序编辑器中输入字符常量时，用英语的单引号将字节、字或双字存储器中的 ASCII 字符常量括起来，例如 'A'、'AB' 和 'AB12'。不能使用 3 个字符或大于 4 个字符的常量。输入常数字符串参数时，用英语的双引号将最多 126 个 ASCII 字符常量括起来。有效的地址为 VB。

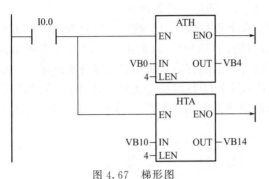

图 4.67　梯形图

（2）ASCII 码与十六进制数的转换

ASCII 字符数组指令使用 BYTE 数据类型访问 ASCII 字符，字符数组由地址连续的字节组成。由于没有起始的长度字节，因此该数组并不是 STRING（字符串）数据类型。

ATH 指令（见图 4.67 和表 4.23）将从 IN 指定的地址开始、长度为 LEN 的 ASCII 字符转换为从 OUT 指定的地址开始存放的十六进制数。

表 4.23　字符、字符串与数据转换指令

梯形图	语句表		描述	梯形图	语句表		描述
ATH	ATH	IN,OUT,LEN	ASCII 码→十六进制数	I_S	ITS	IN,OUT,FMT	整数→字符串
HTA	HTA	IN,OUT,LEN	十六进制数→ASCII 码	DI_S	DTS	IN,OUT,FMT	双整数→字符串
ITA	ITA	IN,OUT,FMT	整数→ASCII 码	R_S	RTS	IN,OUT,FMT	实数→字符串
DTA	DTA	IN,OUT,FMT	双整数→ASCII 码	S_I	STI	IN,INDX,OUT	子字符串→整数
RTA	RTA	IN,OUT,FMT	实数→ASCII 码	S_DI	STD	IN,INDX,OUT	子字符串→双整数
—	—	—	—	S_R	STR	IN,INDX,OUT	子字符串→实数

HTA 指令将从 IN 指定的地址开始、长度为 LEN 的十六进制数转换为从 OUT 指定的地址开始存放的 ASCII 字符。变量 IN、OUT 和 LEN 的数据类型均为 BYTE。不能直接在程序编辑器中输入字符常数。

用数据块设置 VB0～VB3 中的 4 个 ASCII 字符为 '3EA8'（见图 4.68），ATH 指令将它们转换为 VW4 中的十六进制数 16#3EA8。

VB0	'3EA8'
VW10	16#2A38
VW20	-12345
VD30	-12.43
VB52	"V=123.4"
VB90	"T=239.8"
VB100	"1234567890+-"

图 4.68　数据块

（3）整数转换为 ASCII 字符

ITA 指令将整数值 IN 转换为 ASCII 字符，格式参数 FMT（Format）指定小数部分的位数和小数点的表示方法，如图 4.69 所示。转换结果存放在从 OUT 指定的地址开始的 8 个连续字节的输出缓冲区中，ASCII 字符数组始终是 8 个字符，FMT 和 OUT 均为字节变量。

输出缓冲区中小数点右侧的位数由参数 FMT 中的 nnn 域（见图 4.69）指定，nnn=0～5，n=0 则为整数。nnn＞5 时出错，用 ASCII 空格填充整个输出缓冲区。位 c 指定用逗号（c=1）或小数点（c=0）作整数和小数部分的分隔符，FMT 的高 4 位必须为 0。图 4.69 中的 FMT=3，小数部分有 3 位，使用小数点作分隔符。

输出缓冲区按以下规则进行格式化：a. 正数写入输出缓冲区时没有符号位，负数写入输出缓冲区时带负号。b. 小数点左边的无效零（与小数点相邻的位除外）被隐藏。c. 输出缓冲区中的数字右对齐。

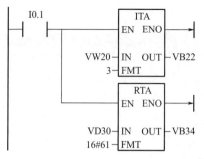

图 4.69　数据块

用数据块设置 VW20 中的整数为－12345，图 4.69 的 ITA 指令将它转换为从 VB22 开始存放的 ASCII 字符‘－12.345’，第 1 个字符为空格字符（见图 4.69 右边表格最下面一行）。

（4）双整数转换为 ASCII 字符数组

DTA 指令将双整数 IN 转换为 ASCII 字符数组，转换结果存放在 OUT 指定的地址开始的 12 个连续字节中。输出缓冲区的大小始终为 12B，FMT 各位的意义和输出缓冲区格式化的规则同 ITA 指令，FMT 和 OUT 均为字节变量。

（5）实数转换为 ASCII 字符数组

图 4.69 的 RTA 指令将输入的实数（浮点数）值 IN 转换成 ASCII 字符，转换结果送入 OUT 指定的地址开始的 3～15 个字节中。格式操作数 FMT 各位如图 4.70 所示，输出缓冲区的大小由 ssss 区的值指定，ssss＝3～15。输出缓冲区中小数部分的位数由 nnn 指定，nnn＝0～5。如果 n＝0，则显示整数。nnn＞5 或输出缓冲区 ssss＜3 时出错，无法存储转换的数值，用 ASCII 空格填充整个输出缓冲区。位 c 的意义与指令 ITA 的相同。FMT 和 OUT 均为字节变量。实数格式最多支持 7 位有效数字，超过 7 位将导致舍入错误。

	7	6	5	4	3	2	1	0
FMT	s	s	s	s	c	n	n	n

地址	格式	当前值	新值
5	VW20	有符号	－12345	
6	VD22	ASCII	‘－12’	
7	VD26	ASCII	‘345’	
8	VD30	浮点	－12.43	
9	VD34	ASCII	‘－12’	
10	VW38	ASCII	‘4’	

图 4.70　FMT 与状态表

除了 ITA 指令输出缓冲区格式化的 3 条规则外，还有以下规则：a. 小数部分的值被四舍五入为指定位数的纯小数；b. 输出缓冲区的大小必须至少比小数部分的位数多 3 个字节。

图 4.69 中的 FMT 为 16♯61，输出缓冲区为 6B，小数部分 1 位，用小数点作分隔符。数据块设置 VD30 中的实数为－12.43（见图 4.68），从 VB34 开始存放的转换结果为 ASCII 码‘－12.4’，第一个字符为空格字符。

（6）数值转换为 ASCII 字符串

指令 I_S、DI_S 和 R_S 分别将整数、双整数和实数值（IN）转换为 ASCII 码字符串，存放到 OUT 指定的地址区中。

这 3 条指令的操作和 FMT 的定义与对应的 ASCII 码转换指令基本上相同，二者的区别在于字符串转换指令转换后得到的字符串增加了一个起始字节（即地址 OUT 所指的字节），其中是字符串的长度。整数和双整数转换得到的字符串的起始字节中分别为字符的个数 8 和 12，实数转换后字符串的长度由 FMT 的高 4 位中的数来决定。

用数据块设置 VW20 中的整数为－12345（见图 4.68），图 4.71 中的 I_S 指令将它转换为字符串“－12.345”。VB42 中的字符串长度为 8（见图 4.72），VD43 中的第一个字是空格字。

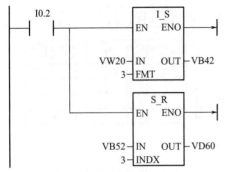

	地址	格式	当前值
11	VW20	有符号	-12345
12	VB42	有符号	+8
13	VD43	ASCII	'-12'
14	VD47	ASCII	'345'
15	VD52	ASCII	'$07V=1'
16	VD56	ASCII	'23.4'
17	VD60	浮点	123.4

图 4.71 字符串转换指令　　　　图 4.72 状态图表

（7）ASCII 子字符串转换为数值

指令 S_I、S_DI 和 S_R 分别将字符串 IN 从偏移量 INDX 开始的子字符串转换为整数、双整数和实数值，存放到 OUT 指定的地址区。

S_I、S_DI 指令的字符串输入格式为：[空格][+或-][数字 0～9]

S_R 指令的字符串输入格式为：[空格][+或-][数字 0～9][.或,][数字 0～9]

INDX 通常设置为 1，即从字符串的第一个字符开始转换。若只需要转换字符串中后面的数字，可以将 INDX 设为大于 1 的数。用数据块设置从 VB52 开始的字符串为"V = 123.4"（见图 4.68），只转换从第 3 个字符开始的数字，因此 INDX 为 3，如图 4.71 所示。转换后 VD60 中的浮点数为 123.4。VB52 中子字符串的长度 07，用 ASCII（字符格式）显示时，07 是特殊字符，所以用格式"$07"表示，如图 4.72 所示。

子字符串转换指令不能正确地转换以科学计数法和指数形式表示实数的字符串，例如会将字符串"1.345E8"（1.345×10^8）转换为实数值 1.345，而且没有错误显示。

转换到字符串的结尾或遇到一个非法的字符（不是数字 0～9、加号、减号、逗号和句号的字符）时，停止转换。转换产生的整数值超过有符号字的范围和输入字符串包含非法字符时，溢出标志 SM1.1 将被置位。

4.8.9.3 字符串指令

（1）求字符串长度指令

求字符串长度（SLEN）指令（见表 4.24）返回输入参数 IN 指定的字符串的长度值，输出参数 OUT 的数据类型为字节。该指令不能用于中文字符。

（2）字符串复制指令

字符串复制（SCPY）指令将参数 IN 指定的字符串复制到 OUT 指定的地址区。

表 4.24 字符串指令

梯形图	语句表	描述	梯形图	语句表	描述
STR_LEN	SLEN IN,OUT	求字符串长度	SSTR_CPY	SSCPY IN,INDX,N,OUT	复制子字符串
STR_CPY	SCPY IN,OUT	字符串复制	STR_FIND	SFND IN1,IN2,OUT	搜索字符串
STR_CAT	SCAT IN,OUT	字符串连接	CHR_FIND	CFND IN1,IN2,OUT	搜索字符

（3）字符串连接指令

字符串连接（SCAT）指令将参数 IN 指定的字符串附加到 OUT 指定的字符串的后面。

[例 4-13] 字符串指令应用举例。

```
LD    I0.3
SCPY  "HELLO",VB70         //将字符串"HELLO"复制到 VB70 开始的存储区
SCAT  "WORLD",VB70         //将字符串"WORLD"附加到 VB70 开始的字符串的后面
SLEN  VB70,VB82            //求 VB70 开始的字符串的长度
```

执行完 SCAT 指令后，VB70 开始的字符串为"HELLO WORLD"。VB70 中子字符串的长度 11（十六进制数 16♯0B），因为它是特殊字符，在状态图表中显示的 VB70 中的字符为'$0B'。VB82 中是执行 SLEN 指令后得到的字符串长度 11，如图 4.73 所示。

（4）从字符串中复制子字符串指令

执行完例 4-13 中的程序后，图 4.74 中的 SSTR_CPY 指令从 INDX 指定的第 7 个字符开始，将 IN 指定的字符串"HELLO WORLD"中的 5 个字符"WORLD"复制到 OUT 指定的 VB83 开始的新字符串中，OUT 的数据类型为字节。

	地址	格式	当前值	新值
18	VD70	ASCII	'$0bHEL'	
19	VD74	ASCII	'LOW'	
20	VD78	ASCII	'ORLD'	
21	VB82	无符号	11	
22	VD83	ASCII	'$05WOR'	
23	VW87	ASCII	'LD'	
24	VB89	有符号	+7	
25	VD200	浮点	239.8	

图 4.73　状态图表

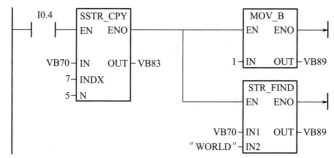

图 4.74　梯形图

（5）字符串搜索指令

STR_FIND 指令（见图 4.74）在 IN1 指定的字符串"HELLO WORLD"中，搜索 IN2 指定的字符串"WORLD"，如果找到了与字符串 IN2 完全匹配的一段字符，用 OUT 指定的地址 VB89 保存字符串"WORLD"的首个字符 W 在字符串 IN1 中的位置。VB89 的初始值 1 表示从第一个字符开始搜索。如果没有找到，VB89 被清零。

（6）字符搜索指令

CHR_FIND 指令在字符串 IN1 中搜索字符串 IN2 包含的第一次出现的任意字符，用字节变量 OUT 的初始值指定搜索的起始位置。如果找到了匹配的字符，字符的位置被写入 OUT 中。如果没有找到，OUT 被清零。

用数据块（见图 4.68）设置从 VB90 开始的字符串"T=239.8"，VB100 开始的字符串"1234567890＋－"包括数字 0～9、"＋"号和"－"号，用于识别字符串中的温度值。

图 4.75 中的 AC0 用作指令 CHR_FIND 的 OUT 参数，用 MOV_B 指令使它指向字符串的第一个字符，然后开始搜索。

CHR_FIND 指令在 IN1 指定的字符串"T＝239.8"中找到数字字符的起始位置为 3，S_R 指令将数字字符"T＝239.8"转换为浮点数温度值 239.8 后，存放在 VD200 中（见图 4.73 和图 4.75）。

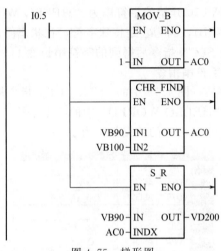

图 4.75　梯形图

PLC

第5章

顺序控制梯形图程序设计方法

5.1 顺序控制设计法与顺序功能图

顺序控制就是按照生产工艺预先规定的顺序，在各个输入信号的作用下，根据内部状态和时间的顺序，在生产过程中各个执行机构自动地有秩序地进行操作。使用顺序控制设计法时，首先根据系统的工艺过程，画出顺序功能图（Sequential Function Chart，SFC），再根据顺序功能图画出梯形图。

顺序控制设计法是一种先进的设计方法，很容易被初学者接受，对于有经验的工程师，也会提高设计的效率，程序的调试、修改和阅读也很方便。某厂有经验的电气工程师用经验设计法设计某控制系统的梯形图，花了两周的时间。同一系统改用顺序控制设计法，只用了不到半天的时间，就完成了梯形图的设计和模拟调试，现场试车一次成功。

顺序功能图是描述控制系统的控制过程、功能和特性的一种图形，也是设计 PLC 的顺序控制程序的有力工具。顺序功能图并不涉及所描述的控制功能的具体技术，它是一种通用的技术语言，可以供进一步设计和不同专业的人员之间进行技术交流。在 IEC 的 PLC 编程语言标准（IEC 61131-3）中，顺序功能图是 PLC 位居首位的编程语言。我国也在 1986 年颁布了顺序功能图的国家标准 GB 6988.6-86。顺序功能图主要由步、有向连线、转换、转换条件和动作（或命令）组成。S7-300/400 的 S7-Graph 是典型的顺序功能图语言。现在还有相当多的 PLC（包括 S7-200 SMART）没有配备顺序功能图语言，但是可以用顺序功能图来描述系统的功能，并根据它来设计梯形图程序。

5.1.1 步与动作

（1）步的基本概念

顺序控制设计法基本思想是将系统的一个工作周期划分为若干个顺序相连的阶段，这些阶段称为步（Step），并用编程元件（例如位存储器 M 和顺序控制继电器 SCR）来代表各步。一般情况下步是根据输出量的状态变化来划分的，在任何一步之内，各输出量的 ON/OFF 状态不变，但是相邻两步输出量总的状态是不同的，步的这种划分方法使代表各步的编程元件的状态与各输出量的状态之间，有着非常简单的逻辑关系。顺序控制设计法用转换条件控制代表各步的编程元件，让它们的状态按规定的顺序变化，然后用代表各步的编程元件去控制 PLC 的各输出位。

两条运输带顺序相连 (见图 5.1), 为了避免运送的物料在 1 号运输带上堆积, 按下启动按钮 I0.0, 1 号运输带开始运行, 6s 后 2 号运输带自动启动。停机的顺序与启动的顺序刚好相反, 即按了停车按钮 I0.1 后, 先停 2 号运输带, 5s 后停 1 号运输带。图 5.1 给出了输入/输出信号的波形图和顺序功能图。控制 1 号运输带的 Q0.0 在步 M0.1～M0.3 中都应为 ON。根据 Q0.0～Q0.1 的 ON/OFF 状态的变化, 显然可以将上述工作过程分为 3 步, 分别用 M0.1～M0.3 来代表这 3 步, 另外还设置了一个等待启动的初始步 M0.0。图 5.1 的右边是描述该系统的顺序功能图, 图中用矩形方框来表示步, 方框中是代表该步的编程元件的地址, 例如 M0.0 等。

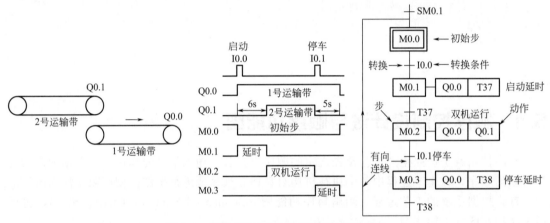

图 5.1　运输带控制的波形图与顺序功能图

为了方便将顺序功能图转换为梯形图, 用代表各步的编程元件的地址作为步的名称, 并用编程元件的地址来标注转换条件和各步的动作或命令。

(2) 初始步

与系统的初始状态相对应的步称为初始步, 初始状态一般是系统等待启动命令的相对静止的状态。初始步用双线方框表示, 每一个顺序功能图至少应该有一个初始步。

(3) 活动步

当系统正处于某一步所在的阶段时, 该步处于活动状态, 称该步为"活动步"。步处于活动状态时, 相应的动作被执行; 处于不活动状态时, 停止执行相应的非存储型动作。

(4) 与步对应的动作或命令

可以将一个控制系统划分为被控系统和施控系统, 例如在数控车床系统中, 数控装置是施控系统, 而车床是被控系统。对于被控系统, 在某一步中要完成某些"动作"(Action), 对于施控系统, 在某一步中则要向被控系统发出某些"命令"(Command)。为了叙述方便, 下面将命令或动作统称为动作, 并用矩形方框中的文字或地址表示动作, 该矩形框应与它所在的步对应的方框相连。

若某一步有几个动作, 可以用图 5.2 中的两种画法来表示, 但是并不隐含这些动作之间的任何顺序, 应清楚地表明动作是存储型的还是非存储型的。图 5.1 中的 Q0.1 为非存储型动作, 当步 M0.2 为活动步时, 动作 Q0.1 为 ON; 当步 M0.2 为不活动步时, 动作 Q0.1 为 OFF。步 M0.2 与它的非存储性动作 Q0.1 的波形完全相同。

图 5.2　动作的两种画法

T37 在步 M0.1 为活动步时定时, T37 的 IN 输入

（使能输入）在步 M0.1 为活动步时为 ON，步 M0.1 为不活动步时为 OFF，从这个意义上来说，T37 的 IN 输入相当于步 M0.1 的一个非存储型动作，所以将 T37 放在步 M0.1 的动作框内。

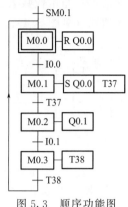

图 5.3　顺序功能图

使用动作的修饰词，可以在一步中完成不同的动作。修饰词允许在不增加逻辑的情况下控制动作。例如，可以使用修饰词 "L" 来限制配料阀打开的时间。图 5.1 中的动作 Q0.0 在连续的 3 步都应为 ON，可以在顺序功能图中，用动作的修饰词 "S"（见图 5.3 和表 5.1）将它在应为 ON 的第一步 M0.1 置位，用动作的修饰词 "R" 将它在应为 ON 的最后一步的下一步 M0.0 复位为 OFF。Q0.0 这种动作是存储型动作，在程序中用置位、复位指令来实现。

表 5.1　动作的修饰词

修饰词	名　称	描　述
N	非存储型	当步变为不活动步时动作终止
S	置位（存储）	当步变为不活动步时动作继续，直到动作被复位
R	复位	被修饰 S、SD、SL 或 DS 启动的动作被终止
L	时间限制	步变为活动步时动作被启动，直到步变为不活动步或设定时间到
D	时间延迟	步变为活动步时延迟定时器被启动，如果延迟之后步仍然是活动的，动作被启动和继续，直到步变为不活动步
P	脉冲	当步变为活动步，动作被启动并且只执行一次
SD	存储与时间延迟	在时间延迟之后动作被启动，一直到动作被复位
DS	延迟与存储	在延迟之后如果步仍然是活动的，动作被启动直到被复位
SL	存储与时间限制	步变为活动步时动作被启动，一直到设定的时间到或动作被复位

5.1.2　有向连线与转换条件

（1）有向连线

在顺序功能图中，随着时间的推移和转换条件的实现，将会发生步的活动状态的进展，这种进展按有向连线规定的路线和方向进行。在画顺序功能图时，将代表各步的方框按它们成为活动步的先后次序顺序排列，并用有向连线将它们连接起来。步的活动状态习惯的进展方向是从上到下或从左至右，在这两个方向有向连线上的箭头可以省略。如果不是上述的方向，则应在有向连线上用箭头注明进展方向。为了更易于理解，也可以在可以省略箭头的有向连线上添加箭头。

（2）转换

转换用有向连线上与有向连线垂直的短划线来表示，转换将相邻两步分隔开。步的活动状态的进展是由转换的实现来完成的，并与控制过程的进展相对应。

（3）转换条件

使系统由当前步进入下一步的信号称为转换条件，转换条件可以是外部的输入信号，例如按钮、指令开关、限位开关的接通或断开等；也可以是 PLC 内部产生的信号，例如定时器、计数器常开触点的接通等；还可以是若干个信号的与、或、非逻辑组合。转换条件可以用文字语言、布尔代数表达式或图形符号标注在表示转换的短线的旁边，使用最多的是布尔代数表达式（见图 5.4）。

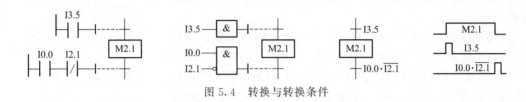

图 5.4　转换与转换条件

转换条件 I0.0 和 $\overline{I0.0}$ 分别表示当输入信号 I0.0 为 ON 和 OFF 时转换实现。转换条件"↑I0.0"和"↓I0.0"分别表示当 I0.0 从 OFF 到 ON（上升沿）和从 ON 到 OFF（下降沿）时转换实现。实际上即使不加符号"↑"，转换一般也是在信号的上升沿实现的，因此一般不加"↑"。

图 5.4 中的波形图用高电平表示步 M2.1 为活动步，反之则用低电平表示。转换条件 $I0.0 \cdot \overline{I2.1}$ 表示 I0.0 的常开触点与 I2.1 的常闭触点同时闭合，在梯形图中则用两个触点的串联来表示这样一个"与"逻辑关系。

图 5.1 中步 M0.1 下面的转换条件 T37 对应于定时器 T37 的常开触点，T37 的定时时间到时，其常开触点闭合，转换条件满足。

在顺序功能图中，只有当某一步的前级步是活动步，该步才有可能变成活动步。如果用没有断电保持功能的编程元件来代表各步，进入 RUN 工作方式时，它们均处于 OFF。必须用开机时接通一个扫描周期的 SM0.1 的常开触点作为转换条件，将初始步 M0.0 预置为活动步（见图 5.1），否则因为顺序功能图中没有活动步，系统将无法工作。如果系统有自动、手动两种工作方式，顺序功能图是用来描述自动工作过程的，这时还应在系统由手动工作方式进入自动工作方式时，用一个适当的信号将初始步置为活动步。

"前级步""后续步"的前后是指时间上的先后，与有向连线的方向有关。

5.1.3　顺序功能图的基本结构

（1）单序列

单序列由一系列相继激活的步组成，每一步的后面仅有一个转换，每一个转换的后面只有一个步［见图 5.5(a)］，单序列的特点是没有分支与合并。

（2）选择序列

选择序列的开始称为分支［见图 5.5(b)］，转换符号只能标在水平连线之下。如果步 5 是活动步，并且转换条件 h 为 ON，则发生由步 5→步 8 的动作。如果步 5 是活动步，并且 k 为 ON，则发生由步 5→步 10 的动作。如果将转换条件 k 改为 $k \cdot \overline{h}$，则当 k 和 h 同时为 ON 时，将优先选择 h 对应的序列，一般只允许同时选择一个序列。

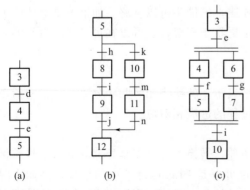

图 5.5　单序列、选择序列与并行序列

选择序列的结束称为合并［见图 5.5(b)］，几个选择序列合并到一个公共序列时，用需要重新组合的序列、相同数量的转换符号和水平连线来表示，转换符号只允许标在水平连线之上。

如果步 9 是活动步，并且转换条件 j 为 ON，则发生由步 9→步 12 的动作。如果步 11 是活动步，并且 n 为 ON，则发生由步 11→步 12 的动作。

（3）并行序列

并行序列用来表示系统同时工作的几个独立部分的工作情况。并行序列的开始称为分支［见图 5.5(c)］，当转换的实现导致几个序列同时激活时，这些序列称为并行序列。当步 3 是活动步，并且转换条件 e 为 ON，步 4 和步 6 同时变为活动步，同时步 3 变为不活动步。为了强调转换的同步实现，水平连线用双线表示。步 4 和步 6 被同时激活后，每个序列中活动步的进展将是独立的。在表示同步的水平双线之上，只允许有一个转换符号。

并行序列的结束称为合并［见图 5.5(c)］，在表示同步的水平双线之下，只允许有一个转换符号。当直接连在双线上的所有前级步（步 5 和步 7）都处于活动状态，并且转换条件 i 为 ON 时，才会发生步 5 和步 7 到步 10 的动作，即步 5 和步 7 同时变为不活动步，而步 10 变为活动步。

（4）复杂的顺序功能图举例

某专用钻床用来加工圆盘状零件上均匀分布的 6 个孔（见图 5.6），上面是侧视图，下面是工件的俯视图。在进入自动运行之前，两个钻头应在最上面，上限位开关 I0.3 和 I0.5 为 ON，系统处于初始步，加计数器 C0 被复位，计数当前值被清零。用存储器位 M 来代表各步，顺序功能图中包含了选择序列和并行序列。操作人员放好工件后，按下启动按钮 I0.0，转换条件 I0.0·I0.3·I0.5 满足，由初始步转换到步 M0.1，Q0.0 变为 ON，工件被夹紧。夹紧后压力继电器 I0.1 为 ON，由步 M0.1 转换到步 M0.2 和 M0.5，Q0.1 和 Q0.3 使两只钻头同时开始向下钻孔，预设值为 3 的加计数器 C0 的当前计数值加 1。大钻头钻到由限位开关 I0.2 设定的深度时，进入步 M0.3，Q0.2 使大钻头上升，升到由限位开关 I0.3 设定的起始位置时停止上升，进入等待步 M0.4。小钻头钻到由限位开关 I0.4 设定的深度时，进入步 M0.6，Q0.4 使小钻头上升，升到由限位开关 I0.5 设定的起始位置时停止上升，

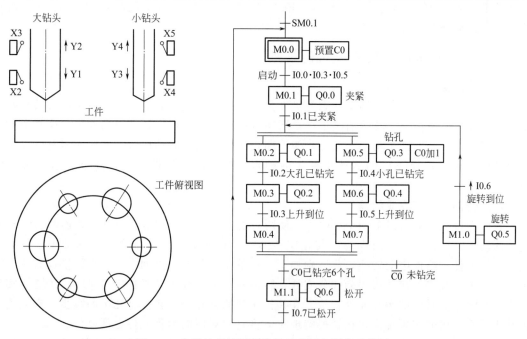

图 5.6 专用钻床控制系统的示意图与顺序功能图

进入等待步 M0.7。

C0 加 1 后的计数当前值为 1，C0 的常闭触点闭合，转换条件 C0 满足。两个钻头都上升到位后，将转换到步 M1.0。Q0.5 使工件旋转 120°，旋转到位时 I0.6 为 ON，又返回步 M0.2 和 M0.5，开始钻第二对孔。转换条件 "↑I0.6" 中的 "↑" 表示转换条件仅在 I0.6 的上升沿时有效。如果将转换条件改为 I0.6，因为在转换到步 M1.0 之前 I0.6 就为 ON，进入步 M1.0 之后，因为转换条件满足，将会马上离开步 M1.0，不能使工件旋转。转换条件改为 "↑I0.6" 后，解决了这个问题。

3 对孔都钻完后，C0 的当前值为 3，其常开触点闭合，转换条件 C0 满足，转换到步 M1.1，Q0.6 使工件松开。松开到位时，限位开关 I0.7 为 ON，系统返回初始步 M0.0。

因为要求两个钻头向下钻孔和钻头提升的过程同时进行，故采用并行序列来描述上述的过程。由 M0.2～M0.4 和 M0.5～M0.7 组成的两个单序列分别用来描述大钻头和小钻头的工作过程。在步 M0.1 之后，有一个并行序列的分支。当 M0.1 为活动步，并且转换条件 I0.1 得到满足（I0.1 为 ON），并行序列的两个单序列中的第 1 步（步 M0.2 和 M0.5）同时变为活动步。此后两个单序列内部各步的活动状态的转换是相互独立的，例如大孔或小孔钻完时的转换一般不是同步的。

并行序列的两个单序列的最后 1 步应同时变为不活动步，但是两个钻头一般不会同时上升到位，不可能同时结束运动，所以设置了等待步 M0.4 和 M0.7，它们用来同时结束两个并行序列。当两个钻头均上升到位，限位开关 I0.3 和 I0.5 均为 ON，大、小钻头两个子系统分别进入各自的等待步，并行序列将会立即结束。

在步 M0.4 和 M0.7 之后，有一个选择序列的分支。没有钻完 3 对孔时，C0 的常闭触点闭合，转换条件 $\overline{C0}$ 满足，如果两个钻头都上升到位，将从步 M0.4 和 M0.7 转换到步 M1.0。如果已经钻完了 3 对孔，C0 的常开触点闭合，转换条件 C0 满足，将从步 M0.4 和 M0.7 转换到步 M1.1。

在步 M0.1 之后，有一个选择序列的合并。当步 M0.1 为活动步，而且转换条件 I0.1 得到满足（I0.1 为 ON），将转换到步 M0.2 和 M0.5。当步 M1.0 为活动步，而且转换条件 ↑I0.6 得到满足，也会转换到步 M0.2 和 M0.5。

5.1.4 顺序功能图中转换实现的规则

（1）转换实现的条件

在顺序功能图中，步的活动状态的进展是由转换的实现来完成的。转换实现必须同时满足两个条件：a. 该转换所有的前级步都是活动步；b. 相应的转换条件得到满足。这两个条件是缺一不可的，若取消了第一个条件，假设因为误操作按了启动按钮，在任何情况下都将使以启动按钮作为转换条件的后续步变为活动步，造成设备的误动作，甚至会出现重大的事故。

（2）转换实现应完成的操作

转换实现时应完成以下两个操作：a. 使所有由有向连线与相应转换符号相连的后续步都变为活动步；b. 使所有由有向连线与相应转换符号相连的前级步都变为不活动步。以上规则可以用于任意结构中的转换，其区别如下：在单序列和选择序列中，一个转换仅有一个前级步和一个后续步。在并行序列的分支处，转换有几个后续步［见图 5.5(c)］，在转换实现时应同时将它们对应的编程元件置位。在并行序列的合并处，转换有几个前级步，它们均为活动步时才有可能实现转换，在转换实现时应将它们对应的编程元件全部复位。

转换实现的基本规则是根据顺序功能图设计梯形图的基础，它适用于顺序功能图中的各种基本结构，以及后面将要介绍的顺序控制梯形图的编程方法。

（3）绘制顺序功能图时的注意事项

针对绘制顺序功能图时常见的错误提出的注意事项：a.两个步绝对不能直接相连，必须用一个转换将它们分隔开。b.两个转换也不能直接相连，必须用一个步将它们分隔开。这两条要求可以作为检查顺序功能图是否正确的一个判据。c.顺序功能图中的初始步一般对应于系统等待启动的初始状态，这一步可能没有什么输出处于 ON 状态，因此有的初学者在画顺序功能图时很容易遗漏掉这一步。初始步是必不可少的，一方面，因为该步与它的相邻步相比，从总体上说输出变量的状态各不相同；另一方面，如果没有该步，不能表示初始状态，系统也不能返回等待启动的停止状态。d.自动控制系统应能多次重复执行同一个工艺过程，因此在顺序功能图中一般应有由步和有向连线组成的闭环，即在完成一次工艺过程的全部操作之后，应从最后一步返回初始步，系统停留在初始状态，在连续循环工作方式时，应从最后一步返回下一工作周期开始运行的第一步（见图 5.6）。

（4）顺序控制设计法的本质

经验设计法实际上是试图用输入信号 I 直接控制输出信号 Q[见图 5.7(a)]，如果无法直接控制，或者为了实现记忆和互锁等功能，只好被动地增加一些辅助元件和辅助触点。由于不同系统的输出量 Q 与输入量 I 之间的关系各不相同，以及它们对联锁、互锁的要求千变万化，不可能找出一种简单通用的设计方法。

顺序控制设计法则是用输入量 I 控制代表各步的编程元件（例如存储器位 M），再用它们控制输出量 Q[见图 5.7(b)]。步是根据输出量 Q 的状态划分的，M 与 Q 之间具有很简单的"或"或者

图 5.7　信号关系图

"相等"的逻辑关系，输出电路的设计极为简单。任何复杂系统的代表步的存储器位 M 的控制电路，其设计方法都是通用的，并且很容易掌握，所以顺序控制设计法具有简单、规范、通用的优点。由于代表步的 M 是依次变为 ON/OFF 状态的，实际上已经基本上解决了经验设计法中的记忆和联锁等问题。

5.2　使用置位、复位指令的顺序控制梯形图设计方法

顺序控制梯形图编程方法比较容易掌握，用它们可以迅速地、得心应手地设计出复杂的数字量控制系统的梯形图。控制系统的梯形图一般采用图 5.8 所示的典型结构，系统有自动和手动两种工作方式。SM0.0 的常开触点一直闭合，每次扫描都会执行公用程序。自动方式和手动方式都需要执行的操作放在公用程序中，公用程序还用于自动程序和手动程序相互切换的处理。I2.0 是自动/手动切换开关，当它为 ON 时调用手动程序，为 OFF 时调用自动程序。

开始执行自动程序时，要求系统处于与自动程序的顺序功能图的初始步对应的初始状态。如果开机时系统没有处于初始状态，则应进入手动工作方式，用手动操作使系统进入初始状态后，再切换到自动工作方式，也可以设置使系统自动进入初始状态的工作方式（见 5.4 节）。

在 5.2 节和 5.3 节中，假设刚开始执行用户程序时，系统已经处于要求的初始状态。用初始化脉冲 SM0.1 将初始步对

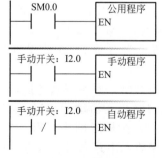

图 5.8　主程序

应的编程元件置位为 ON，为转换的实现做好准备，并将其余的步对应的编程元件复位为 OFF。

5.2.1 单序列的编程方法

（1）步的控制电路的设计

在顺序功能图中，代表步的存储器位（M）为 ON 时，对应的步为活动步，反之为不活动步。如果转换的前级步或后续步不止一个，转换的实现称为同步实现（见图 5.9）。为了强调同步实现，有向连线的水平部分用双线表示。在顺序功能图中，如果某一转换所有的前级步都是活动步，并且满足相应的转换条件，则转换实现，即该转换所有的后续步都变为活动步，该转换所有的前级步都变为不活动步。

在使用置位、复位指令的编程方法中，用该转换所有的前级步对应的存储器位的常开触点与转换条件对应的触点或电路串联，用它作为使所有后续步对应的存储器位置位和使所有前级步对应的存储器位复位的条件。在任何情况下，代表步的存储器位的控制电路都可以用这一原则来设计。这种设计方法很有规律，梯形图与转换实现的基本规则之间有着严格的对应关系，在设计复杂的顺序功能图的梯形图时既容易掌握，又不容易出错。这种编程方法使用任何一种 PLC 都有的置位、复位指令，因此这是一种通用的编程方法，可以用于任意型号的 PLC。这种编程方法也称为以转换为中心的编程方法。

图 5.9 中转换条件的布尔代数表达式为 $\overline{I0.1}+I0.3$，它的两个前级步对应于 M1.0 和 M1.1，所以将 M1.0 和 M1.1 的常开触点组成的串联电路同 I0.1 和 I0.3 的触点组成的并联电路串联，作为转换实现的两个条件同时满足对应的电路。在梯形图中，该电路接通时，将代表后续步的 M1.2 和 M1.3 置位（变为 ON 并保持），同时将代表前级步的 M1.0 和 M1.1 复位（变为 OFF 并保持）。

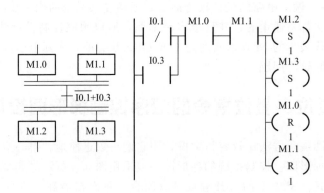

图 5.9 转换的同步实现

图 5.10 是图 5.1 中的运输带控制系统的顺序功能图。图 5.11 是该项目的程序。首次扫描时，SM0.1 的常开触点闭合一个扫描周期，将初始步 M0.0 置位为活动步，并将非初始步 M0.1～M0.3 复位为不活动步。

以初始步下面的 I0.0 对应的转换为例，要实现该转换，需要同时满足两个条件，即该转换的前级步是活动步（M0.0 为 ON）和转换条件满足（I0.0 为 ON）。在梯形图中，用 M0.0 和 I0.0 的常开触点组成的串联电路来表示上述条件。该电路接通时，两个条件同时满足。此时应将该转换的后续步变为活动

图 5.10 顺序功能图

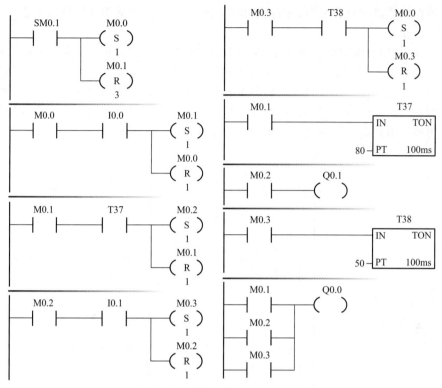

图 5.11　运输带控制系统的程序

步，即用置位指令（S 指令）将 M0.1 置位。还应将该转换的前级步变为不活动步，即用复位指令（R 指令）将 M0.0 复位。

5 个对存储器位 M 置位、复位的程序段对应于顺序功能图中的 5 个转换。

（2）输出电路的设计

应根据顺序功能图，用代表步的存储器位的常开触点或它们的并联电路来控制输出位的线圈。Q0.1 仅仅在步 M0.2 为 ON 时，它们的波形完全相同（见图 5.1）。因此可以用 M0.2 的常开触点直接控制 Q0.1 的线圈。接通延时定时器 T37 仅在步 M0.1 为活动步时定时，因此用 M0.1 的常开触点控制 T37。由于同样的原因，用 M0.3 的常开触点控制 T38。Q0.0 的线圈在步 M0.1～M0.3 均为 ON，因此将 M0.1～M0.3 的常开触点并联后，来控制 Q0.0 的线圈。

（3）程序的调试

顺序功能图是用来描述控制系统的外部性能的，因此应根据顺序功能图而不是梯形图来调试顺序控制程序。用状态图表监控包含所有步和动作的 MB0 和 QB0（见图 5.12）。使用二进制格式，可以用一行监控最多一个双字的 32 个位变量。此外还用状态图表监控两个定时器的当前值。

	地址	格式	当前值
1	MB0	二进制	2#0000_0010
2	QB0	二进制	2#0000_0001
3	T37	有符号	+54
4	T38	有符号	+0

图 5.12　状态图表

5.2.2　选择序列与并行序列的编程方法

（1）选择序列的编程方法

如果某一转换与并行序列的分支、合并无关，它的前级步和后续步都只有一个，需要复位、置位的存储器位也只有一个，因此选择序列的分支与合并的编程方法实际上与单序列的编程方法完全相同。

图 5.13 的顺序功能图中，除了 I0.3 与 I0.6 对应的转换以外，其余的转换均与并行序列的分支、合并无关，I0.0～I0.2 对应的转换与选择序列的分支、合并有关，它们都只有一个前级步和一个后续步。与并行序列的分支、合并无关的转换对应的梯形图是非常标准的，每一个控制置位、复位的电路块，都由前级步对应的一个存储器位的常开触点和转换条件对应的触点组成的串联电路、一条置位指令和一条复位指令组成。

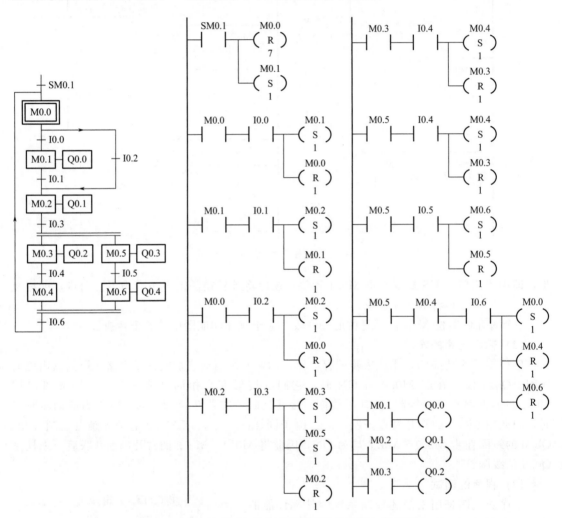

图 5.13 选择序列与并行序列的顺序功能图与梯形图

（2）并行序列的编程方法

图 5.13 中步 M0.2 之后有一个并行序列的分支，当步 M0.2 是活动步，并且转换条件 I0.3 满足时，步 M0.3 与步 M0.5 应同时变为活动步，这是用 M0.2 和 I0.3 的常开触点组成的串联电路将 M0.3 和 M0.5 同时置位来实现的；与此同时，步 M0.2 应变为不活动步，这是用复位指令来实现的。I0.6 对应的转换之前有一个并行序列的合并，该转换实现的条件是所有的前级步（即步 M0.4 和 M0.6）都是活动步和转换条件 I0.6 满足。由此可知，应将 M0.4、M0.6 和 I0.6 的常开触点串联，作为使后续步 M0.0 置位和使前级步 M0.4、M0.6 复位的条件。

5.2.3　应用举例

（1）程序结构

编写专用钻床控制系统的程序，图 5.14 是 OB1 中的程序，符号名为"自动开关"的 I2.0 为 ON 时，调用名为"自动程序"的子程序；为 OFF 时，调用名为"手动程序"的子程序。

在手动方式和开机时（SM0.1 为 ON），将初始步对应的 M0.0 置位（见图 5.14），将非初始步对应的 M0.1～M1.1 复位。上述操作主要是防止由自动方式切换到手动方式，然后返回自动方式时，可能会出现同时有 2 个或 3 个活动步的异常情况。符号表见图 5.15。

（2）手动程序

图 5.16 是手动程序。在手动方式中，用 8 个手动按钮分别独立操作大、小钻头的升降，工件的旋转和夹紧、松开。每对相反操作的输出点用对方的常闭触点实现互锁，用限位开关对钻头的升降限位。

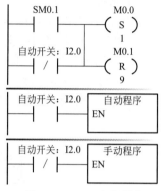

图 5.14　OB1 中的程序

	🗅	🖳	符号	地址		🗅	🖳	符号	地址
1			启动按钮	I0.0	14			反转按钮	I1.5
2			已夹紧	I0.1	15			夹紧按钮	I1.6
3			大孔钻完	I0.2	16			松开按钮	I1.7
4			大钻升到位	I0.3	17			自动开关	I2.0
5			小孔钻完	I0.4	18			夹紧阀	Q0.0
6			小钻升到位	I0.5	19			大钻头降	Q0.1
7			旋转到位	I0.6	20			大钻头升	Q0.2
8			已松开	I0.7	21			小钻头降	Q0.3
9			大钻升按钮	I1.0	22			小钻头升	Q0.4
10			大钻降按钮	I1.1	23			工件正转	Q0.5
11			小钻升按钮	I1.2	24			松开阀	Q0.6
12			小钻降按钮	I1.3	25			工件反转	Q0.7
13			正转按钮	I1.4					

图 5.15　符号表

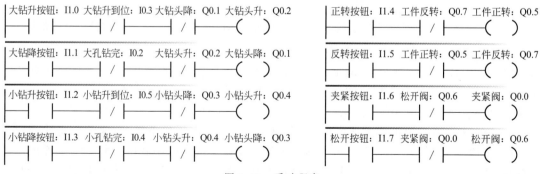

图 5.16　手动程序

（3）自动程序

专用钻床控制系统的顺序功能图重画在图 5.17 中，图 5.18 是用置位、复位指令编写的自动控制程序。图 5.17 中分别由 M0.2～M0.4 和 M0.5～M0.7 组成的两个单序列是并行工作的，设计梯形图时应保证这两个序列同时开始工作和同时结束，即两个序列的第一步 M0.2 和 M0.5 应同时变为活动步，两个序列的最后一步 M0.4 和 M0.7 应同时变为不活动步。

并行序列的分支的处理是很简单的，在图 5.17 中，一种情况是当步 M0.1 是活动步，并且转换条件 I0.1 为 ON 时，步 M0.2 和 M0.5 同时变为活动步，两个序列开始同时工作。在图 5.18 的梯形图中，用 M0.1 和 I0.1 的常开触点组成的串联电路来控制对 M0.2 和 M0.5 的置位，以及对前级步 M0.1 的复位。

另一种情况是当步 M1.0 为活动步，并且在转换条件 I0.6 的上升沿时，步 M0.2 和 M0.5 也应同时变为活动步。在梯形图中用 M1.0 的常开触点和 I0.6 的正跳变检测电路组成的串联电路，来控制对 M0.2 和 M0.5 的置位，以及对前级步 M1.0 的复位。

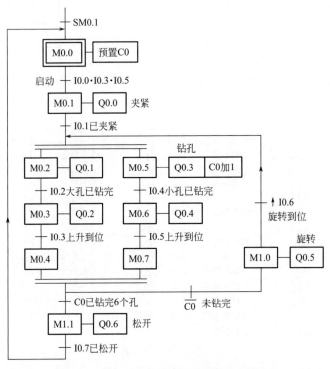

图 5.17 专用钻床控制系统的顺序功能图

图 5.17 的并行序列合并处的转换有两个前级步 M0.4 和 M0.7，当它们均为活动步并且转换条件满足时，将实现并行序列的合并。未钻完 3 对孔时，增计数器 C0 的当前值为 0，其常闭触点闭合，转换条件 $\overline{C0}$ 满足，将转换到步 M1.0。在梯形图中，用 M0.4、M0.7 的常开触点和 C0 的常闭触点组成的串联电路将 M1.0 置位，使后续步 M1.0 变为活动步；同时用 R 指令将 M0.4 和 M0.7 复位，使前级步 M0.4 和 M0.7 变为不活动步。

钻完 3 对孔时，C0 的当前值增至 3，其常开触点闭合，转换条件 C0 满足，将转换到步 M1.1。在梯形图中，用 M0.4、M0.7 和 C0 的常开触点组成的串联电路将 M1.1 置位，使后续步 M1.1 变为活动步；同时用 R 指令将 M0.4 和 M0.7 复位，使前级步 M0.4、M0.7 变为不活动步。

调试复杂的顺序功能图对应的程序时，应充分考虑各种可能的情况，对系统的各种工作方式、顺序功能图中的每一条支路、各种可能的进展路线，都应逐一检查，不能遗漏。特别要注意并行序列中各子序列的第 1 步（图 5.17 中的步 M0.2 和步 M0.5）是否同时变为活动步，最后一步（步 M0.4 和步 M0.7）是否同时变为不活动步。经过 3 次循环后，是否能进入步 M1.1，最后返回初始步。发现问题后应及时修改程序，直到每一条进展路线上步的活动状态的顺序变化和输出点的变化都符合顺序功能图的规定。

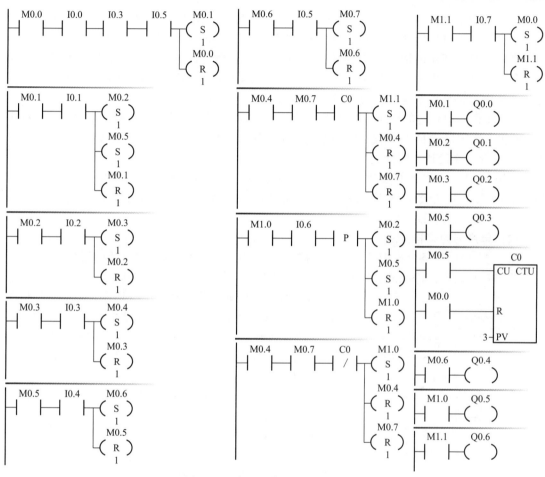

图 5.18 专用钻床的自动控制程序

5.3 使用 SCR 指令的顺序控制梯形图设计方法

5.3.1 顺序控制继电器指令

(1) 指令

S7-200 SMART 中的顺序控制继电器（SCR）专门用于编制顺序控制程序。顺序控制程序被划分为 LSCR 与 SCRE 指令之间的若干个 SCR 段，一个 SCR 段对应于顺序功能图中的一步。

装载顺序控制继电器（Load Sequence Control Relay，LSCR）指令用来表示一个 SCR 段的开始。指令中的操作数 S_bit（见表 5.2）为顺序控制继电器 S 的地址，顺序控制继电器为 ON 时，执行对应的 SCR 段中的程序，反之则不执行。

表 5.2　顺序控制继电器指令

梯形图	语句表	描述	梯形图	语句表	描述
SCR	LSCR　S_bit	SCR 程序段开始	SCRE	CSCRE	SCR 程序段条件结束
SCRT	SCRT　S_bit	SCR 转换	SCRE	SCRE	SCR 程序段结束

顺序控制继电器结束（Sequence Control Relay End，SCRE）指令用来表示 SCR 段的结束。顺序控制继电器转换（Sequence Control Relay Transition，SCRT）指令用来表示 SCR 段之间的转换，即步的活动状态的转换。当 SCRT 线圈"得电"时，SCRT 指令将 S_bit 指定的顺序功能图中的后续步对应的顺序控制继电器置位为 ON，同时当前活动步对应的顺序控制继电器被操作系统复位为 OFF，当前步变为不活动步。

LSCR 指令中指定的顺序控制继电器被放入 SCR 堆栈和逻辑堆栈的栈顶，SCR 堆栈中 S 位的状态决定对应的 SCR 段是否执行。由于逻辑堆栈的栈顶装入了 S 位的值，所以将 SCR 指令直接连接到左侧母线上。

使用 SCR 时有以下的限制：不能在不同的程序中使用相同的 S 位；不能在 SCR 段之间使用 JMP 及 LBL 指令，即不允许用跳转的方法跳入或跳出 SCR 段；不能在 SCR 段中使用 FOR、NEXT 和 END 指令。

(2) 单序列的编程方法

图 5.19 中的两条运输带顺序相连，按下启动按钮 I0.0，1 号运输带开始运行，10s 后 2 号运输带自动启动。停机的顺序与启动的顺序刚好相反，间隔时间为 10s。

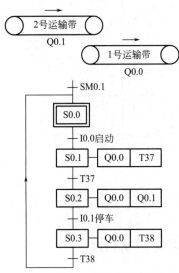

图 5.19　两条运输带的顺序功能图

在设计梯形图时，用 LSCR（梯形图中为 SCR）指令和 SCRE 指令表示 SCR 段的开始和结束。在 SCR 段中用 M0.0 的常开触点来驱动在该步中应为 ON 的输出点 Q 的线圈，并用转换条件对应的触点或电路来驱动转换到后续步的 SCRT 指令。

图 5.20 是用"程序状态"功能监视的处于运行模式的梯形图，可以看到因为 SCR 指令直接接在左侧电源线上，每一个 SCR 框都是虚线框的。因为只执行活动步对应的 SCR 段，只有活动步 S0.2 对应的 SCRE 线圈通电，并且只有活动步对应的 SCR 段内的 SM0.0 的常开触点闭合。因为没有执行不活动步对应的 SCR 段内的程序，其中的 SM0.0 的常开触点用虚线显示。上面观察到的现象表明，SCR 段内所有的线圈都受到对应的顺序控制继电器的控制。

首次扫描时 SM0.1 的常开触点接通一个扫描周期，将顺序控制继电器 S0.0 置位，初始步变为活动步，S0.1～S0.3 被复位，只执行 S0.0 对应的 SCR 段。按下启动按钮 I0.0，指令"SCRT S0.1"对应的线圈得电，使 S0.1 变为 ON，操作系统使 S0.0 变为 OFF，系统从初始步转换到第 2 步，只执行 S0.1 对应的 SCR 段。在该段中，因为 SM0.0 的常开触点一直闭合，T37 的 IN 输入端得电，开始定时。在右下角的程序段中，因为 S0.1 的常开触点闭合，Q0.0 的线圈通电，1 号运输带开始运行。在操作系统没有执行 S0.1 对应的 SCR 段时，T37 的 IN 输入端没有能流流入。

T37 的定时时间到时，T37 的常开触点闭合，将转换到步 S0.2。以后将这样一步一步

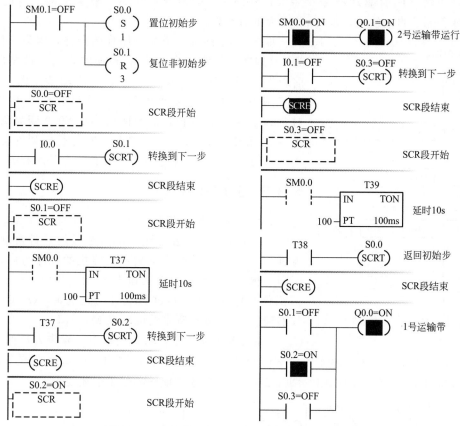

图 5.20　运输带控制系统的顺序功能图与梯形图

地转换下去，直到返回初始步。

　　Q0.0 在 S0.1～S0.3 这 3 步中均应工作，不能在这 3 步的 SCR 段内分别设置一个 Q0.0 的线圈，必须用 S0.1～S0.3 的常开触点组成的并联电路来驱动 Q0.0 的线圈，如图 5.20 所示。

5.3.2　选择序列与并行序列的编程方法

（1）选择序列的编程方法

　　图 5.21 中步 S0.0 之后有一个选择序列的分支。当 S0.0 为 ON 时，它对应的 SCR 段被执行。此时若 I0.0 的常开触点闭合，转换条件满足，该 SCR 段中的指令 "SCRT S0.1" 被执行，将转换到步 S0.1。后续步 S0.1 变为活动步，S0.0 变为不活动步。

　　如果步 S0.0 为活动步，并且 I0.2 的常开触点闭合，将执行指令 "SCRT S0.2"，从步 S0.0 转换到步 S0.2。

　　在图 5.21 中，步 S0.3 之前有一个选择序列的合并，当步 S0.1 为活动步（S0.1 为 ON），并且转换条件 I0.1 满足，或步 S0.2 为活动步，并且转换条件 I0.3 满足，步 S0.3 都应变为活动步。在步 S0.1 和步 S0.2 对应的 SCR 段中，分别用 I0.1 和 I0.3 的常开触点驱动指令 "SCRT S0.3"，就能实现上述选择系列的合并。

（2）并行序列的编程方法

　　图 5.21 中步 S0.3 之后有一个并行序列的分支。当步 S0.3 是活动步，并且转换条件 I0.4 满足时，步 S0.4 与步 S0.6 应同时变为活动步，这是在 S0.3 对应的 SCR 段中，用

I0.4 的常开触点同时驱动指令"SCRT S0.4"和"SCRT S0.6"来实现的。与此同时，S0.3 被操作系统自动复位，步 S0.3 变为不活动步。

步 S0.0 之前有一个并行序列的合并，因为转换条件为 1（即转换条件总是满足），转换实现的条件是所有的前级步（即步 S0.5 和 S0.7）都是活动步。图 5.22 将 S0.5 和 S0.7 的常开触点串联，来控制对 S0.0 的置位和对 S0.5、S0.7 的复位，从而使后续步 S0.0 变为活动步，步 S0.5 和步 S0.7 变为不活动步。在并行序列的合并处，实际上局部地使用了基于置位、复位指令的编程方法。

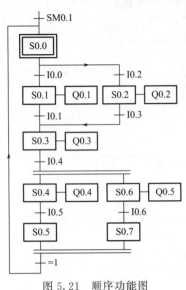

图 5.21　顺序功能图

5.3.3　应用举例

3 条运输带顺序相连（见图 5.23），按下启动按钮 I0.2，1 号运输带开始运行，5s 后 2 号运输带自动启动，再过 5s 后 3 号运输带自动启动。停机的顺序与启动的顺序刚好相反，即按了停车按钮 I0.3 后，先停 3 号运输带，5s 后停 2 号运输带，再过 5s 停 1 号运输带。Q0.2~Q0.4 分别控制 1~3 号运输带的电动机 M1~M3。

3 条运输带在顺序启动的过程中，操作人员如果发现异常情况，可以由启动改为停车。按下停车按钮 I0.3 后，将已经启动的运输带停车，仍采用后启动的运输带先停车的原则。图 5.24 所示的顺序功能图满足了上述要求。

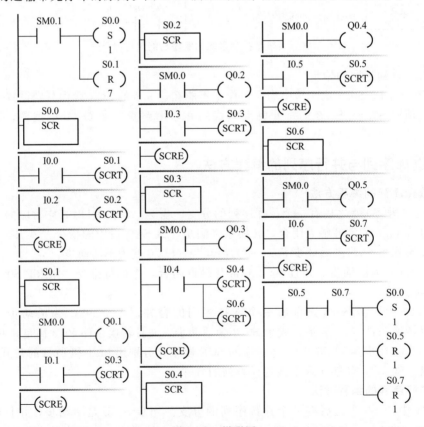

图 5.22　梯形图

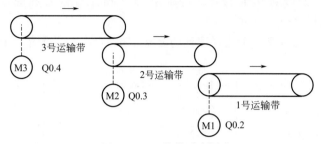

图 5.23　运输带示意图

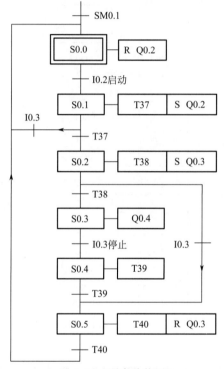

图 5.24　顺序功能图

在步 S0.1，只启动了 1 号运输带。按下停止按钮 I0.3，系统应返回初始步。为了实现该要求，在步 S0.1 的后面增加一条返回初始步的有向连线，并用停止按钮 I0.3 作为转换条件。

在步 S0.2，已经启动了两条运输带。按下停止按钮，首先使后启动的 2 号运输带停车，延时 5s 后再使 1 号运输带停车。为了实现该要求，在步 S0.2 的后面，增加一条转换到步 S0.5 的有向连线，并用停止按钮 I0.3 作为转换条件。

根据顺序功能图设计出的梯形图程序如图 5.25 所示。

图 5.24 中步 S0.1 之后有一个选择序列的分支。当 S0.1 为 ON 时，它对应的 SCR 段被执行。此时若 I0.3 的常开触点闭合，转换条件满足，该 SCR 段中的指令“SCRT S0.0”被执行，将返回到初始步 S0.0。如果步 S0.1 为活动步，T37 的定时时间到，其常开触点闭合，将执行指令“SCRT S0.2”，从步 S0.1 转换到步 S0.2。

步 S0.5 之前有一个选择序列的合并，当步 S0.4 为活动步（S0.4 为 ON），并且转换条件 T39 满足，或者步 S0.2 为活动步，并且转换条件 I0.3 满足，步 S0.5 都应变为活动步。

在步 S0.2 和步 S0.4 对应的 SCR 段中，分别用 I0.3 和 T39 的常开触点驱动指令 "SCRT S0.5"，就能实现选择系列的合并。

此外，在步 S0.2 之后有一个选择序列的分支，在步 S0.0 之前有一个选择序列的合并。

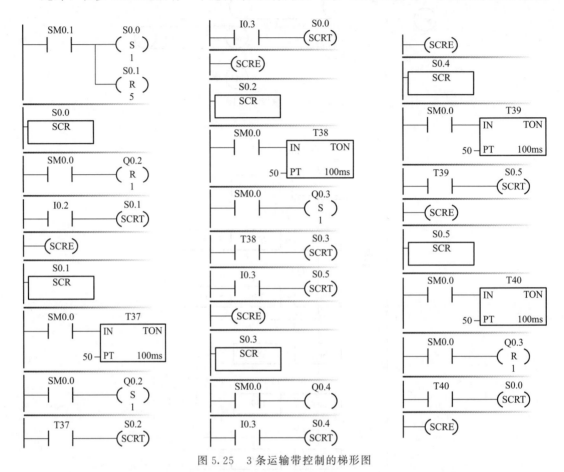

图 5.25　3 条运输带控制的梯形图

5.4　具有多种工作方式的系统的顺序控制梯形图设计方法

5.4.1　系统的硬件结构与工作方式

(1) 硬件结构

为了满足生产的需要，很多设备要求设置多种工作方式，例如手动方式和自动方式，后者包括连续、单周期、单步、自动返回原点几种工作方式。手动程序比较简单，一般用经验法设计，复杂的自动程序一般用顺序控制法设计。

图 5.26 中的机械手用来将工件从 A 点搬运到 B 点，操作面板如图 5.27 所示，图 5.28 是 PLC 的外部接线图。夹紧装置用单线圈电磁阀控制，输出 Q0.1 为 ON 时工件被夹紧，为 OFF 时被松开。工作方式选择开关的 5 个位置分别对应于 5 种工作方式，操作面板左下部的 6 个按钮是手动按钮。为了保证在紧急情况下（包括 PLC 发生故障时）能可靠地切断 PLC 的负载电源，设置了交流接触器 KM（见图 5.28）。运行时按下"负载电源"按钮，使 KM 线圈得电并自保持，KM 的主触点接通，给外部负载提供交流电源，出现紧急情况时用

"紧急停车"按钮断开负载电源。

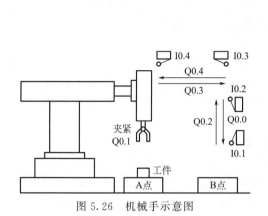

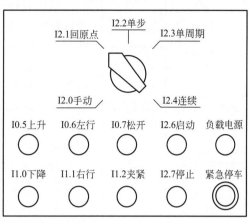

图 5.26　机械手示意图　　　　　　　　　图 5.27　操作面板

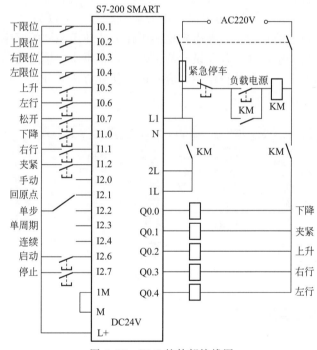

图 5.28　PLC 的外部接线图

（2）工作方式

1）在手动工作方式下，用 I0.5～I1.2 对应的 6 个按钮分别独立控制机械手的上升、左行、松开、下降、右行和夹紧。

2）在单周期工作方式的初始状态按下启动按钮 I2.6，从初始步 M0.0 开始，机械手按图 5.33 中的顺序功能图的规定完成一个周期的工作后，返回并停留在初始步。

3）在连续工作方式的初始状态按下启动按钮，机械手从初始步开始，工作一个周期后又开始搬运下一个工件，反复连续地工作。按下停止按钮，并不马上停止工作，完成最后一个周期的工作后，系统才返回并停留在初始步。

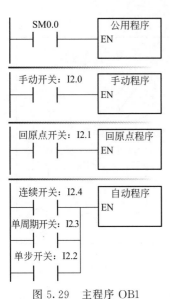

图 5.29　主程序 OB1

4）在单步工作方式下，从初始步开始，按一下启动按钮，系统转换到下一步，完成该步的任务后，自动停止工作并停留在该步，再按一下启动按钮，才开始执行下一步的操作。单步工作方式常用于系统的调试。

5）机械手在最上面和最左边且夹紧装置松开时，称为系统处于原点状态（或称初始状态）。在进入单周期、连续和单步工作方式之前，系统应处于原点状态。如果不满足这一条件，可以选择回原点工作方式，然后按启动按钮 I2.6，使系统自动返回原点状态。

（3）程序的总体结构

在主程序 OB1 中，用调用子程序的方法来实现各种工作方式的切换，如图 5.29 所示。公用程序是无条件调用的，各种工作方式公用。由外部接线图可知，工作方式选择开关是单刀 5 掷开关，同时只能选择一种工作方式。

方式选择开关在手动位置时调用手动程序，选择回原点工作方式时调用回原点程序。可以为连续、单周期和单步工作方式分别设计一个单独的子程序。考虑到这些工作方式使用相同的顺序功能图，程序有很多共同之处，为了简化程序，减少程序设计的工作量，将单步、单周期和连续这 3 种工作方式的程序合并为自动程序。在自动程序中，应考虑用何种方法区分这 3 种工作方式。符号表如图 5.30 所示。

			符号	地址					符号	地址					符号	地址					符号	地址
1			下限位	I0.1	10				夹紧按钮	I1.2	18				初始步	M0.0	28				B点升步	M2.6
2			上限位	I0.2	11				手动开关	I2.0	19				原点条件	M0.5	29				左行步	M2.7
3			右限位	I0.3	12				回原点开关	I2.1	20				转换允许	M0.6	30				下降阀	Q0.0
4			左限位	I0.4	13				单步开关	I2.2	21				连续标志	M0.7	31				夹紧阀	Q0.1
5			上升按钮	I0.5	14				单周开关	I2.3	22				A点降步	M2.0	32				上升阀	Q0.2
6			左行按钮	I0.6	15				连续开关	I2.4	23				夹紧步	M2.1	33				右行阀	Q0.3
7			松开按钮	I0.7	16				启动按钮	I2.6	24				A点升步	M2.2	34				左行阀	Q0.4
8			下降按钮	I1.0	17				停止按钮	I2.7	25				右行步	M2.3	35				位置	VW2
9			右行按钮	I1.1							26				B点降步	M2.4	36					
											27				松开步	M2.5						

图 5.30　符号表

5.4.2　公用程序与手动程序

（1）公用程序

公用程序（见图 5.31）用于处理各种工作方式都要执行的任务，以及不同的工作方式之间的相互切换。机械手在最上面和最左边的位置且夹紧装置松开时，系统处于规定的初始条件，称为"原点条件"，此时左限位开关 I0.4、上限位开关 I0.2 的常开触点和表示夹紧装置松开的 Q0.1 的常闭触点组成的串联电路接通，原点条件标志 M0.5 为 ON。

在开始执行用户程序（SM0.1 为 ON）、系统处于手动状态或自动回原点状态（I2.0 或 I2.1 为 ON）时，如果机械手处于原点状态（M0.5 为 ON），初始步对应的 M0.0 将被置位，为进入单步、单周期和连续工作方式做好准备。

如果此时 M0.5 为 OFF，M0.0 将被复位，初始步为不活动步，按下启动按钮也不能进入步 M2.0，系统不能在单步、单周期和连续工作方式下工作。

从一种工作方式切换到另一种工作方式时，应将有存储功能的位元件复位。工作方式较多时，应仔细考虑各种可能的情况，分别进行处理。在切换工作方式时，应执行下列操作。a.当系统从自动工作方式切换到手动或自动回原点工作方式时，I2.0 和 I2.1 为 ON，将图 5.33 的顺序功能图中除初始步以外的各步对应的存储器位 M2.0～M2.7 复位，否则以后返回自动工作方式时，可能会出现同时有两个活动步的异常情况，引起错误的动作。b.在退出自动回原点工作方式时，回原点开关 I2.1 的常闭触点闭合。此时将自动回原点的顺序功能图（见图 5.35）中各步对应的存储器位 M1.0～M1.5 复位，以防止下次进入自动回原点方式时，可能会出现同时有两个活动步的异常情况。c.在非连续工作方式时，连续开关 I2.4 的常闭触点闭合，将连续标志位 M0.7 复位。

（2）手动程序

图 5.32 是手动程序，手动操作时用 6 个按钮控制机械手的上升、下降、左行、右行、夹紧和松开。为了保证系统的安全运行，在手

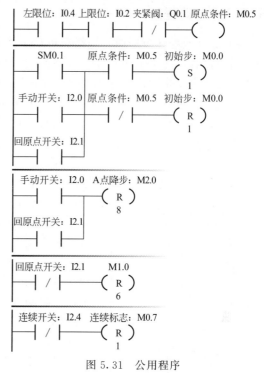

图 5.31　公用程序

动程序中设置了一些必要的联锁。a.用限位开关 I0.1～I0.4 的常闭触点限制机械手移动的范围。b.设置上升与下降之间、左行与右行之间的互锁，用来防止功能相反的两个输出同时为 ON。c.上限位开关 I0.2 的常开触点与控制左、右行的 Q0.4 和 Q0.3 的线圈串联，机械手升到最高位置才能左右移动，以防止机械手在较低位置运行时与其他物体碰撞。d.机械手在最左边或最右边（左、右限位开关 I0.4 或 I0.3 为 ON）时，才允许进行松开工件（复位夹紧阀）、上升和下降的操作。

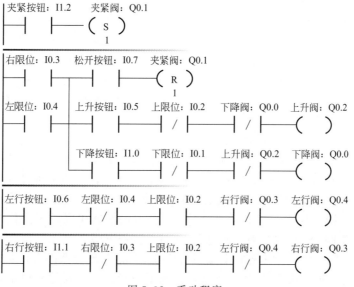

图 5.32　手动程序

5.4.3 自动程序

图 5.33 是处理单周期、连续和单步工作方式的自动程序的顺序功能图，最上面的转换条件与公用程序有关。图 5.34 是用置位、复位指令设计的程序。单周期、连续和单步这 3 种工作方式主要是用连续标志 M0.7 和转换允许标志 M0.6 来区分的。

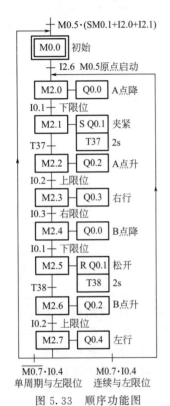

图 5.33 顺序功能图

（1）单周期与连续的区分

PLC 上电后，如果原点条件不满足，首先应进入手动或回原点方式，通过相应的操作使原点条件满足，公用程序使初始步 M0.0 为 ON，然后切换到自动方式。系统工作在连续和单周期（非单步）工作方式时，单步开关 I2.2 的常闭触点接通，转换允许标志 M0.6 为 ON，控制置位、复位的电路中 M0.6 的常开触点接通，允许步与步之间的正常转换。

在连续工作方式中，连续开关 I2.4 和转换允许标志 M0.6 为 ON。设初始步时系统处于原点状态，原点条件标志 M0.5 和初始步 M0.0 为 ON，按下启动按钮 I2.6，转换到 A 点降步，下降阀 Q0.0 的线圈"通电"，机械手下降。与此同时，连续标志 M0.7 的线圈"通电"并自保持（见图 5.34 左上角的程序段）。

机械手碰到下限位开关 I0.1 时，转换到夹紧步 M2.1，夹紧阀 Q0.1 被置位，工件被夹紧。同时接通延时定时器 T37 开始定时，2s 后定时时间到，夹紧操作完成，定时器 T37 的常开触点闭合，A 点升步 M2.2 被置位为 1，机械手开始上升。以后系统将这样一步一步地工作下去。

当机械手在左行步 M2.7 返回最左边时，左限位开关 I0.4 变为 ON，因为连续标志 M0.7 为 ON，转换条件 M0.7·I0.4 满足，系统将返回 A 点降步 M2.0，反复连续地工作下去。

按下停止按钮 I2.7 后，连续标志 M0.7 变为 OFF（见图 5.34 左上角的程序段），但是系统不会立即停止工作，完成当前工作周期的全部操作后，在步 M2.7 机械手返回最左边，左限位开关 I0.4 为 ON，转换条件 $\overline{M0.7}$·I0.4 满足，系统才返回并停留在初始步。

在单周期工作方式中，连续标志 M0.7 一直为 OFF。当机械手在最后一步 M2.7 返回最左边时，左限位开关 I0.4 为 ON，因为连续标志 M0.7 为 OFF，转换条件 $\overline{M0.7}$·I0.4 满足，系统返回并停留在初始步，机械手停止运动。按一次启动按钮，系统只工作一个周期。

（2）单步工作方式

在单步工作方式下，单步开关 I2.2 为 ON，它的常闭触点断开，转换允许标志 M0.6 在一般情况下为 OFF，不允许步与步之间的转换。设初始步时系统处于原点状态，按下启动按钮 I2.6，转换允许标志 M0.6 在一个扫描周期内为 ON，A 点降步 M2.0 被置位为活动步，机械手下降。在启动按钮上升沿之后，M0.6 变为 OFF。

机械手碰到下限位开关 I0.1 时，与下降阀 Q0.0 的线圈串联的下限位开关 I0.1 的常闭触点断开，使下降阀 Q0.0 的线圈"断电"，机械手停止下降。

此时图 5.34 左边第 4 块电路的下限位开关 I0.1 的常开触点闭合，如果没有按启动按钮，转换允许标志 M0.6 处于 OFF，不会转换到下一步。一直要等到按下启动按钮，M0.6 的常开触点接通，才能使转换条件 I0.1（下限位开关）起作用，夹紧步对应的 M2.1 被置

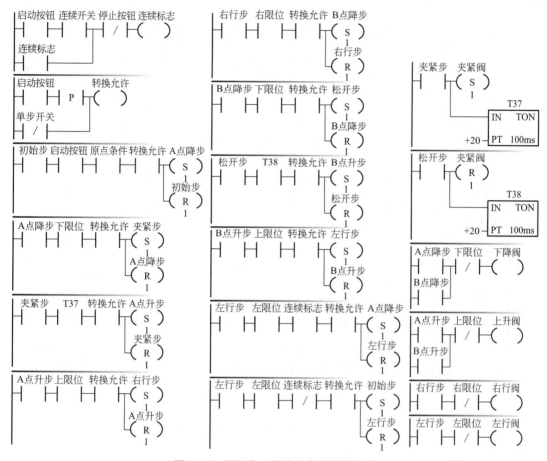

图 5.34　用置位、复位指令设计的程序

位，才能转换到夹紧步。以后在完成每一步的操作后，都必须按一次启动按钮，使转换允许标志 M0.6 的常开触点接通一个扫描周期，才能转换到下一步。

（3）输出电路

图 5.34 的右边是输出电路，输出电路中 4 个限位开关 I0.1～I0.4 的常闭触点是为单步工作方式设置的。以右行为例，当机械手碰到右限位开关 I0.3 后，与右行步对应的存储器位 M2.3 不会马上变为 OFF，如果右行电磁阀 Q0.3 的线圈不与右限位开关 I0.3 的常闭触点串联，机械手不能停在右限位开关处，还会继续右行。对于某些设备，可能造成事故。

（4）自动返回原点程序

图 5.35 是自动回原点程序的顺序功能图和用置位、复位指令设计的梯形图。在回原点工作方式下，回原点开关 I2.1 为 ON，在 OB1 中调用回原点程序。在回原点方式下按下启动按钮 I2.6，机械手可能处于任意状态，根据机械手当时所处的位置和夹紧装置的状态，可以分为 3 种情况，分别采用不同的处理方法。

1）夹紧装置松开　如果 Q0.1 为 OFF，表示夹紧装置松开，没有夹持工件，机械手应上升和左行，直接返回原点位置。按下启动按钮 I2.6，应进入图 5.35 中的 B 点升步 M1.4，转换条件为 $I2.6 \cdot \overline{Q0.1}$。如果机械手已经在最上面，上限位开关 I0.2 为 ON，进入 B 点升步后，因为转换条件满足，将马上转换到左行步。

自动返回原点的操作结束后，满足原点条件。公用程序中的原点条件标志 M0.5 变为

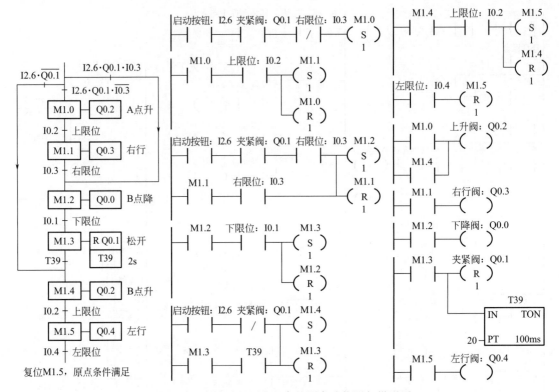

图 5.35　自动返回原点程序的顺序功能图与梯形图

ON，顺序功能图中的初始步 M0.0 在公用程序中被置位，为进入单周期、连续或单步工作方式做好了准备，因此可以认为图 5.33 中的初始步 M0.0 是左行步 M2.7 的后续步。

2）夹紧装置处于夹紧状态，机械手在最右边　此时夹紧电磁阀 Q0.1 和右限位开关 I0.3 均为 ON，应将工件放到 B 点后再返回原点位置。按下启动按钮 I2.6，机械手应进入 B 点降步 M1.2，转换条件为 I2.6·Q0.1·I0.3，首先执行下降和松开操作，释放工件后，机械手再上升、左行，返回原点位置。如果机械手已经在最下面，下限位开关 I0.1 为 ON。进入 B 点降步后，因为转换条件已经满足，将马上转换到松开步。

3）夹紧装置处于夹紧状态，机械手不在最右边　此时夹紧电磁阀 Q0.1 为 ON，右限位开关 I0.3 为 OFF。按下启动按钮 I2.6，应进入 A 点升步 M1.0，转换条件为 I2.6·Q0.1·$\overline{I0.3}$，机械手首先应上升，然后右行、下降和松开工件，将工件搬运到 B 点后再上升、左行，返回原点位置。如果机械手已经在最上面，上限位开关 I0.2 为 ON，进入 A 点升步后，因为转换条件已经满足，将马上转换到右行步。

PLC

第 6 章

PLC控制系统的设计与应用

6.1 PLC 控制系统的设计方法及步骤

可编程控制器技术主要应用于自动化控制工程中，根据实际工程要求合理组合成控制系统。在此介绍组成可编程控制器控制系统的一般方法。

6.1.1 PLC 控制系统设计的基本步骤

(1) 系统设计的主要内容

① 拟定控制系统设计的技术条件。技术条件一般以设计任务书的形式来确定，它是整个设计的依据；

② 选择电气传动形式和电动机、电磁阀等执行机构；

③ 选择 PLC 的型号；

④ 编制 PLC 的输入/输出分配表或绘制输入/输出端子接线图；

⑤ 根据系统设计的要求编写软件规格说明书，然后用相应的编程语言（常用梯形图）进行程序设计；

⑥ 了解并遵循用户认知心理学，重视人机界面的设计，增强人机之间的友善关系；

⑦ 设计操作台、电气柜及非标准电器元部件；

⑧ 编写设计说明书和使用说明书。

根据具体任务，上述内容可适当调整。

(2) 系统设计的基本步骤

可编程控制器应用系统设计与调试的主要步骤，如图 6.1 所示。

1) 充分了解和分析被控对象的工艺条件和控制要求

① 被控对象就是受控的机械、电气设备、生产线或生产过程。

② 控制要求主要指控制的基本方式、应完成的动作、自动工作循环的组成、必要的保护和联锁等。熟悉被控对象的工艺要求，确定必须完成的动作及动作完成的顺序，归纳出顺序功能图。对较复杂的控制系统，还可将控制任务分成几个独立部分，这样可化繁为简，有利于编程和调试。

2) 确定 I/O 设备　根据被控对象对 PLC 控制系统的功能要求，确定系统所需的用户输

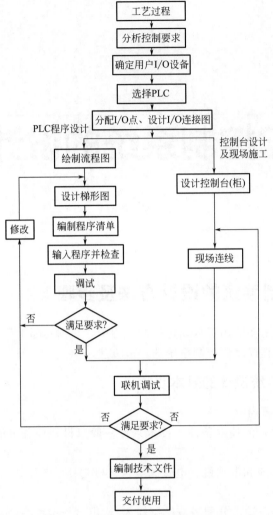

图 6.1 PLC 应用系统设计与调试的主要步骤

入、输出设备。常用的输入设备有按钮、选择开关、行程开关、传感器等，常用的输出设备有继电器、接触器、指示灯、电磁阀等。

3）选择合适的 PLC 类型　根据已确定的用户 I/O 设备，统计所需的输入信号和输出信号的点数，选择合适的 PLC 类型，包括机型的选择、容量的选择、I/O 模块的选择、电源模块的选择等。

4）分配 I/O 点　分配 PLC 的输入/输出点，编制出输入/输出分配表或者画出输入/输出端子的接线图。接着就可以进行 PLC 程序设计，同时可进行控制柜或操作台的设计和现场施工。

5）设计应用系统梯形图程序　根据工作功能图表或状态流程图等设计出梯形图，即编程。这一步是整个应用系统设计的最核心工作，也是比较困难的一步，要设计好梯形图，首先要十分熟悉控制要求，同时还要有一定的电气设计的实践经验。

6）将程序输入 PLC　当使用编程软件或简易编程器将程序输入 PLC 时，需要先将梯形图转换成指令助记符，以便输入。当使用可编程序控制器的辅助编程软件在计算机上编程时，可通过上下位机的连接电缆将程序下载到 PLC 中。

7）进行软件测试　程序输入 PLC 后，应先进行测试工作。因为在程序设计过程中，难免会有疏漏的地方。因此在将 PLC 连接到现场设备之前，必须进行软件测试，以排除程序中的错误，同时也为整体调试打好基础，缩短整体调试的周期。

8）应用系统整体调试　在 PLC 软硬件设计和控制柜及现场施工完成后，就可以进行整个系统的联机调试，如果控制系统是由几个部分组成的，则应先作局部调试，然后进行整体调试；如果控制程序的步序较多，则可先进行分段调试，然后连接起来总调。调试中发现的问题，要逐一排除，直至调试成功。

9）编制技术文件　系统技术文件包括说明书、电气原理图、电器布置图、电气元件明细表、PLC 梯形图。

6.1.2　PLC 硬件系统设计

根据所选用的 PLC 产品，了解其使用的性能。按随机提供的资料结合实际需求，同时考虑软件编程的情况进行外电路的设计，绘制电气控制系统原理接线图。

（1）PLC 型号的选择

在作出系统控制方案的决策之前，要详细了解被控对象的控制要求，从而决定是否选用 PLC 进行控制。在控制系统逻辑关系较复杂（需要大量中间继电器、时间继电器、计数器等）、工艺流程和产品改型较频繁、需要进行数据处理和信息管理（有数据运算、模拟量的控制、PID 调节等）、系统要求有较高的可靠性和稳定性、准备实现工厂自动化联网等情况下，使用 PLC 控制是很必要的。目前，国内外众多的生产厂家提供了多种系列、功能各异的 PLC 产品，使用户眼花缭乱、无所适从。所以权衡利弊、合理地选择机型才能达到经济实用的目的。一般选择机型要以满足系统功能需要为宗旨，不要盲目贪大求全，以免造成投资和设备资源的浪费。机型的选择可从以下几个方面来考虑。

1）PLC 的接入设备　确定 PLC 的控制规模。控制要求明确后要确定一下所设计系统的规模。规模涉及开关量输入/输出的数量，也涉及系统的一些特殊要求。比如，系统如有模拟量输入/输出，需要考虑模拟量接口的类型及数量。如有脉冲串输出要求，需考虑相应的功能单元的能力及数量。如有通信要求，要考虑适用的通信协议及通信口的数量。

2）对输入/输出点的选择　要先弄清楚控制系统的 I/O 总点数，再按实际所需总点数的 15%～20% 留出备用量（为系统的改造等留有余地）后确定所需 PLC 的点数。盲目选择点数多的机型会造成一定浪费。在选择 PLC 机型时，还要确定是 PLC 单机还是 PLC 网络，一般 80 点以内的系统选用不须扩展模块的 PLC 机，一般考虑选用大公司的 PLC 产品；当输入回路中电源为 AC85～240V、DC24V 时，应加装电源净化元件，PLC 内、外接的 DC24V "－" 端和 "COM" 端不共接。输出回路中输出方式：继电器输出适用于不同公共点间带不同交、直流负载，晶体管输出适宜高频动作。

另外要注意，一些高密度输入点的模块对同时接通的输入点数有限制，一般同时接通的输入点不得超过总输入点的 60%；PLC 每个输出点的驱动能力（A/点）也是有限的，有的 PLC 的每点输出电流的大小还随所加负载电压的不同而异；一般 PLC 的允许输出电流随环境温度的升高而有所降低等。在选型时要考虑这些问题。

PLC 的输出点可分为共点式、分组式和隔离式几种接法。隔离式的各组输出点之间可以采用不同的电压种类和电压等级，但这种 PLC 平均每点的价格较高。如果输出信号之间不需要隔离，则应选择前两种输出方式的 PLC。

3）对存储容量的选择　对用户存储容量只能做粗略的估算。在仅对开关量进行控制的系统中，可以用输入总点数乘 10 字/点＋输出总点数乘 5 字/点来估算；计数器/定时器按

（3～5）字/个估算；有运算处理时按（5～10）字/量估算；在有模拟量输入/输出的系统中，可以按每输入/（或输出）一路模拟量约需（80～100）字的存储容量来估算；有通信处理时按每个接口 200 字以上的数量粗略估算。最后，一般按估算容量的 50%～100% 留有裕量。对缺乏经验的设计者，选择容量时留有裕量要大些。

4）对 I/O 响应时间的选择　PLC 的 I/O 响应时间包括输入电路延迟、输出电路延迟和扫描工作方式引起的时间延迟（一般在 2～3 个扫描周期）等。对开关量控制的系统，PLC 和 I/O 响应时间一般能满足实际工程的要求，可不必考虑 I/O 响应问题。但对模拟量控制的系统、特别是闭环系统就要考虑这个问题。

5）根据输出负载的特点选型　不同的负载对 PLC 的输出方式有相应的要求。例如，频繁通断的感性负载，应选择晶体管或晶闸管输出型的，而不应选用继电器输出型的。但继电器输出型的 PLC 有许多优点，如导通压降小，有隔离作用，价格相对较便宜，承受瞬时过电压和过电流的能力较强，其负载电压灵活（可交流、可直流）且电压等级范围大等，所以动作不频繁的交、直流负载可以选择继电器输出型的 PLC。

6）对在线和离线编程的选择　离线编程是指主机和编程器共用一个 CPU，通过编程器的方式选择开关来选择 PLC 的编程、监控和运行工作状态。编程状态时，CPU 只为编程器服务，而不对现场进行控制。专用编程器编程属于这种情况。在线编程是指主机和编程器各有一个 CPU，主机的 CPU 完成对现场的控制，在每一个扫描周期末尾与编程器通信，编程器把修改的程序发给主机，在下一个扫描周期主机将按新的程序对现场进行控制。计算机辅助编程既能实现离线编程，也能实现在线编程。在线编程需购置计算机，并配置编程软件。根据需要决定采用何种编程方法。

7）根据是否联网通信选型　若 PLC 控制的系统需要联入工厂自动化网络，则 PLC 需要有通信联网功能，即要求 PLC 具有连接其他 PLC、上位计算机及 CRT 等的接口。大中型机都有通信功能，目前大部分小型机也具有通信功能。

8）对 PLC 结构形式的选择　在功能和 I/O 点数相同的情况下，整体式比模块式价格低。但模块式具有功能扩展灵活、维修方便（换模块）、容易判断故障等优点，要按实际需要选择 PLC 的结构形式。确定机型时，还要结合市场情况，考察 PLC 生产厂家的产品及其售后服务、技术支持、网络通信等综合情况，选定性能价格比好一些的 PLC 机型。

（2）分配输入/输出点

一般输入点和输入信号、输出点和输出控制是一一对应的。分配好后，按系统配置的通道与接点号，分配给每一个输入信号和输出信号，即进行编号。有些情况下，也有两个信号共用一个输入点，那样就应在接入输入点前，按逻辑关系接好线（如两个触点先串联或并联），再接到输入点。

1）确定 I/O 通道范围　不同型号的 PLC，其输入/输出通道的范围是不一样的，应根据所选 PLC 型号，查阅相应的编程手册。

2）内部辅助继电器　内部辅助继电器不对外输出，不能直接连接外部器件，而是在控制其他继电器、定时器/计数器时作数据存储或数据处理用。从功能上讲，内部辅助继电器相当于传统电控柜中的中间继电器。未分配模块的输入/输出继电器区以及未使用 1:1 链接时的链接继电器区等均可作为内部辅助继电器使用。根据程序设计的需要，应合理安排 PLC 的内部辅助继电器，在设计说明书中应详细列出各内部辅助继电器在程序中的用途，避免重复使用。参阅有关操作手册。

3）分配定时器/计数器　PLC 的定时器/计数器数量分别见有关操作手册。

6.1.3　PLC 软件系统设计一般步骤

软件设计的主要任务是根据控制系统要求将顺序功能图转换为梯形图,在程序设计时最好将使用的软件(如内部继电器、定时器、计数器等)列表,标明用途,以便于程序设计、调试和系统运行维护、检验时查阅。在了解 PLC 程序结构后,具体地编制程序。一般编写 PLC 程序需经过以下几个步骤。

1) 对系统任务分块　分块的目的就是把一个复杂的工程,分解成多个比较简单的小任务。这样就把一个复杂的大问题化为多个简单的小问题。这样可便于编制程序。

2) 编制控制系统的逻辑关系图　逻辑关系图可以反映出某一逻辑关系的结果是什么,这一结果又应该导出哪些动作。这个逻辑关系可以以各个控制活动顺序为基准,也可能以整个活动的时间节拍为基准。逻辑关系图反映了控制过程中控制作用与被控对象的活动,也反映了输入与输出的关系。

3) 绘制各种电路图　绘制各种电路的目的,是把系统的输入/输出所设计的地址和名称联系起来。在绘制 PLC 的输入电路时,不仅要考虑到信号的连接点是否与命名一致,还要考虑到输入端的电压和电流是否合适,也要考虑到在特殊条件下运行的可靠性与稳定条件等问题。特别要考虑到能否把高压引导到 PLC 的输入端,把高压引入 PLC 输入端,会对 PLC 造成比较大的伤害。在绘制 PLC 的输出电路时,不仅要考虑到输出信号的连接点是否与命名一致,还要考虑到 PLC 输出模块的带负载能力和耐电压能力。此外,还要考虑到电源的输出功率和极性问题。在整个电路的绘制中,还要考虑设计的原则,努力提高其稳定性和可靠性。虽然用 PLC 进行控制方便、灵活,但是在电路的设计上仍然需要谨慎、全面。

4) 编制 PLC 程序并进行模拟调试　在绘制完电路图之后,就可以着手编制 PLC 程序。在编程时,除了要注意程序要正确、可靠之外,还要考虑程序要简捷、省时、便于阅读、便于修改。编好一个程序块要进行模拟实验,这样便于查找问题,便于及时修改,最好不要整个程序完成后一起算总账。由外接信号源加进测试信号,可用按钮或小开关模拟输入信号,用指示灯模拟负载,通过各种指示灯的亮暗情况了解程序运行的情况,观察输入/输出之间的变化关系及逻辑状态是否符合设计要求,并及时修改和调整程序,直到满足设计要求为止。

5) 制作控制台与控制柜　在绘制完电路图,编完程序之后,就可以制作控制台和控制柜了。在时间紧张的时候,这项工作也可以和编制程序并列进行。在制作控制台和控制柜的时候要注意选择开关、按钮、继电器等器件的质量,规格必须满足要求。设备的安装必须安全、可靠。比如说屏蔽问题、接地问题、高压隔离等问题必须妥善处理。

6) 现场调试　现场调试是完成整个控制系统的重要环节。在模拟调试合格的条件下,将 PLC 与现场设备连接。现场调试前要全面检查整个 PLC 控制系统,包括电源、接地线、设备连接线、I/O 连线等。在保证整个硬件连接正确无误的情况下才可送电。将 PLC 的工作方式置为 "RUN"。反复调试,消除可能出现的问题。当试运一定时间且系统运行正常后,可将程序固化在具有长久记忆功能的存储器中,做好备份。任何程序的设计很难说不经过现场调试就能使用的。只有通过现场调试才能发现控制回路和控制程序不能满足系统要求之处;只有通过现场调试才能发现控制电路和控制程序发生矛盾之处;只有进行现场调试才能最后实地测试和最后调整控制电路和控制程序,以适应控制系统的要求。

7) 编写技术文件并现场试运行　经过现场调试以后,控制电路和控制程序基本确定了,整个系统的硬件和软件基本没有问题了。这时就要全面整理技术文件,包括整理电路图、PLC 程序、使用说明及帮助文件,到此工作基本结束。

6.2 PLC 系统控制程序设计方法

PLC 控制程序在整个 PLC 控制系统中处于核心地位。PLC 程序设计也有一定的规律可循，对于一些特定的功能，通常都有相对固定的设计方法，常用的程序设计方法有经验设计法、逻辑设计法、时序图设计法、移植设计法、顺序功能图设计法等。在程序设计过程中用哪种方法并不固定，经常是多种设计方法融会贯通。只有在熟悉硬件、掌握基本指令和常用编程方法的基础上多借鉴、多实践、多总结，才能掌握 PLC 程序设计技术。

6.2.1 经验设计法

经验设计法是一种常用的 PLC 控制系统梯形图设计方法，常用于 I/O 点数规模不大的控制系统梯形图设计。经验设计法是在一些基本控制程序或典型控制程序的基础上，根据被控对象的不同要求进行选择组合，并多次反复调试和修改梯形图，有时需增加一些辅助触点和中间点环节，才能达到控制要求的设计方法。这种方法没有规律可遵循，设计所用的时间设计质量、性能与经验有很大的关系，因而称为经验设计法。经验设计法中有一些常用的基本电路，如启动—保持—停止电路（简称为启保停电路），如图 6.2 所示，该电路在梯形图中的应用很广。启动按钮和停止按钮提供的启动信号 I0.0 和停止信号 I0.1 持续为 ON 的时间一般很短。启保停电路最主要的特点是具有"记忆"功能，按下启动按钮，I0.0 的常开触点接通，Q0.0 的线圈"通电"，它的常开触点同时接通。放开启动按钮，I0.0 的常开触点断开，"能流"经 Q0.0 的常开触点和 I0.1 的常闭触点流过 Q0.0 的线圈，Q0.0 仍为 ON，这就是"自锁"或"自保持"功能。按下停止按钮，I0.1 的常闭触点断开，使 Q0.0 的线圈"断电"，其常开触点断开。以后即使放开停止按钮，I0.1 的常闭触点恢复接通状态，Q0.0 的线圈仍然"断电"。这种记忆功能也可以用 S 指令和 R 指令来实现。

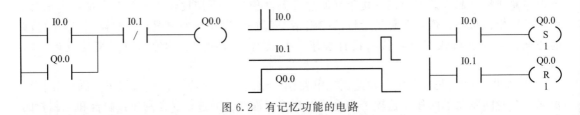

图 6.2　有记忆功能的电路

在实际电路中，启动信号和停止信号可能由多个触点组成的串、并联电路提供。

（1）设计步骤
用经验设计法设计 PLC 程序时大致可以按以下四个步骤来进行。

1）准确分析控制要求，合理地确定控制系统中 I/O 端子，并画出 I/O 端子接线图　分析控制系统的任务要求，确定输入/输出设备，在尽量减少 PLC 的输入/输出端子情况下，分配控制系统中 I/O 端子，选择 PLC 类型，画出 I/O 端子接线图。

2）以输入信号与输出信号控制关系的复杂程度划分系统，确定各输出信号的关键控制点　在明确控制要求基础上，以输入信号与输出信号控制关系的复杂程度，将控制系统划分为简单控制系统和复杂控制系统。对于简单控制系统，输入信号控制要求相对简单，用启动基本控制程序编程方法设计完成相应输出信号的编程。对于较复杂的控制系统，输出控制信号要求相对复杂些，要确定各输出信号的关键控制点。在以空间位置为主的控制中，关键点为引起输出信号状态改变的位置点；在以时间为主的控制中，关键点为引起输出信号状态变化的时间点；有时还要借助内部标志位存储器来编程。

3）设计各输出信号的梯形图控制程序　确定了各输出信号关键控制点后，用启保停基本控制程序及其他基本控制程序的编程方法，首先设计关键输出控制信号的梯形图，然后根据控制要求，设计出其他输出信号的梯形图。

4）修改和完善程序　在各输出信号的梯形图基础上，按梯形图编程原则检查各梯形图，更正错误，合并梯形图，补充遗漏的控制功能。

（2）设计特点

经验设计法一般适合设计一些简单的梯形图或复杂系统的某一局部程序（如手调程序等），如果用来设计复杂系统梯形图，存在以下问题。

1）梯形图的可读性差，系统维护困难　用经验设计法设计的梯形图是按设计者的经验和习惯的思路进行设计的。因此，即使是设计者的同行，要分析这种程序也很困难，更不要说维修人员了，这给 PLC 系统的维护和改进带来许多困难。

2）考虑不周，设计麻烦，设计周期长　用经验设计法设计复杂系统的梯形图时，要用大量的中间元件来完成记忆、连接互锁等功能，由于需要考虑的因素很多，它们往往又交织在一起，分析起来很困难，也很容易遗漏一些问题。修改某一局部程序时，很可能会对系统其他部分程序产生意想不到的影响，往往花了很长时间，还得不到一个满意的结果。

（3）经验设计法举例

小车开始时停在左限位开关 SQ1 处。按下右行启动按钮 SB2，小车右行，到限位开关 SQ2 处停止运动，10s 后定时器 T38 的定时时间到，小车自动返回原位置，如图 6.3 所示。

1）明确控制要求，画出 I/O 端子接线图　根据题目说明可知，其输入信号有 SB1、SB2、SB3、SQ1、SQ2 和热继电器 FR；输出信号有 KM1 和 KM2。考虑到控制系统的可靠性，在 PLC 输出的外部电路 KM1 和 KM2 的线圈前增加其常闭触点作硬件互锁。因为梯形图中的软件互锁和按钮联锁电路并不保险，在电动机切换方向的过程中，可能原来接通的一个接触器的主触点的电弧还没有熄灭，另一个接触器的主触点已经闭合了，由此造成瞬时的

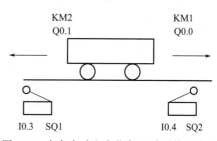

图 6.3　小车自动左右往复运动系统示意图

电源相间短路，使熔断器熔断。此外，如果因为主电路电流过大或接触器质量不好，某一接触器的主触点被断电时产生的电弧熔焊而被黏结，其线圈断电后主触点仍然是接通的，这时如果另一接触器的线圈通电，也会造成三相电源短路的事故。为了防止出现这种情况，应在 PLC 外部设置由 KM1 和 KM2 的辅助常闭触点组成的硬件互锁电路（见图 6.4），假设 KM1 的主触点被电弧熔焊，这时它与 KM2 线圈串联的辅助常闭触点处于断开状态，因此 KM2 的线圈不可能得电。PLC 的外部接线如图 6.4 所示。

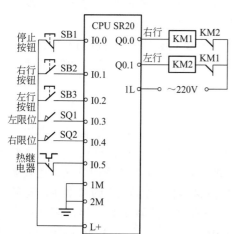

图 6.4　PLC 外部接线图

2）设计各输出信号的梯形图控制程序　由于输出信号仅有 KM1 和 KM2，为简单控制系统。小车的左行和右行控制的实质是电机的正反转控制。因此，可以在电动机正反转 PLC 控制设计的

基础上，设计出满足要求的梯形图，如图 6.5(a) 所示。

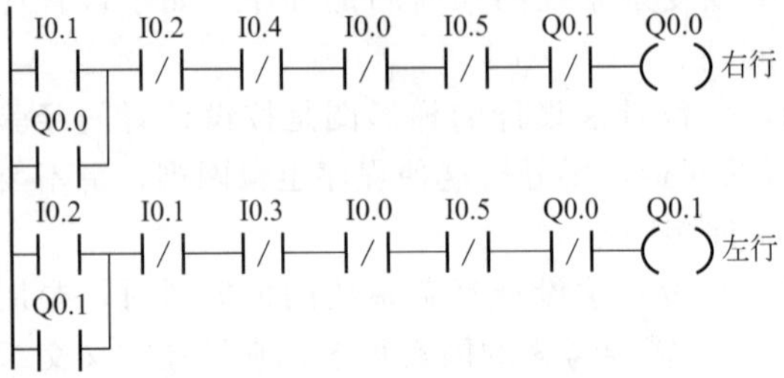

(a) 关键输出信号Q0.0和Q0.1的梯形图 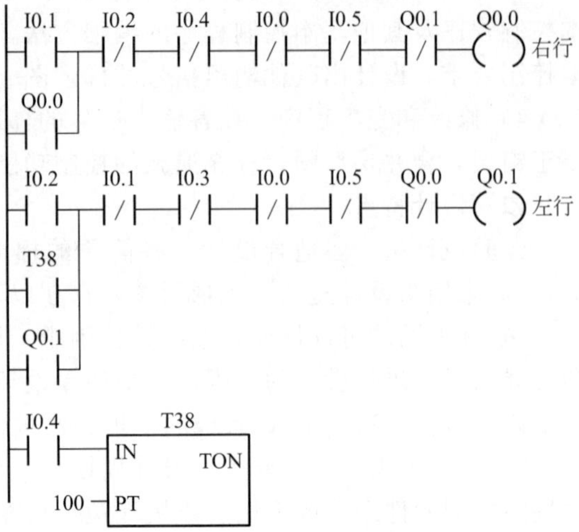　　　　　　　　　　(b) 完善的控制梯形图

图 6.5　PLC 控制梯形图

3）修改和完善程序　在关键输出信号 Q0.0 和 Q0.1 的梯形图基础上，补充遗漏的定时控制功能，优化后的梯形图如图 6.5(b) 所示。

以上题目中控制小车的左右行的实质是控制电动机的正反转。电动机的正反转控制，结合启保停基本控制程序完成梯形图设计。设计程序时，为了使小车向右的运动自动停止，将右限位开关对应的 I0.4 的常闭触点与控制右行的 Q0.0 串联。为了在右端使小车暂停 10s，用 I0.4 的常开触点来控制定时器 T38。T38 的定时时间到，则其常开触点闭合，给控制 Q0.1 的启保停控制（启动、保持、停止、控制）提供启动信号，使 Q0.1 通电，小车自动返回。小车离开 SQ2 所在的位置后，I0.4 的常开触点断开，T38 被复位。回到 SQ1 所在位置时，I0.3 的常闭触点断开，使 Q0.1 断电，小车停在起始位置。

6.2.2　逻辑设计法

在某些控制系统中，控制电路中的元器件只有通、断两种逻辑状态。对于这种主要针对开关量进行控制的系统，采用逻辑设计法比较好。可以将元器件只有通、断逻辑状态视为以触点的通、断状态为逻辑变量的逻辑函数，对经过化简的逻辑函数，利用 PLC 的逻辑指令可以顺利地设计出满足要求的且较为简练的控制程序。逻辑设计法是以逻辑组合或逻辑时序的方法和形式来设计 PLC 程序的，可分为组合逻辑设计法和时序逻辑设计法两种。

6.2.2.1　组合逻辑设计法

组合逻辑设计法的理论基础是逻辑代数。在 PLC 控制系统中，各输入/输出状态以"1"和"0"的形式表示接通和断开，其控制逻辑符合逻辑运算的基本规律，可用逻辑运算符表示。由于逻辑代数的 3 种基本运算"与""或""非"都有着非常明确的物理意义，逻辑函数表达式的结构与 PLC 指令表程序完全一样，因此可以直接转化。将 PLC 的基本逻辑运算规律"与""或""非"建立成逻辑函数或运算表达式，根据这些逻辑函数和运算表达式设计 PLC 控制梯形图的方法，称为组合逻辑设计法。逻辑函数和运算表达式与 PLC 梯形图、语句表的对应关系如表 6.1 所示。

表 6.1　逻辑函数和运算表达式与 PLC 梯形图、语句表的对应关系

（1）设计步骤

用组合逻辑设计法进行 PLC 程序设计一般分为以下步骤。

1）明确控制系统的任务和控制要求　通过分析工艺过程，明确控制系统的任务和控制要求，绘制工作循环和检测元件图，得到各种执行元件功能表，分配 I/O 端子。

2）绘制 PLC 控制系统状态转换表　通常 PLC 控制系统状态转换表由输出信号状态表、输入信号状态表、状态转换主令表和中间元件状态表四部分组成。状态转换表全面、完整地展示了 PLC 控制系统各部分、各时刻的状态和状态之间的联系及转换，非常直观，对建立 PLC 控制系统的整体联系状态变化的概念有很大帮助，是进行 PLC 控制系统分析和设计的有效工具。

3）建立逻辑函数关系　有了状态转换表，便可建立控制系统的逻辑函数关系，内容包括列写中间元件的函数式和列出执行元件（输出端子）的逻辑函数式。这两个函数式组，既是机械或生产过程内部逻辑关系和变化规律的表现形式，又是构成控制系统实现控制目标的具体控制程序。

4）编制 PLC 程序　编制 PLC 程序就是将逻辑设计的结果转化为 PLC 的程序。PLC 作为工业控制计算逻辑设计的结果（逻辑函数式）能够很方便地过渡到 PLC 程序，特别是语句表形式，结构和形式都与逻辑函数非常相似，很容易直接由逻辑函数式转化。当然，如果

设计者能把梯形图程序作为一种过渡，或者选用的 PLC 的编程器具有图形输入功能，则也可以把逻辑函数式转化为梯形图。

5）程序的完善和补充　程序的完善和补充是逻辑设计法的最后一步，包括手动调整工作方式的设计、半自动工作方式的选择、自动工作循环、保护措施等。

（2）方法特点

组合逻辑设计法设计思路清晰，所编写的程序易于优化，是一种较为实用可靠的程序设计方法。它既有严密可循的规律性、明确可行的设计步骤，又具有简便、直观和十分规范的特点。

▶ [例 6-1]通风系统运行状态监控。在一个通风系统中，有 4 台电动机驱动 4 台风机运转。为了保证工作人员的安全，一般要求至少 3 台电动机同时运行。因此，用绿、黄、红三色柱状指示灯来对电动机的运动状态进行指示。当 3 台以上电动机同时运行时，绿灯亮，表示系统通风良好；当两台电动机同时运行时，黄灯亮，表示通风状况不佳，需要改善；少于两台电动机运行时，红灯亮起并闪烁，发出警告表示通风太差，需马上排除故障或进行人员疏散。

1）根据控制任务和要求，分配 I/O 地址，设计 PLC 接线图　据控制系统的任务和要求，用 I0.0、I0.1、I0.2、I0.3 分别表示 4 台电动机运行状态检测传感器，当电动机运行时有信号输入，停止时无信号输入；用 Q0.0、Q0.1、Q0.2 表示红、绿、黄三色柱状指示灯指示的通风状况。该系统 PLC 原理如图 6.6 所示。

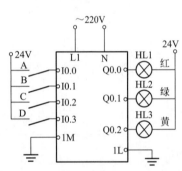

图 6.6　风机状态监视 PLC 接线图

2）绘制 PLC 控制系统状态转换表，建立逻辑函数关系，画出梯形图　用 A、B、C、D 分别表示 4 台风机的运行状态，分别用 F1、F2、F3 表示红灯、绿灯、黄灯。3 盏灯的状态与系统的 3 种工作状态一一对应，下面分别针对这 3 种工作状态建立逻辑表达式。

① 红灯闪烁　用"0"表示风机停止和指示灯"灭"，用"1"表示风机运行和指示灯"亮"（红灯的闪烁也用"亮"这种状态表示）。该种情况下的工作状态表如下：

A	B	C	D	F1
1	0	0	0	1
0	1	0	0	1
0	0	1	0	1
0	0	0	1	1
0	0	0	0	1

由状态表可得 F1 的逻辑函数：

$$F1 = A\bar{B}\,\bar{C}\,\bar{D} + \bar{A}B\,\bar{C}\,\bar{D} + \bar{A}\,\bar{B}C\,\bar{D} + \bar{A}\,\bar{B}\,\bar{C}\,D + \bar{A}\,\bar{B}\,\bar{C}\,\bar{D}$$

化简后得

$$F1 = \bar{A}\,\bar{B}(\bar{C}D + C\,\bar{D}) + \bar{C}\,\bar{D}(\bar{A} + \bar{B})$$

根据该逻辑函数画出梯形图，如图 6.7 所示。

② 绿灯亮　其工作状态表如下：

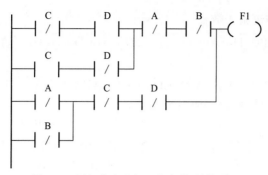

图 6.7　风机状态监视—红灯控制梯形图

A	B	C	D	F2
1	1	1	0	1
1	1	0	1	1
1	0	1	1	1
0	1	1	1	1
1	1	1	1	1

由状态表可得 F2 的逻辑函数：

$$F2 = ABC\overline{D} + AB\overline{C}D + A\overline{B}CD + \overline{A}BCD + ABCD$$

化简后得

$$F2 = AB(C+D) + CD(A+B)$$

根据该逻辑函数画出梯形图，如图 6.8 所示。

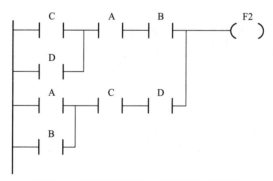

图 6.8　风机状态监视—绿灯控制梯形图

③ 黄灯亮　其工作状态表如下：

A	B	C	D	F2
1	1	0	0	1
1	0	1	0	1
1	0	0	1	1
0	1	1	0	1
0	1	0	1	1
0	0	1	1	1

由状态表可得 F3 的逻辑函数：

$$F3 = AB\overline{C}\,\overline{D} + ABC\overline{D} + A\overline{B}\,\overline{C}D + \overline{A}BC\overline{D} + \overline{A}B\overline{C}D + \overline{A}\,\overline{B}CD$$

化简后得

$$F3 = (\overline{A}B + A\overline{B})(\overline{C}D + C\overline{D}) + ABC\,\overline{D} + \overline{A}\,\overline{B}CD$$

根据该逻辑函数画出梯形图，如图 6.9 所示。

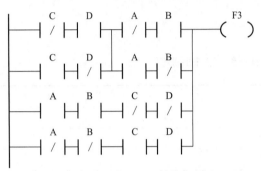

图 6.9 风机状态监视—黄灯控制梯形图

3）完善梯形图控制程序 合并规整红、绿、黄灯的控制梯形图，转换成完善的 S7-200 SMART PLC 梯形图控制程序，如图 6.10 所示。在红灯控制程序中，常开触点 SM0.5 是特殊存储器标志位，用来发生秒脉冲，以实现红灯闪烁。

在用组合逻辑法设计 PLC 控制梯形图时，必须分析清楚控制对象，将控制对象分解成若干个小控制单元。这些小控制单元要便于建立工作状态逻辑表，得到逻辑

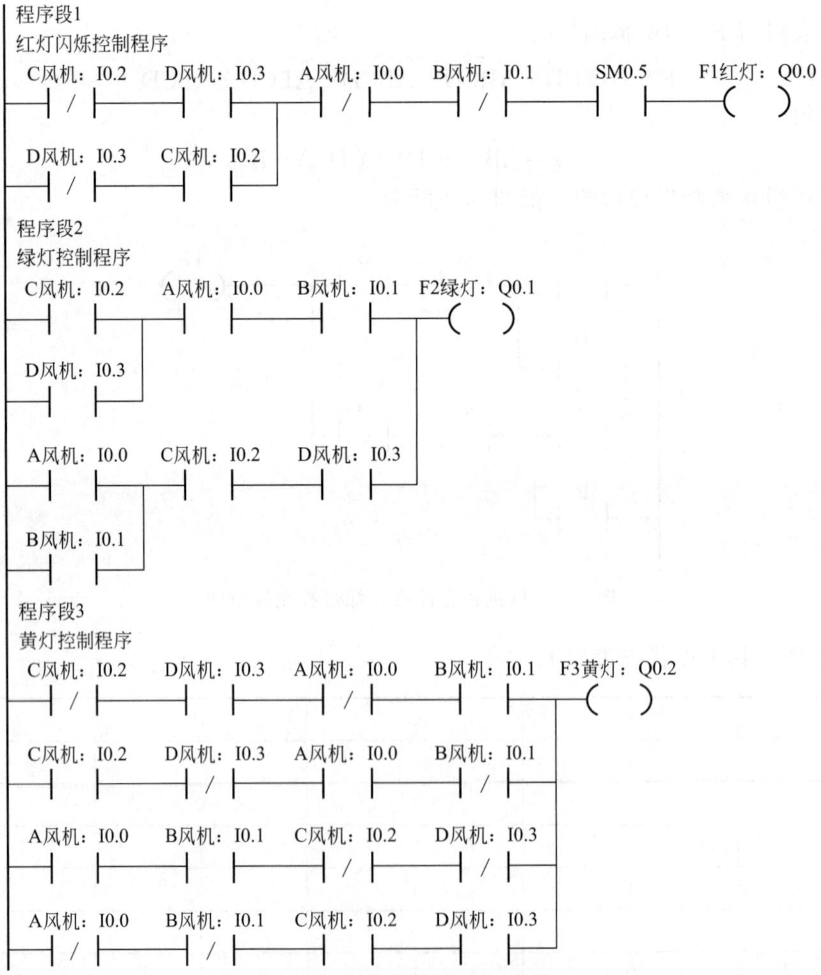

程序段1
红灯闪烁控制程序

```
  C风机：I0.2  D风机：I0.3  A风机：I0.0  B风机：I0.1  SM0.5   F1红灯：Q0.0
──┤/├────────┤ ├──────────┤/├──────────┤ ├──────────┤ ├────────(  )──
  D风机：I0.3  C风机：I0.2
──┤ ├────────┤ ├──
```

程序段2
绿灯控制程序

```
  C风机：I0.2  A风机：I0.0  B风机：I0.1  F2绿灯：Q0.1
──┤ ├────────┤ ├──────────┤ ├────────(  )──
  D风机：I0.3
──┤ ├──
  A风机：I0.0  C风机：I0.2  D风机：I0.3
──┤ ├────────┤ ├──────────┤ ├──
  B风机：I0.1
──┤ ├──
```

程序段3
黄灯控制程序

```
  C风机：I0.2  D风机：I0.3  A风机：I0.0  B风机：I0.1  F3黄灯：Q0.2
──┤/├────────┤ ├──────────┤/├──────────┤ ├────────(  )──
  C风机：I0.2  D风机：I0.3  A风机：I0.0  B风机：I0.1
──┤ ├────────┤/├──────────┤ ├──────────┤ ├──
  A风机：I0.0  B风机：I0.1  C风机：I0.2  D风机：I0.3
──┤ ├────────┤ ├──────────┤/├──────────┤ ├──
  A风机：I0.0  B风机：I0.1  C风机：I0.2  D风机：I0.3
──┤/├────────┤ ├──────────┤ ├──────────┤ ├──
```

图 6.10 风机状态监视梯形图

函数表达式，画出控制单元梯形图，这是设计的关键所在。在组合各单元梯形图时，还需要合并重组个别相同逻辑和相反逻辑，根据需要可以使用特殊存储器标志位，简化或优化控制功能。图 6.10 所示梯形图中的 F1 与 F2 逻辑函数梯形图进行了合并，还增加了特殊存储器标志位 SM0.5。当然，对于控制对象本身已是不可分解的小单元，可以直接建立工作状态逻辑表，得到逻辑函数表达式，画出最终的控制梯形图。

6.2.2.2　时序逻辑设计法

用时序逻辑设计法设计梯形图程序时，首先，确定各输入和输出信号之间的时序关系，画出各输入和输出信号的工作时序图。其次，将时序图划分成若干个时间区段，找出区段间的分界点，弄清分界点处输出信号状态的转换关系和转换条件，找出输出与输入及内部触点的对应关系，并进行适当化简。最后，根据化简的逻辑表达式画出梯形图。由此可见，时序逻辑设计与组合逻辑设计的思路与过程完全相同，只是时序逻辑设计法是通过控制时序图建立逻辑函数表达式，而组合逻辑设计法则通过工作状态真值表建立逻辑函数表达式。

一般而言，时序逻辑设计法应与经验法配合使用；否则，可能会使逻辑关系过于复杂。下面以电动机交替运行控制实例介绍其设计过程。

▶ [例 6-2]　电动机交替运行控制。有 M1 和 M2 两台电动机，按下启动按钮后，M1 运转 10min，停止 5min，M2 与 M1 相反，即 M1 停止时 M2 运行，M1 运行时 M2 停止，如此循环往复，直至按下停止按钮。

(1) 根据控制任务和要求，分配 I/O 地址，设计 PLC 接线图

根据控制系统的任务和要求，用 I0.0 和 I0.1 分别表示两台电动机循环工作的开、关按钮；用 Q0.0 和 Q0.1 输出控制 M1 和 M2 电动机周期性交替运行。该电动机控制系统的 I/O 接线如图 6.11 所示。

(2) 画出两台电动机的工作时序图

由于电动机 M1、M2 周期性交替运行，运行周期 T 为 15min，则考虑采用延时接通定时器 T37（定时设置为 10min）和 T38（定时设置为 15min）控制这两台电动机的运行。当按下开机按钮 I0.0 后，T37 与 T38 开始计时，同时电动机 M1 开始运行。10min 后 T37 定时时间到，并产生相应动作，使电动机 M1 停止，M2 开始运行。当定时器 T38 到达定时时间 15min 时，T38 产生相应动作，使电动机 M2 停止，M1 开始运行，同时将自身和 T37 复位，

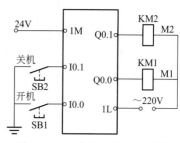

图 6.11　两台电动机顺序控制

程序进入下一个循环。如此往复，直到关机按钮被按下，两个电动机停止运行，两个定时器也停止定时。

为了使逻辑关系清晰，用中间继电器 M0.0 作为运行控制继电器。根据控制要求画出两台电动机的工作时序图，如图 6.12 所示。

(3) 建立逻辑函数关系

由图 6.12 可以看出，t_1、t_2 时刻电动机 M1、M2 的运行状态发生改变，由前后分析列出电动机运行的逻辑表达式：

$$Q0.0 = M0.0 \cdot \overline{T37} \quad Q0.1 = M0.0 \cdot T37$$

(4) 画出控制梯形图

根据 Q0.0 和 Q0.1 的逻辑表达式，结合编程经验，得到图 6.13 所示的梯形图。

从本例中可以看出，在获取信号灯状态变化的时间点时，该程序所采用的定时器均同时

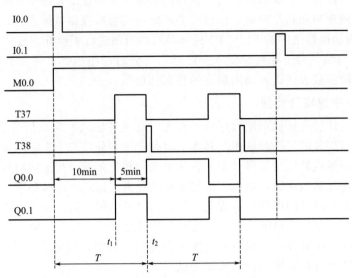

图 6.12 两台电动机顺序控制时序图

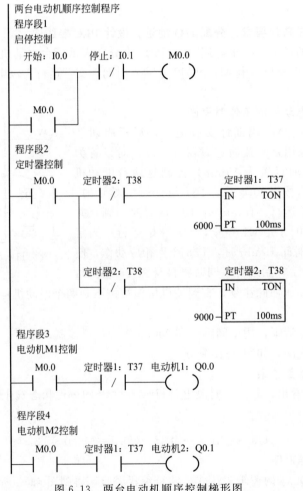

图 6.13 两台电动机顺序控制梯形图

定时和同时复位，即在一个工作周期内，各定时器定时时间均是相对于 t_0 时刻的绝对时间。当然也可以用"相对时间"来获得信号灯状态变化时间点，即一个定时器定时结束时启动另一个定时器。二者相比，采用前者能使思路清晰，编程较简单。而后者使逻辑复杂，编程较困难。

在用时序逻辑法设计 PLC 控制梯形图时，必须分析清楚控制对象，将控制对象分解成若干小控制单元。这些小控制单元要便于建立工作状态时序逻辑函数表达式，画出控制单元梯形图，这是设计的关键所在。在组合各单元梯形图时，还需要合并重叠个别相同逻辑或相反逻辑，根据需要可以使用特殊存储器标志位，简化或优化控制功能。可见用时序逻辑法与组合逻辑法设计 PLC 控制梯形图的原理步骤完全一致。

6.2.3　移植设计法

移植设计法又称为转换设计法、翻译设计法，主要用来对原有继电器控制系统进行 PLC 改造控制。由于继电器电路图与梯形图极为相似，根据原有的继电器电路图来设计梯形图显然是一条捷径，而原有的继电器控制系统经过长期的使用和考验，已经被证明能完成系统要求的控制功能，可以将继电器电路图经过适当的"翻译"，直接转化为具有相同功能的 PLC 梯形图程序，因此移植设计法就是将继电器控制线路转换为 PLC 控制并设计梯形图的方法。

（1）设计步骤

继电器电路图是一个纯粹的硬件电路图。将它改为 PLC 控制时，需要用 PLC 的外部接线图和梯形图来等效继电器电路图。在分析 PLC 控制系统的功能时，可以将 PLC 想象成为一个控制箱，其外部接线图描述了这个控制箱的外部接线，梯形图是这个控制箱的内部"线路图"，梯形图中的输入位和输出位是这个控制箱与外部世界联系的"接口继电器"，这样就可以用分析继电器电路图的方法来分析 PLC 控制系统。在分析梯形图时，可以将输入位的接触点想象成对应的外部输入器件的触点，将输出位的线圈想象成对应的外部负载的线圈。外部负载的线圈除了受梯形图的控制外，还受外部触点的控制。将继电器电路图转换成为功能相同的 PLC 的外部接线图和梯形图的步骤如下。

1）了解并熟悉被控设备　首先对原有的被控设备的工艺过程和机械的动作情况进行了解，并对其继电器电路图进行分析，熟悉并掌握继电器控制系统的各组成部分的功能和工作原理。

2）确定 PLC 的输入信号和输出负载　对于继电器电路图中的交流接触器和电磁阀等执行机构，如果用 PLC 的输出来控制，它们的线圈在 PLC 的输出端。按钮、操作开关和行程开关、接近开关等提供 PLC 的数字量输入信号。继电器电路图中的中间继电器和时间继电器的功能用 PLC 内部的存储器和定时器来完成，它们与 PLC 的输入位、输出位无关。

3）根据控制功能和规模选择 PLC，确定输入/输出端子　根据系统所需要的功能和规模选择 CPU 模块、电源模块、数字量输入和输出模块，对硬件进行组态，确定输入/输出模块在机架中的安装位置和它们的起始地址。根据所属 PLC，确定各数字量输入信号与输出负载对应的输入位和输出位的地址，画出 PLC 的外部接线图。各输入和输出在梯形图中的地址取决于它们的模块的起始地址和模块中的接线端子号。

4）确定地址　确定与继电器电路图中的中间、时间继电器对应的梯形图中的存储器和定时器、计数器的地址。

5）设计梯形图　根据两种电路转换得到的 PLC 外部电路和梯形图元件及其元件号，将原继电器电路的控制逻辑转换成对应的 PLC 梯形图。

（2）设计特点

移植设计法将继电器控制线路转换为 PLC 控制，一般不需要改动控制面板及器件，可以降低硬件改造费用和改造工作量，保持了系统原有的外部特性。对操作人员来讲，除了提高控制系统的可靠性之外，改造前后的系统没有什么差别，无须改变长期形成的操作习惯。

▶ ［例 6-3］ 将某异步电动机的继电器控制电路图移植设计为 PLC 控制系统。某异步电机启动和自动加速的继电器控制电路如图 6.14 所示，将该继电器控制电路图移植设计为功能相同的 PLC 控制系统（画外部接线图，编制梯形图程序）。

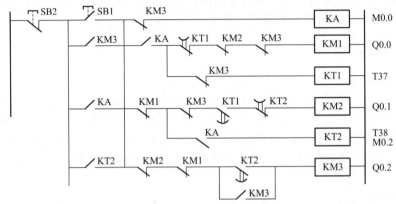

图 6.14　继电器控制电路图

1）电动机继电器控制原理　在图 6.14 所示继电器控制电路图中，SB1 为启动按钮；SB2 为停止按钮；接触器 KM1 控制电动机启动；KM2 用于控制电动机加速，加速时间到后，用 KM3 控制电动机稳定运行；KA 为辅助的中间存储器；KT1 和 KT2 为时间继电器，用于电动机的启动和加速阶段的时间控制。当按下 SB1 按钮，KA 得电，其常开触点闭合，KA 自锁，KM1 首先得电，电动机启动，同时 KT1 也得电并开始计时，计时时间到后，其常开触点闭合，常闭触点断开，此时 KM1 断电，KM2 得电，电动机加速运转，同时 KT2 也得电并开始计时，计时时间到后，其常开触点闭合，KM3 得电，而 KM1、KM2 均断电，电动机稳定运行，当按下 SB2 按钮，电动机停止。图 6.14 所示继电器控制电路图实现电动机的启动、加速运转到稳定运行、直到停止的控制过程。

2）确定输入/输出信号　根据前面分析可知，其输入信号有 SB1、SB2；输出信号有 KM1、KM2 和 KM3。设继电器控制系统与 PLC 控制系统中信号的对应关系：SB1（常开触点）用输入位寄存器 I0.0 代替，SB2（常闭触点）用输入位寄存器 I0.1 代替；KM1、KM2 和 KM3 分别用输出位寄存器 Q0.0、Q0.1 和 Q0.2 代替。

3）选择 PLC，并画出 PLC 的外部接线图　根据控制需要，选择西门子 CPU SR20，根据 I/O 控制信号，同时考虑 KM1、KM2、KM3 主触点可能因断电时灭弧延时，或者电弧黏合而断不开，造成主电路短路而故障等因素，故在 PLC 输出的外部电路 KM1、KM2 和 KM3 的线圈前增加其常闭触点作硬件互锁。其 I/O 接线图如图 6.15 所示。

4）编制梯形图程序　由继电器控制电路图绘制出对应梯形图，如图 6.16 所示。在图 6.16 所示梯形图中，继电器控制电路图中的中间存储器和时间继电器（KA、KT1 和 KT2）的功能用 PLC 的内部标志位存储器（M0.0）和定时器（T37、T38）完成；与接触器 KM1、KM2 和 KM3 对应的 PLC 的输出位寄存器（Q0.0、Q0.1 和 Q0.2）为 PLC 的输出位；它们（M、T、Q）的触点与按钮 SB1、SB2 对应的 PLC 的输入位寄存器（I0.0、I0.1）的触点构成 PLC 的输入位。但该梯形图中重复使用常闭 I0.1 触点，还有多个线圈都受某一触点串并联电路控制。因此，该梯形图不规范，需要规整并优化该梯形图。

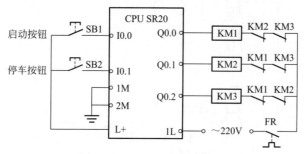

图 6.15　PLC 的 I/O 接线图

图 6.16　梯形图

将图 6.16 所示梯形图规整优化，即设计出与图 6.14 具有相同功能的 PLC 控制梯形图，如图 6.17 所示。

梯形图和继电器电路虽然表面上看起来差不多，实质上有本质区别。根据继电器电路图设计 PLC 的外部接线图和梯形图时应注意以下问题。

1) 应遵循梯形图语言中的语法规则　在继电器电路图中，触点可以放在线圈的左边，也可以放在线圈的右边。但是，在梯形图中，输出位寄存器（线圈）必须放在电路的最右边。例如，图 6.14 中 KM1 和 KT1 线可以放在 KM3 的左边，但在梯形图中 KM1 和 KT1 线圈对应的 Q0.0 和 T37 存储器只能放在其所在行的最右端。

2) 适当地分离继电器电路图中的某些电路　继电器电路图中的一个基本原则是尽量减少图中使用的触点的个数，因为这意味着节约成本，但是这往往会使某些线圈的控制电路交织在一起。在设计梯形图时首要的问题是设计的思路要清楚，设计出的梯形图容易阅读和理解，并不是特别在意是否多用几个触点，因为这不会增加硬件的成本，只是在输入程序时需要多花一点时间。例如图 6.17 中增加了内部标志位存储器 M0.2 及其触点。

3) 尽量减少 PLC 的输入/输出端子　PLC 的价格与 I/O 端子数有关，因此减少输入、输出信号的点数是降低硬件费用的重要措施。例如，在 PLC 外部接线图中将图 6.15 中的热继电器 FR（图中未画出）直接接在直流电源上，而不占用输入/输出端子，达到降低硬件费用的目

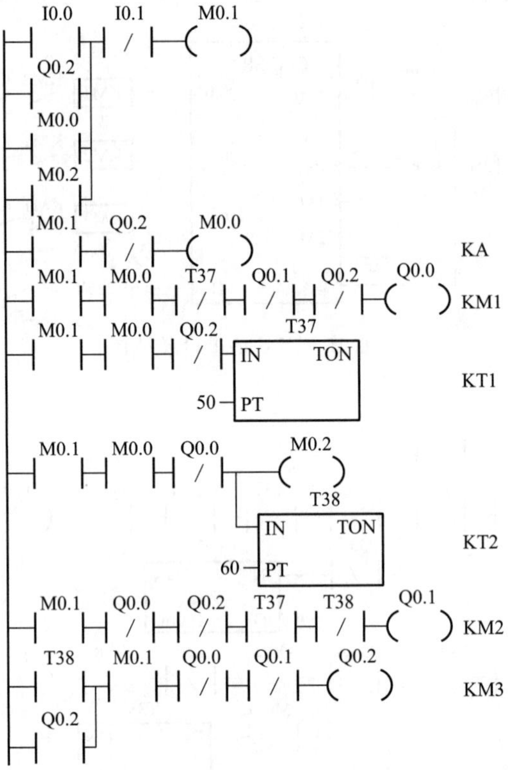

图 6.17 规整优化的梯形图

的。在 PLC 的外部输入中，各输入端可以接常开触点或常闭触点，也可以接以触点组成的串并联电路。PLC 不能识别外部电路的结构和触点类型，只能识别外部电路的通/断。

4）设置中间单元 在梯形图中，若多个线圈都受某一触点串并联电路控制，为了简化编程电路，在梯形图中可以设置用该电路控制的内部标志位存储器（如图 6.17 中的 M0.1），它类似于继电器电路中的中间存储器。

5）设立外部互锁电路 为了防止控制电动机正反转或不同电压调速的两个或多个接触器同时动作造成电源短路或不同电压的混接，应在 PLC 外部设置硬件互锁电路。图 6.14 中的 KM1~KM3 的线圈不能同时通电，在转换为 PLC 控制时，除了在梯形图中设置与它们对应的输出位寄存器串联的常闭触点组成的互锁电路外，还需要在 PLC 外部电路中设置硬件互锁电路，以保证系统可靠运行。

6）外部负载电压、电流匹配 PLC 的继电器输出模块和晶闸管输出模块只能驱动电压不高于 220V 的负载，如果原系统的交流接触器的线圈电压为 380V，应将线圈换成 220V 的，也可设置外部中间存储器，同时它们的电流也必须匹配。

6.2.4 顺序功能图设计法

顺序控制设计法就是针对顺序控制系统的一种专门的设计方法。这种设计方法很容易被初学者接受。对于有经验的工程师，也会提高设计的效率，程序的调试修改、阅读也很方便。PLC 的设计者们为顺序控制系统的程序编制提供了大量通用和专用的编程软件，开发了专门供编制顺序控制程序用的功能表图，使这种先进的设计方法成为当前程序设计的主要方法。该方法的具体内容在第 5 章有详述，这里不再赘述。

6.3　PLC 在控制系统中的典型应用实例

[例 6-4]　台车呼车控制

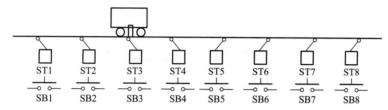

(1) 工艺过程

一部电动运输车供 8 个加工点使用。PLC 上电后,车停在某个加工点(工位),若无用车呼叫(呼车),则各工位的指示灯亮,表示各工位可以呼车。某工作人员按本工位的呼车按钮呼车时,各位的指示灯均灭,此时别的工位呼车无效。如停车位呼车,小车不动;呼车工位号大于停车位时,小车自动向高位行驶;当呼车位号小于停车位号时,小车自动向低位行驶;当小车到呼车工位时自动停车。停车时间为 30s 供呼车工位使用,其他加工点不能呼车。从安全角度出发,停车再来电时,小车不会自行启动。

(2) 系统控制方案

系统控制方案主要步骤如图 6.18 所示。

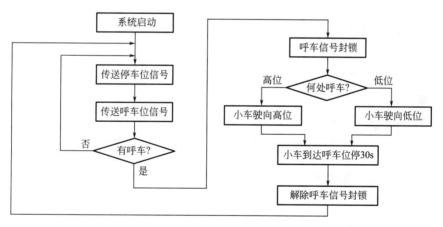

图 6.18　系统控制方案主要步骤

(3) PLC 系统选择

选择 S7-200 SMART CPU SR20 基本单元(12 入 8 出)1 台及 EMDE08 扩展单元(8入)1 台。

(4) I/O 地址分配

呼车系统输入/输出端口安排见表 6.2。

表 6.2　呼车系统输入/输出端口安排

输入				输出	
限位开关 ST1	I0.0	呼车按钮 SB1	I2.0	电机正转接触器	Q0.0
限位开关 ST2	I0.1	呼车按钮 SB2	I2.1	电机反转接触器	Q0.1

续表

	输入			输出	
限位开关 ST3	I0.2	呼车按钮 SB3	I2.2	可呼车指示	Q0.2
限位开关 ST4	I0.3	呼车按钮 SB4	I2.3		
限位开关 ST5	I0.4	呼车按钮 SB5	I2.4		
限位开关 ST6	I0.5	呼车按钮 SB6	I2.5		
限位开关 ST7	I0.6	呼车按钮 SB7	I2.6		
限位开关 ST8	I0.7	呼车按钮 SB8	I2.7		
系统启动按钮	I1.0				
系统停止按钮	I1.1				

(5) 程序设计

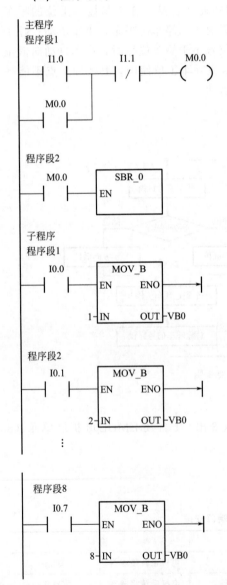

程序段9

```
    M0.1          Q0.2
 ──┤ / ├──────────(   )
```

程序段10

```
    I2.0      M0.1     ┌─────────────┐
 ──┤ ├──────┤ / ├──────┤EN    MOV_B  ENO├──────►
                       │                │
                     1─┤IN         OUT├─VB1
                       └─────────────┘
```

程序段11

```
    I2.1      M0.1     ┌─────────────┐
 ──┤ ├──────┤ / ├──────┤EN    MOV_B  ENO├──────►
                       │                │
      ⋮              2─┤IN         OUT├─VB1
                       └─────────────┘
```

程序段17

```
    I2.7      M0.1     ┌─────────────┐
 ──┤ ├──────┤ / ├──────┤EN    MOV_B  ENO├──────►
                       │                │
                     8─┤IN         OUT├─VB1
                       └─────────────┘
```

程序段18

```
    I2.0      T37      M0.1
 ──┤ ├──┬───┤ / ├──────(   )
         │
    I2.1 │
 ──┤ ├──┤
         │
    I2.7 │
 ──┤ ├──┤
         │
    M0.1 │
 ──┤ ├──┘
```

程序段19

```
    VB0      Q0.1      Q0.0
 ──┤>B├────┤ / ├──────(   )
    VB1
```

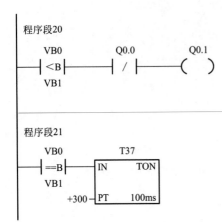

[例6-5] 停车场数码显示 PLC 控制系统

(1) 工艺过程

某停车场最多可停 50 辆车,用 2 位数码管显示停车数量。用出入传感器检测进出车辆数,每进一辆车停车数量增 1,每出一辆车停车数量减 1。场内停车数量小于 45 时,入口处绿灯亮,允许入场;等于和大于 45 但小于 50 时,绿灯闪烁,提醒待进场车辆司机注意将满场;等于 50 时,红灯亮,禁止车辆入场。停车场输入/输出设备位置示意图如图 6.19 所示。

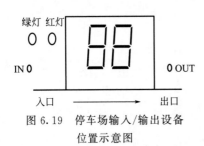

图 6.19 停车场输入/输出设备位置示意图

(2) I/O 端口分配

停车场输入/输出端口安排见表 6.3。

表 6.3 停车场输入/输出端口安排

输入			输出	
PLC 地址	电气符号	功能说明	PLC 地址	功能说明
I0.0	传感器 IN	检测进场车辆	Q0.6~Q0.0	个位数显示
I0.1	传感器 OUT	检测出场车辆	Q1.0	绿灯,允许信号
			Q1.1	红灯,禁行信号
			Q2.6~Q2.0	十位数显示

(3) 程序设计

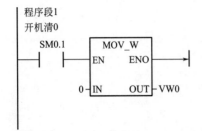

程序段2

每进1车，VW0脉冲加1

```
   I0.0                    ┌─────INC_W─────┐
 ──┤ ├──────┤ ├──┤P├──────┤EN         ENO├──────┤
                          │               │
                     VW0 ─┤IN        OUT ├─ VW0
                          └───────────────┘
```

程序段3

每出1车，VW0脉冲减1

```
   I0.0                    ┌─────DEC_W─────┐
 ──┤ ├──────┤ ├──┤N├──────┤EN         ENO├──────┤
                          │               │
                     VW0 ─┤IN        OUT ├─ VW0
                          └───────────────┘
```

程序段4

将VW0转换为BCD码存放于VW10(VB11中)，取VB11低4位送QB0显示；取VB11高4位送QB2显示

```
  SM0.0                   ┌─────I_BCD─────┐
 ──┤ ├───────┬───────────┤EN         ENO├──────┤
             │            │               │
             │       VW0 ─┤IN        OUT ├─ VW10
             │            └───────────────┘
             │
             │            ┌──────SEG──────┐
             ├───────────┤EN         ENO├──────┤
             │            │               │
             │      VB11 ─┤IN        OUT ├─ QB0
             │            └───────────────┘
             │
             │            ┌─────DIV_I─────┐                      ┌──────SEG──────┐
             └───────────┤EN         ENO├──────────────────────┤EN         ENO├──────▶
                          │               │                      │               │
                    VW10 ─┤IN1       OUT ├─ VB20           VB21 ─┤IN        OUT ├─ QB2
                      16 ─┤IN2           │                       └───────────────┘
                          └───────────────┘
```

程序段5

车辆<45，绿灯亮；45=<车辆数<50，绿灯闪亮

```
    VW0                                                      Q1.0
 ──┤<I├──────────────────────────────────────────────┬──────( )──
    45                                                │
                                                      │
    VW0          VW0          SM0.5                    │
 ──┤>=I├──────┤<I├────────┤ ├────────────────────────┘
    45           50
```

程序段6

车辆数>50，红灯亮

```
    VW0          Q1.1
 ──┤>=I├────────( )──
    50
```

▶[例 6-6] 三人抢答器控制

(1) 工艺过程

设计三人抢答器控制装置，主持人配备"开始"和"复位"按钮各一个；三名参赛选手每人配备"抢答"按钮一个。可实现的功能如下：a."开始"按钮由主持人操作。主持人给出题目，并按下抢答"开始"按钮，此时抢答信号灯 I000 亮，提示各位选手可开始抢答。b. 3 位抢答者操作 3 个"抢答"按钮。抢答信号灯 I000 亮后，先按下"抢答"按钮的选手，自身的指示灯得电，同时互锁了其他抢答者输入信号，达到唯一有效性。c.答题完毕，主持人按下"复位"按钮，所有指示灯熄灭后，进行下一轮抢答。

(2) 系统控制方案

系统控制方案如图 6.20 所示。

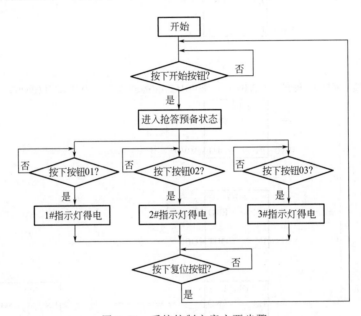

图 6.20　系统控制方案主要步骤

(3) PLC 系统选择

抢答器控制系统的输入有 5 个按钮——开关按钮、复位按钮、抢答按钮 01、抢答按钮 02、抢答按钮 03，共 5 个输入量；输出控制设备有抢答开始指示灯、1♯指示灯、2♯指示灯和 3♯指示灯，共 4 个输出量；抢答装置的控制器选用西门子 S7-200 SMART CPU SR20 基本单元（12 入 8 出）1 台。I/O 分配采用自动分配方式，输入端子对应的输入地址是 I0.0～I0.4，输出端子对应端子输出地址是 Q0.0～Q0.3。

(4) I/O 端口分配

三人抢答器输入/输出端口安排见表 6.4，三人抢答器 I/O 接线见图 6.21。

表 6.4　三人抢答器输入/输出端口安排

输入			输出		
地址	说明	功能	地址	说明	功能
I0.0	开始按钮	抢答开始	Q0.0	开始指示灯	抢答开始指示灯
I0.1	复位按钮	抢答结束	Q0.1	1♯指示灯	1♯抢答者抢答成功指示灯
I0.2	抢答按钮 01	1♯抢答者输入抢答信号	Q0.2	2♯指示灯	2♯抢答者抢答成功指示灯

续表

输入			输出		
地址	说明	功能	地址	说明	功能
I0.3	抢答按钮 02	2#抢答者输入抢答信号	Q0.3	3#指示灯	3#抢答者抢答成功指示灯
I0.4	抢答按钮 03	3#抢答者输入抢答信号			

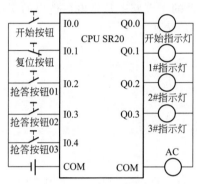

图 6.21　三人抢答器 I/O 接线图

(5) 程序设计

程序段1
主持人控制的抢答器开始和复位程序

程序段2
1#指示灯的控制程序

程序段3
2#指示灯的控制程序

程序段4
3#指示灯的控制程序

6.4 变频器及其 PLC 控制

6.4.1 变压变频调速原理

交流变频器是微计算机及现代电力电子技术高度发展的结果。微计算机是变频器的核心，电力电子器件构成了变频器的主电路。从发电厂送出的交流电的频率是恒定不变的，在我国是 50Hz。交流电动机的同步转速

$$N_1 = \frac{60 f_1}{p}$$

式中　N_1——同步转速，r/min；

　　f_1——定子频率，Hz；

　　p——电机的磁极对数。

异步电动机转速

$$N = N_1(1-s) = \frac{60 f_1}{p}(1-s)$$

式中　s——异步电机转差率，$s = (N_1 - N)/N_1$，一般小于 3%。

N_1 与送入电机的电流频率 f_1 成正比或接近于正比。因而，改变频率可以方便地改变电机的运行速度，也就是说变频对于交流电机的调速来说是十分合适的。

三相异步电动机定子每相感应电动势有效值 $E_g = 4.44 f_1 N_1 K_1 \Phi_m$，其中 N_1 为定子每相绕组串联匝数，K_1 为基波绕组系数，Φ_m 为每极气隙磁通量。由上式可见，在 E_g 一定时，若电源频率 f_1 发生变化，则必然引起磁通量 Φ_m 变化。当 Φ_m 变弱时，电动机铁芯就没被充分利用，导致电动机电磁转矩减小；若 Φ_m 增大，则会使铁芯饱和，从而使励磁电流过大，增加电动机的铜损耗和铁损耗，降低了电动机的效率，严重时会使电动机绕组过热，甚至损坏电动机。因此，在电动机运行时，希望磁通量 Φ_m 保持恒定不变。所以在改变 f_1 的同时，必须改变 E_g，即必须保证 E_g/f_1＝常数。因此，在改变电动机频率时，应对电动机的电压进行协调控制，以维持电动机磁通的恒定。为此，用于交流电气传动中的变频器实际上是变压变频器，即 VVVF（Variable Voltage Variable Frequency）。

6.4.2 变频器的基本结构和分类

根据电源变换的方式，变频调速分为间接变换方式（交-直-交变频）和直接变换方式（交-交变频）。交-交变频是利用晶闸管的开关作用，从交流电源控制输出不同频率的交流电供给异步电动机进行调速的一种方法。交-直-交变频是把交流电通过整流器变为直流电，再用逆变器将直流电变为频率可变的交流电供给异步电动机。目前常用的通用变频器即属于交-直-交变频，其基本结构原理如图 6.22 所示。由图可知，变频器主要由主回路（包括整流器、中间直流环节、逆变器）和控制回路组成。变频器还有丰富的软件，各种功能主要靠软件来完成。

交-直-交变频还可以分为电压型变频和电流型变频。电压型变频的整流输出经电感、电容滤波，具有恒压源特性；电流型变频的整流输出经直流电抗器滤波，具有恒流源特性。

变频器的分类方式很多，除了按电源变换方式分类外，还可以按逆变器开关方式来分类，即 PAW 方式和 PWM 方式。PAM 控制是 Pulse Amplitude Modulation（脉冲振幅调制）控制的简称；PWM 控制是 Pulse Width Modulation（脉冲宽度调制）控制的简称，是

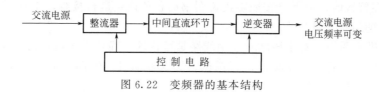

图 6.22　变频器的基本结构

在逆变电路部分同时对输出电压（电流）的幅值和频率进行控制的控制方式。在这种控制方式中，以较高频率对逆变电路的半导体开关元器件进行开闭，并通过改变输出脉冲的宽度来达到控制电压（电流）的目的。目前在变频器中多采用正弦波 PWM 控制方式，即通过改变 PWM 输出的脉冲宽度，使输出电压的平均值接近正弦波，这种方式也称为 SPWM 控制。

变频器还可以按控制方式分为 V/F（电压/频率）控制、转差频率控制和矢量控制三种。其中，V/F 控制属于开环控制，而转差控制和矢量控制属于闭环控制，二者的主要区别在于 V/F 控制方式中没有速度反馈，而转差频率控制方式和矢量控制方式利用了速度传感器的速度闭环控制。

6.4.3　变频器的选用、运行和维护

（1）负载的分类

变频器的正确选择对于控制系统的正常运行是非常关键的。选择变频器时必须要充分了解变频器所驱动的负载特性。负载特性分为恒转矩负载、恒功率负载和平方转矩负载。

1）恒转矩负载　负载转矩 T 与转速 n 无关，任何转速下 T 总保持恒定或基本恒定。如传送带、搅拌机、挤出机以及吊车、提升机等负载都属于恒转矩负载。变频器拖动恒转矩性质的负载时，低速下的转矩要足够大，并且有足够的过载能力。如果在低速情况下运行，要考虑异步电动机的散热情况，避免电动机温升太高。

2）恒功率负载　机床主轴、造纸机、卷取机、开卷机等要求转矩与转速成反比，而功率基本保持不变。需指出的是，在低速运行时，受机械强度的限制，T 不可能无限增大，负载还是转变为恒转矩类型。电动机在恒磁通调速时，最大容许输出转矩不变，属于恒转矩调速；而在弱磁调速时，最大容许输出转矩与速度成反比，属于恒功率调速。如果电动机的恒转矩和恒功率调速的范围与负载的恒转矩和恒功率范围一致，即"匹配"的情况下，电动机的容量与变频器的容量均最小。

3）平方转矩负载　负载转矩 T 与转速 n 的平方成正比。这种负载所需的功率 P 与速度 n 的立方成正比。最典型的如离心泵、离心风机。当所需流量、风量减少时，利用调速的方式来调节流量、风量，可以大幅度地节约电能。但是此种负载通常不应超过工频运行。

（2）变频器的选型。根据负载类型选择变频器类型

1）选择变频器具体型号以电动机额定电流值为依据，以电动机的额定功率为参考值。变频器最大输出电流应大于电动机的额定电流值。

2）变频器与电动机的距离过长时，为防止电缆对地耦合与变频器输出电流中谐波叠加而造成的电动机端子处电压升高的影响，应在变频器的输出端安装输出电抗器。

3）变频器选择时，要考虑电动机的运行频率在什么功率范围内。在低速范围内，应考虑电动机的温升情况，是否需加装风扇给电动机散热。

4）变频器选择时，一定要注意其防护等级应与现场情况相匹配，防止现场的粉末或水分影响变频器的长久运行。

（3）变频器的安装、运行及维护

1）变频器安装及连接　变频器的安装应按照变频器说明书的要求进行安装。固定变频

器的本体后，在接线时，应严格按照随机说明书的各项说明进行接线，千万不要接错线。

2）变频器的运行及维护

① 按照随机说明书核对主线路和控制线路是否正确，确认无误后，给变频器上电。

② 在变频器上电后，对变频器进行调试，确认电动机的转向、运行频率、电流、转速等指标是否达到工艺的要求。

为使变频器能长期可靠运行，应进行日常检查和定期检查。在运行时，应检查变频器的运行电流、电压是否平衡，是否有突变声音。在停机时，可以采用目视和嗅觉检查，对变频器的显示、控制、冷却部分以及主电路进行检查。

6.4.4 变频器的操作方式及使用

和 PLC 一样，变频器是一种可编程的电气设备。在变频器接入电路工作前，要根据通用变频器的实际应用修订变频器的功能码。功能码一般有数十甚至上百条，涉及调速操作端口指定、频率变化范围，力矩控制、系统保护等各个方面。功能码在出厂时已按默认值存储。修订是为了使变频器的性能与实际工作任务更加匹配。变频器与外界交换信息的接口很多，除了主电路的输入与输出接线端外，控制电路还设有许多输入/输出端子，另有通信接口及一个操作面板，功能码的修订一般就通过操作面板完成。图 6.23 为操作面板图，图 6.24 为变频器的接线端子图。

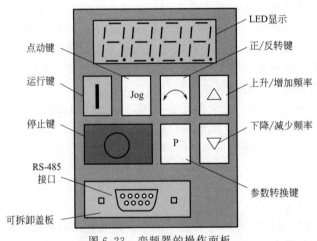

图 6.23 变频器的操作面板

变频器有以下几种输出频率控制方式。

1）操作面板控制方式 它是通过操作面板上的按键手动设置输出频率的一种操作方式。具体操作又有两种方法：一种是按面板上频率上升或频率下降的按钮调节输出频率；另一种是通过直接设定频率数值调节输出频率。

2）外部输入端子数字量频率选择操作方式 变频器常设有多段频率选择功能。各段频率值通过功能码设定，频率段的选择通过外部端子选择。变频器通常在控制端子中设置一些控制端，如图 6.24 中的端子 X1、X2、X3，它们的 7 种组合可选择 7 种工作频率值。这些端子的接通组合可通过机外设备（如 PLC）控制实现。

3）外输入端子模拟量频率选择操作方式 为了方便与输出量为模拟电流或电压的调节器、控制器连接，变频器还设有模拟量输入端，如图 6.24 中的 C1 端为电流输入端，I1、I2、I3 端为电压输入端，当接在这些端口上的电流或电压量在一定范围内平滑变化时，变频

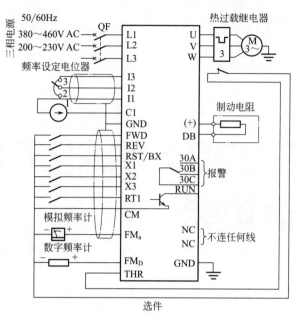

图 6.24　变频器的接线端子图

器的输出频率在一定范围内平滑变化。

4）通信数字量操作方式　为了方便与网络接口，变频器一般设有网络接口，都可以通过通信方式接收频率变化指令，不少变频器生产厂家还为自己的变频器与 PLC 通信设计了专用的协议，如西门子公司的 USS 协议即是 400 系列变频器的专用通信协议。

PLC

第 **7** 章
S7-200 SMART PLC的通信功能

7.1 通信基础知识

7.1.1 通信方式

(1) 串行通信与并行通信

1) 串行通信　通信中构成 1 个字或字节的多位二进制数据是 1 位 1 位被传送的。串行通信的特点是传输速度慢、传输线数量少（最少需 2 根双绞线）、传输距离远。PLC 的 RS-232 或 RS-485 通信就是串行通信的典型例子。

2) 并行通信　通信中同时传送构成 1 个字或字节的多位二进制数。并行通信的特点是传送速度快、传输线数量多（除了 8 根或 16 根数据线和 1 根公共线外，还需通信双方联络的控制线）、传输距离近。PLC 的基本单元和特殊模块之间的数据传送就是典型的并行通信。

(2) 异步通信和同步通信

1) 异步通信　在异步通信中，字符作为比特串编码，由起始位（start bit）、数据位（data bit）、奇偶校验位（parity）和停止位（stop bit）组成。这种由起始位开始，停止位结束所构成的一串信息称为帧（frame）。异步通信中数据是一帧一帧传送的。异步通信的字符信息格式由 1 个起始位、7～8 个数据位、1 个奇偶校验位和停止位组成。

在传送时，通信双方需对采用的信息格式和数据的传输速度作出相同约定，接受方检测到停止位和起始位之间的下降沿后，将它作为接收的起始点，在每位中点接收信息。这样传送不至于出现由于错位而带来的收发不一致的现象。PLC 一般采用异步通信。

2) 同步通信　同步通信将许多字符组成一个信息组进行传输，但是需要在每组信息开始处加上 1 个同步字符。同步字符用来通知接收方接收数据，它是必须有的。同步通信收发双方必须完全同步。

(3) 单工通信、全双工通信和半双工通信

1) 单工通信　指信息只能保持同一方向传输，不能反向传输，如图 7.1(a) 所示。

2）全双工通信　指信息可以沿两个方向传输，A、B 两方都可以同时一方面发送数据，另一方面接收数据，如图 7.1（b）所示。

3）半双工通信　指信息可以沿两个方向传输，但同一时刻只限于一个方向传输，即同一时刻 A 方发送 B 方接收或 B 方发送 A 方接收。

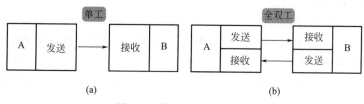

图 7.1　单工与全双工通信

7.1.2　通信传输介质

通信传输介质一般有 3 种，分别为双绞线、同轴电缆和光纤，如图 7.2 所示。

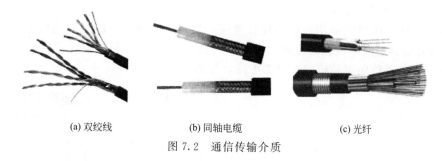

(a) 双绞线　　　　　(b) 同轴电缆　　　　　(c) 光纤

图 7.2　通信传输介质

1）双绞线　是由一对相互绝缘的导线按照一定的规律互相缠绕在一起而制成的一种传输介质。两根线扭绞在一起的目的是减小电磁干扰。实际使用时，多对双绞线一起包在一个绝缘电缆套管里，典型的有一对的，有四对的。

双绞线按有无屏蔽层可分为非屏蔽双绞线和屏蔽双绞线，屏蔽层可以减小电磁干扰。双绞线具有成本低、重量轻、易弯曲、易安装等特点。RS-232 和 RS-485 多采用双绞线进行通信。

2）同轴电缆　同轴电缆有 4 层，由外向内依次是护套、外导体（屏蔽层）、绝缘介质和内导体。同轴电缆从用途上可分为基带同轴电缆和宽带同轴电缆。基带同轴电缆特性阻抗为 50Ω，适用于计算机网络连接。宽带同轴电缆特性阻抗为 75Ω，常用于有线电视传输介质。

3）光纤　光纤是由石英玻璃经特殊工艺拉制而成的。按工艺的不同可将光纤分为单模光纤和多模光纤。单模光纤直径为 $8\sim9\mu m$，多模光纤 $62.5\mu m$。单模光纤光信号没反射，衰减小，传输距离远。多模光纤光信号多次反射，衰减大，传输距离近。

实际工程中，光纤传输需配光纤收发设备，光纤应用实例如图 7.3 所示。

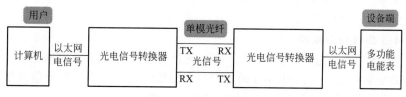

图 7.3　光纤应用实例

7.1.3　串行通信接口标准

串联通信接口标准有 RS-232C 串行接口标准、RS-422 串行接口标准和 RS-485 串行接口标准 3 种。

（1）RS-232C 串行接口标准

1969 年，美国电子工业协会 EIA（Electronic Industries Association）推荐了一种串行接口标准，即 RS-232C 串行接口标准。其中的 RS 是英文中的"推荐标准"缩写，232 为标识号，C 表示标准修改的次数。

1）机械性能　RS-232C 接口一般使用 9 针或 25 针 D 型连接器。以 9 针 D 型连接器最为常见。

2）电气性能

① 采用负逻辑，用 $-15 \sim -5V$ 表示逻辑"1"，用 $5 \sim 15V$ 表示逻辑"0"。

② 只能进行一对一通信。

③ 最大通信距离为 15m，最大传输速率为 20Kbps。

④ 通信采用全双工方式。

⑤ 接口电路采用单端驱动、单端接收电路，如图 7.4 所示。需要说明的是，此电路易受外界信号及公共地线电位差的干扰。

⑥ 两个设备通信距离较近时，只需 3 线，如图 7.5 所示。

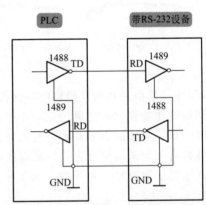

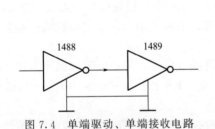

图 7.4　单端驱动、单端接收电路　　　图 7.5　PLC 与带 RS-232 设备通信

（2）RS-422 串行接口标准

由于 RS-232C 接口传输速率、传输距离和抗干扰能力等限制，美国电子工业协会 EIA 又推出了一种新的串行接口标准，即 RS-422 串行接口标准。特点如下：

① RS-422 接口采用平衡驱动、差分接收电路，提高抗干扰能力。

② RS-422 接口通信采用全双工方式。

③ 传输速率为 100Kbps 时，最大通信距离为 1200m。

④ RS-422 通信接线，如图 7.6 所示。

（3）RS-485 串行接口标准

RS-485 是 RS-422 的变形，其只有一对平衡差分信号线，不能同时发送和接收信号；RS-485 通信采用半双工方式；RS-485 通信接口和双绞线可以组成串行通信网络，构成分布式系统，在一条总线上最多可以接 32 个站，如图 7.7 所示。

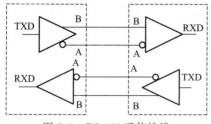
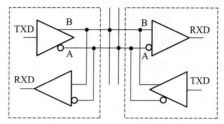

图 7.6　RS-422 通信接线　　　　　　图 7.7　RS-485 通信接线

7.2　S7-200 SMART PLC 自由口通信

7.2.1　自由口模式的参数设置

S7-200 SMART 的自由口通信是基于 RS-485 通信基础的半双工通信。西门子 S7-200 SMART 系列 PLC 拥有自由口通信功能，即没有标准的通信协议，用户可以自己规定协议。第三方设备大多支持 RS-485 串口通信，西门子 S7-200 SMART 系列 PLC 可以通过自由口通信模式控制串口通信。最简单的使用案例就是只用发送（XMT）指令向打印机或者变频器等第三方设备发送信息。不论任何情况，都通过 S7-200 SMART 系列 PLC 编写程序实现。

自由口通信的核心就是发送（XMT）和接收（RCV）两条指令，以及相应的特殊寄存器控制。由于 S7-200 SMART CPU 通信端口是 RS-485 半双工通信口，因此发送和接收不能同时处于激活状态。RS-485 半双工通信串行字符通信的格式可以包括一个起始位、7 或 8 位字符（数据字节）、一个奇/偶校验位（或者没有校验位）、一个停止位。

标准的 S7-200 SMART 只有一个串口（为 RS-485），为 Port0 口，还可以扩展一个信号板，这个信号板在组态时设定为 RS-485 或者 RS-232，为 Port1 口。

自由口通信比特率可以设置为 1200bps、2400bps、4800bps、9600bps、19200bps、38400bps、57600bps 或 115200bps。凡是符合这些格式的串行通信设备，理论上都可以和 S7-200 SMART CPU 通信。自由口模式可以灵活应用。STEP 7-Micro/WIN SMART 的两个指令库（USS 和 Modbus RTU）就是使用自由口模式编程实现的。

S7-200 SMART CPU 使用 SMB30（对于 Port0）和 SMB130（对于 Port1）定义通信口的工作模式，控制字节的定义如图 7.8 所示。

图 7.8　控制字节的定义

1）通信模式由控制字的最低的两位"mm"决定

① mm=00：PPI 从站模式（默认这个数值）。

② mm=01：自由口模式。

③ mm=10：保留（默认 PPI 从站模式）。

④ mm=11：保留（默认 PPI 从站模式）。

所以，只要将 SMB30 或 SMB130 赋值为 2#01，即可将通信口设置为自由口模式。

2) 控制位的 "pp" 是奇偶校验选择

① pp＝00：无校验。

② pp＝01：偶校验。

③ pp＝10：无校验。

④ pp＝11：奇校验。

3) 控制位的 "d" 是每个字符的位数

① d＝0：每个字符 8 位。

② d＝1：每个字符 7 位。

4) 控制位的 "bbb" 是波特率选择

① bbb＝000：38400bps。

② bbb＝001：19200bps。

③ bbb＝010：9600bps。

④ bbb＝011：4800bps。

⑤ bbb＝100：2400bps。

⑥ bbb＝101：1200bps。

⑦ bbb＝110：115200bps。

⑧ bbb＝111：57600bps。

7.2.2 发送与接收指令

(1) 发送指令

以字节为单位，XMT 向指定通信口发送一串数据字符，要发送的字符以数据缓冲区指定，一次发送的字符最多为 255 个。

发送完成后，会产生一个中断事件，对于 Port0 口为中断事件 9，而对于 Port1 口为中断事件 26。当然也可以不通过中断，而通过监控 SM4.5（对于 Port0 口）或者 SM4.6（对于 Port1 口）的状态来判断发送是否完成，如果状态为 1，说明完成。XMT 指令缓冲区格式见表 7.1。

表 7.1 XMT 指令缓冲区格式

序号	字节编号	内容
1	T＋0	发送字节的个数
2	T＋1	数据字节
3	T＋2	数据字节
...	...	......
256	T＋255	数据字节

(2) 接收指令

以字节为单位，RCV 通过指定通信口接收一串数据字符，接收的字符保存在指定的数据缓冲区，一次接收的字符最多为 255 个。

接收完成后，会产生一个中断事件，对于 Port0 口为中断事件 23，而对于 Port1 口为中断事件 24。当然也可以不通过中断，而通过监控 SMB86（对于 Port0 口）或者 SMB186（对于 Port1 口）的状态来判断发送是否完成，如果状态为非零，说明完成。SMB86 和 SMB186 含义见表 7.2，SMB87 和 SMB187 含义见表 7.3。

表 7.2　SMB86 和 SMB186 含义

对于 Port0 口	对于 Port1 口	控制字节各位的含义
SMB86.0	SMB186.0	为 1 说明奇偶校验错误而终止接收
SMB86.1	SMB186.1	为 1 说明接收字符超长而终止接收
SMB86.2	SMB186.2	为 1 说明接收超时而终止接收
SMB86.3	SMB186.3	默认为 0
SMB86.4	SMB186.4	默认为 0
SMB86.5	SMB186.5	为 1 说明是正常收到结束字符
SMB86.6	SMB186.6	为 1 说明输入参数错误或者缺少起始和终止条件而结束接收
SMB86.7	SMB186.7	为 1 说明用户通过禁止命令结束接收

表 7.3　SMB87 和 SMB187 含义

对于 Port0 口	对于 Port1 口	控制字节各位的含义
SMB87.0	SMB187.0	0
SMB87.1	SMB187.0	为 1 表示使用中断条件,为 0 表示不使用中断条件
SMB87.2	SMB187.0	为 1 表示使用 SMB92 或者 SMB192 时间段结束接收 为 0 表示不使用 SMB92 或者 SMB192 时间段结束接收
SMB87.3	SMB187.0	为 1 表示定时器是消息定时器,为 0 表示定时器是内部字符定时器
SMB87.4	SMB187.0	为 1 表示使用 SMB90 或者 SMB190 检查空闲状态 为 0 表示不使用 SMB90 或者 SMB190 检测空闲状态
SMB87.5	SMB187.0	为 1 表示使用 SMB89 或者 SMB189 终止符检测终止信息 为 0 表示不使用 SMB89 或者 SMB189 终止符检测终止信息
SMB87.6	SMB187.0	为 1 表示使用 SMB88 或者 SMB188 起始符检测起始信息 为 0 表示不使用 SMB88 或者 SMB188 起始符检测起始信息
SMB87.7	SMB187.0	为 0 表示禁止接收,为 1 表示允许接收

与自由口通信相关的其他重要特殊控制字/字节见表 7.4。

表 7.4　其他重要特殊控制字/字节

对于 Port0 口	对于 Port1 口	控制字节或者控制字的含义
SMB88	SMB188	消息字符的开始
SMB89	SMB189	消息字符的结束
SMB90	SMB190	空闲线时间段,按毫秒设定。空闲时间用完后接收的第一个字符是新消息的开始
SMB92	SMB192	中间字符/消息定时器溢出值,按毫秒设定。如果超出这个时间段,则终止接收消息
SMB94	SMB194	要接收的最大字符数(1~255 字节)。此范围必须设置为期望的最大缓冲区大小,即是否使用字符计数消息终端

RCV 指令缓冲区格式见表 7.5。

表 7.5 **RCV 指令缓冲区格式**

序号	字节编号	内容
1	T+0	接收字节的个数
2	T+1	数据字符(如果有)
3	T+2	数据字节
4		数据字节
...	...	...
256	T+255	结束字符(如果有)

7.2.3 自由口通信的应用实例

以下以两台 S7-200 SMART CPU 之间的自由口通信为例介绍 S7-200 SMART 系列 PLC 之间的自由口通信的编程实施方法。

1) 控制要求　有两台设备,控制器都是 CPU ST40,两者之间为自由口通信,要求实现设备 1 对设备 1 和 2 的电动机,同时进行启停控制,请设计方案,编写程序。

2) 硬件配置　装有 STEP 7-Micro/WIN SMART V2.0 编程软件的计算机 1 台;2 台 CPU ST40;1 根 PROFIBUS 网络电缆(含 2 个网络总线连接器);1 根以太网线。

3) 硬件连接和接线　自由口通信硬件配置如图 7.9 所示。两台 CPU 的接线如图 7.10 所示。

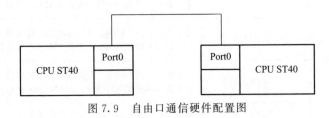

图 7.9　自由口通信硬件配置图

图 7.10　两台 CPU 接线图

4) 设备 1 的程序设计　设备 1 的主程序,如图 7.11 所示;设备 1 的中断程序 0,如图 7.12 所示;设备 1 的中断程序 1,如图 7.13 所示。

5) 设备 2 的程序设计　设备 2 的主程序,如图 7.14 所示;设备 2 的中断程序 0,如图 7.15 所示。

程序段1

1. 首次扫描时，初始化自由端口，选择8个数据位，选择无校验；
2. 字符长度为1个字节；
3. I0.0上升沿时为中断0；
4. I0.1上升沿时为中断1；
5. 允许中断。

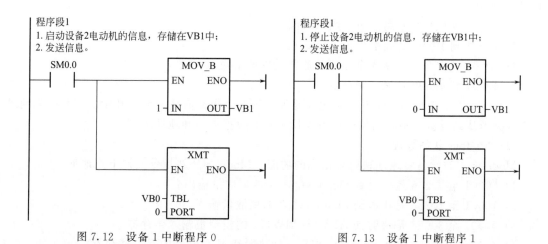

图 7.11　设备 1 主程序

程序段1

1. 启动设备2电动机的信息，存储在VB1中；
2. 发送信息。

图 7.12　设备 1 中断程序 0

程序段1

1. 停止设备2电动机的信息，存储在VB1中；
2. 发送信息。

图 7.13　设备 1 中断程序 1

程序段1
1. 首次扫描时，初始化自由端口，选择8个数据位，选择无校验；
2. 定义自由口通信时，接收字符中断；
3. 允许中断。

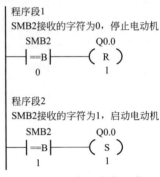

图 7.14　设备 2 主程序　　　　　　图 7.15　设备 2 中断程序 0

7.3　Modbus RTU 通信

Modbus 通信协议在工业控制中应用广泛，如变频器、自动化仪表和 PLC 等工控产品都采用了此协议。Modbus 通信协议已成为一种通用的工业标准。

Modbus 通信协议是一个主-从协议，采用请求-响应方式，主站发出带有从站地址的请求信息，具有该地址的从站接收后，发出响应信息作为应答。主站只有一个，从站可以有 1～247 个。

7.3.1　Modbus 寻找

Modbus 的地址通常有 5 个字符值，其中包含数据类型和偏移量。第一个字符决定数据类型，后四个字符选择数据类型内的正确数值。

（1）Modbus 主站寻址

Modbus 主站指令将地址映射至正确功能，以发送到从站设备。Modbus 主站指令支持下列 Modbus 地址。

1）00001 到 09999 是离散量输出（线圈）。

2）10001 到 19999 是离散量输入（触点）。

3）30001 到 39999 是输入寄存器（通常是模拟量输入）。

4）40001 到 49999 是保持寄存器。

所有 Modbus 地址均从 1 开始，也就是说，第一个数据值从地址 1 开始。实际有效地址范围取决于从站设备。不同的从站设备支持不同的数据类型和地址范围。

（2）Modbus 从站寻址

Modbus 主站设备将地址映射至正确的功能。Modbus 从站指令支持下列地址。

1）00001 至 00256 是映射到 Q0.0～Q31.7 的离散量输出。

2）10001 至 10256 是映射到 I0.0～I31.7 的离散量输入。

3）30001 至 30056 是映射到 AIW0～AIW110 的模拟量输入寄存器。

4）40001 至 49999 和 400001 至 465535 是映射到 V 存储器的保持寄存器。

7.3.2 主站指令与从站指令

（1）主站指令

主站指令有 MBUS＿CTRL 指令和 MBUS＿MSG 指令 2 条。

1）MBUS＿CTRL 指令 MBUS＿CTRL 指令用于 S7-200 SMART PLC 端口 0 初始化，监视或禁用 Modbus 通信。在使用 MBUS＿MSG 指令前，必须先正确执行 MBUS＿CTRL 指令。MBUS＿CTRL 的指令格式，如图 7.16 所示。

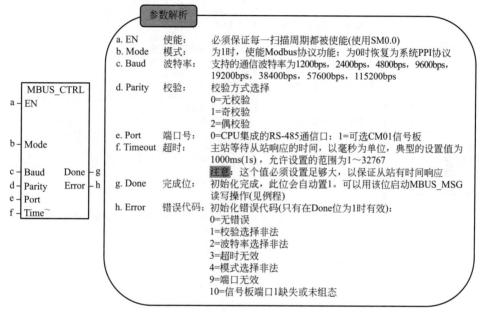

图 7.16 MBUS＿CTRL 指令格式

2）MBUS＿MSG 指令 MBUS＿MSG 指令用于启动对 Modbus 从站的请求，并处理应答。MBUS＿MSG 指令格式，如图 7.17 所示。

（2）从站指令

从站指令有 MBUS＿INIT 指令和 MBUS＿SLAVE 指令 2 条。

1）MBUS＿INIT 指令 MBUS＿INIT 指令用于启动、初始化或禁止 Modbus 通信。在使用 MBUS＿SLAVE 指令之前，必须正确执行 MBUS＿INIT 指令格式，如图 7.18 所示。

2）MBUS＿SLAVE 指令 MBUS＿SLAVE 指令用于响应 Modbus 主设备发出的请求服务，并且必须在每次扫描时执行，以便允许该指令检查和回答 Modbus 请求。MBUS＿SLAVE 指令格式，如图 7.19 所示。

7.3.3 应用案例

（1）控制要求

1）主站读取从站 DI 通道 I0.0 开始的 16 位的值。

2）主站向从站前 5 个保持寄存器写入数据。

（2）硬件配置

装有 STEP 7-Micro/WIN SMART V2.0 编程软件的计算机 1 台；1 台 CPU ST30；1 台

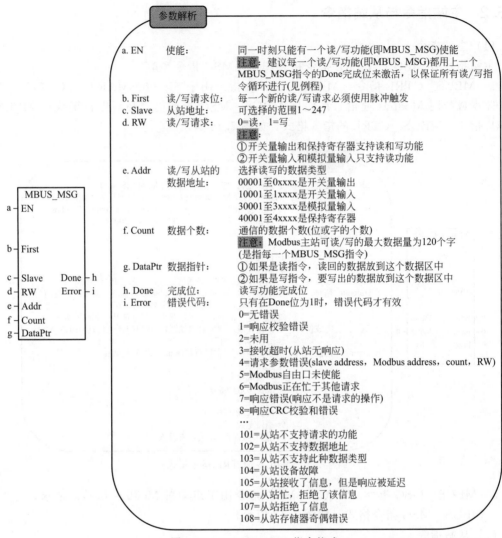

图 7.17 MBUS _ MSG 指令格式

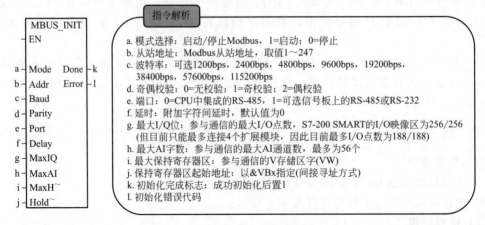

图 7.18 MBUS _ INIT 指令格式

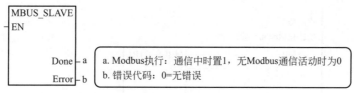

图 7.19　MBUS_SLAVE 指令格式

CPU ST20；3 根以太网线；1 台交换机；RS-485 简易通信线 1 根（两边都是 DB9 插件，分别连接 3、8 端）。

（3）硬件连接

两台 S7-200 SMART 的硬件连接如图 7.20 所示。

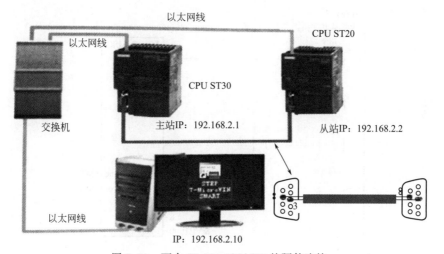

图 7.20　两台 S7-200 SMART 的硬件连接

（4）主站编程

Modbus 通信主站程序如图 7.21 所示。

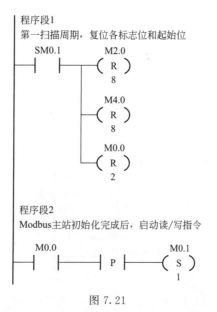

图 7.21

程序段3

初始化Modbus主站通信

```
       SM0.0                    ┌─────────────┐
       ──┤ ├──────────────────┤EN  MBUS_CTRL │
                               │             │
       SM0.0                   │             │
       ──┤ ├──────────────────┤Mode         │
                               │             │
                  9600 ───────┤Baud    Done ├─── M0.0
                     0 ───────┤Parity Error ├─── MB1
                     0 ───────┤Port         │
                  1000 ───────┤Time~        │
                               └─────────────┘
```

程序段4

读取从站保持寄存器的数据

```
        M0.1                            ┌─────────────┐
       ──┤ ├──────┬─────────────────────┤EN  MBUS_MSG │
                  │                      │             │
        M2.3      │                      │             │
       ──┤ ├──────┘                      │             │
                                         │             │
        M0.1                             │             │
       ──┤ ├───────┤P├──────┐           │First        │
                            │           │             │
        M2.3                │        3 ─┤Slave   Done ├─── M2.1
       ──┤ ├───────┤P├──────┘        0 ─┤RW     Error ├─── MB3
                              40001 ───┤Addr         │
                                  8 ───┤Count        │
                            &VB1000 ───┤DataPtr      │
                                         └─────────────┘
```

程序段5

读取从站保持寄存器的数据完成，复位请求

```
        M2.1              M2.3
       ──┤ ├──────────────( R )
                            1
                          M0.1
                      ────( R )
                            1
```

程序段6

读取从站输入点

```
        M2.1                            ┌─────────────┐
       ──┤ ├──────────────────────────┤EN  MBUS_MSG │
                                         │             │
        M2.1                            │             │
       ──┤ ├───────┤P├──────────────────┤First        │
                                         │             │
                                  3 ───┤Slave   Done ├─── M2.2
                                  0 ───┤RW     Error ├─── MB4
                              10001 ───┤Addr         │
                                  8 ───┤Count        │
                            &VB2000 ───┤DataPtr      │
                                         └─────────────┘
```

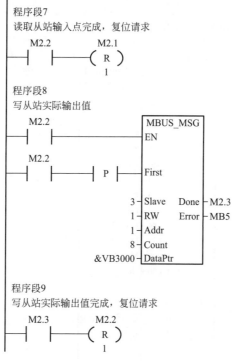

图 7.21　Modbus 通信主站程序

注意：主站符号表中的注释如图 7.22 所示。Modbus 主站指令库查找方法和库存储器分配，如图 7.23 所示。

	符号 ▲	地址	注释
1	MBUS_CTRL_Done	M0.0	Modbus主站初始化完成位
2	MBUS_CTRL_Error	MB1	Modbus主站初始化错误代码
3	Read_Inputs_Done	M2.2	读取从站输入点完成位
4	Read_Register_Done	M2.1	读保存寄存器完成位
5	Start_MBUS_MSG	M0.1	初始化完成，启动读/写功能
6	Write_Output_Done	M2.3	写从站实际输出值完成位

图 7.22　主站符号表中的注释

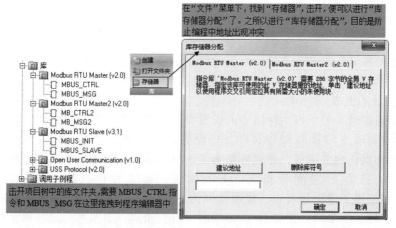

图 7.23　Modbus 主站指令库查找方法和库存储器分配

(5) 从站编程

Modbus 通信从站程序如图 7.24 所示。

图 7.24　Modbus 通信从站程序

7.4　S7-200 SMART PLC 以太网通信

7.4.1　S7-200 SMART CPU 模块以太网连接的设备类型

　　S7-200 SMART CPU 模块具有以太网端口（俗称 RJ45 网线接口），可以与编程计算机、HMI（又称触摸屏、人机界面等）和另一台 S7-200 SMART CPU 模块连接，也可以通过交换机与以上多台设备连接，以太网连接电缆通常使用普通的网线。S7-200 SMART CPU 模块以太网连接的设备类型如图 7.25 所示。

7.4.2　IP 地址的设备

　　以太网中的各设备要进行通信，必须为每个设备设置不同的 IP 地址，IP 是英文 Internet Protocol 的缩写，意思是"网络之间互联协议"。

　　(1) IP 地址的组成

　　在以太网通信时，处于以太网络中的设备都要有不同的 IP 地址，这样才能找到通信的对象。图 7.26 所示是 S7-200 SMART CPU 模块的 IP 地址设置项，以太网 IP 地址由 IP 地址、子网掩码和默认网关组成，站名称是为了区分各通信设备而取的名称，可不填。

　　IP 地址由 32 位二进制数组成，分为四组，每组 8 位（数值范围为 00000000～11111111），各组用十进制数表示（数值范围为 0～255），前三组组成网络地址，后一组为主机地址（编号）。如果两台设备 IP 地址的前三组数相同，表示两台设备属于同一子网，同一子网内的设备主机地址不能相同，否则会产生冲突。

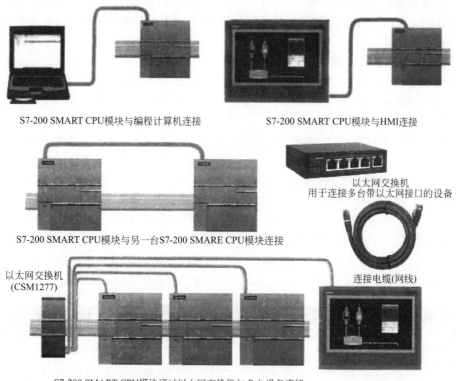

S7-200 SMART CPU模块与编程计算机连接　　　　S7-200 SMART CPU模块与HMI连接

以太网交换机
用于连接多台带以太网接口的设备

S7-200 SMART CPU模块与另一台S7-200 SMARE CPU模块连接

以太网交换机
(CSM1277)

连接电缆(网线)

S7-200 SMART CPU模块通过以太网交换机与多台设备连接

图 7.25　S7-200 SMART CPU 模块以太网连接的设备类型

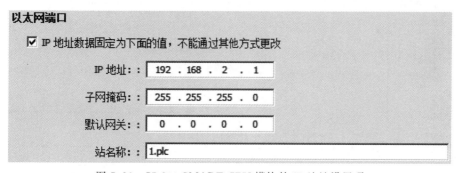

图 7.26　S7-200 SMART CPU 模块的 IP 地址设置项

　　子网掩码与 IP 地址一样，也由 32 位二进制数组成，分为四组，每组 8 位，各组用十进制数表示。子网掩码用于检查以太网内的各通信设备是否属于同一子网。在检查时，将子网掩码 32 位的各位与 IP 地址的各位进行相与运算（$1 \cdot 1 = 1$，$1 \cdot 0 = 0$，$0 \cdot 1 = 0$，$0 \cdot 0 = 0$），如果某两台设备的 IP 地址（如 192.168.1.6 和 192.168.1.28）分别与子网掩码（255.255.255.0）进行相与运算，得到的结果相同（均为 192.168.1.0），则表示这两台设备属于同一子网。

　　网关（Gateway）又称网间连接器、协议转换器，是一种具有转换功能、能将不同网络连接起来的计算机系统或设备（如路由器）。同一子网（IP 地址前三组数相同）的两台设备可以直接用网线连接进行以太网通信，同一子网的两台以上设备通信需要用到以太网交换机，不需要用到网关；如果两台或两台以上设备的 IP 地址不属于同一子网，其通信就需要用到网关（路由器）。网关可以将一个子网内的某设备发送的数据包转换后发送到其他子网内的某设备内，反之同样也能进行。如果通信设备处于同一子网内，则不需要用到网关，故可不用设备网关地址。

（2）CPU 模块 IP 地址的设置

S7-200 SMART CPU 模块 IP 地址设置有三种方法：a. 用编程软件的"通信"对话框设置 IP 地址；b. 用编程软件的"系统块"对话框设置 IP 地址；c. 在程序中使用 SIP_ADDR 指令设置 IP 地址。

1）用编程软件的"通信"对话框设置 IP 地址　在 STEP 7-Micro/WIN SMART 软件中，双击项目指令树区域的"通信"，弹出"通信"对话框，如图 7.27 所示；在对话框中先选择计算机与 CPU 模块连接的网卡型号，再单击下方的"查找"按钮，计算机与 CPU 模块连接成功后，在"找到 CPU"下方会出现 CPU 模块的 IP 地址，如图 7.28 所示。如果要修改 CPU 模块的 IP 地址，可先在左边选中 CPU 模块的 IP 地址，然后单击右边或下方的"编辑"按钮，右边 IP 地址设置项变为可编辑状态，同时"编辑"按钮变成"设置"按钮，输入新的 IP 地址后，单击"设置"按钮，左边的 CPU 模块 IP 地址换成新的 IP 地址，如图 7.29 所示。

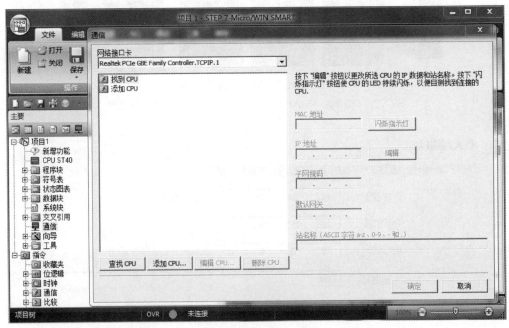

图 7.27 "通信"对话框

注意：如果在系统块中设置了固定 IP 地址（又称静态 IP 地址），并下载到 CPU 模块，则在"通信"对话框中是不能修改 IP 地址的。

2）用编程软件的"系统块"对话框设置 IP 地址　在 STEP 7-Micro/WIN SMART 软件中，双击项目指令树区域的"系统块"，弹出"系统块"对话框，如图 7.30 所示；在对话框中勾选"IP 地址数据固定为下面的值，不能通过其它方式更改"，然后在下面对 IP 地址各项进行设置，如图 7.31 所示；然后单击"确定"按钮关闭对话框，再将系统块下载到 CPU 模块，这样就给 CPU 模块设置了静态 IP 地址。设置了静态 IP 地址后，在"通信"对话框中是不能修改 IP 地址的。

3）在程序中使用 SIP_ADDR 指令设置 IP 地址　S7-200 SMART PLC 有 SIP_ADDR

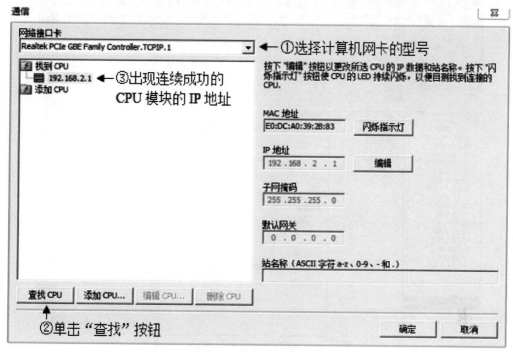

图 7.28　查找与计算机连接的 CPU 模块

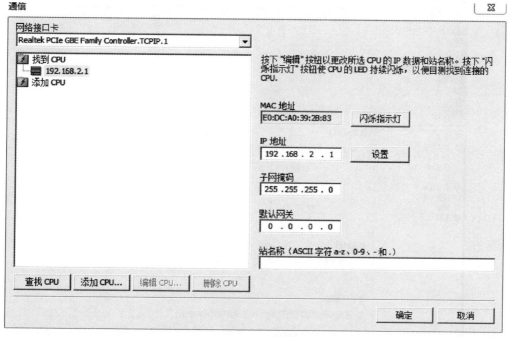

图 7.29　修改 CPU 模块的 IP 地址

指令和 GIP_ADDR 指令,如图 7.32 所示。使用 SIP_ADDR 指令可以设置 IP 地址(如果已在系统块中设置固定 IP 地址,则用本指令无法设置 IP 地址),而 GIP_ADDR 指令用于获取 IP 地址,两指令的使用在后面会有介绍。

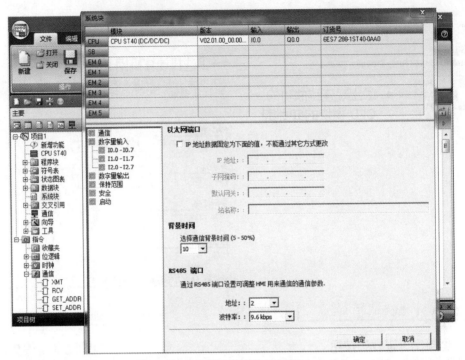

图 7.30 "系统块"对话框

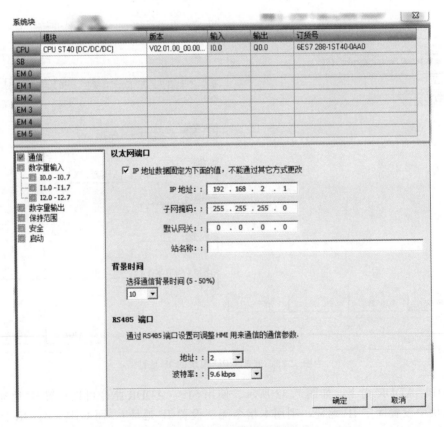

图 7.31 设置 CPU 模块的 IP 地址

图 7.32　SIP＿ADDR 指令和 GIP＿ADDR 指令

7.4.3　以太网通信指令

S7-200 SMART PLC 的以太网通信专用指令有 4 条：SIP＿ADDR 指令（用于设置 IP 地址）、GIP＿ADDR 指令（用于获取 IP 地址）、GET 指令（用于从远程设备读取数据）和 PUT 指令（用于往远程设备写入数据）。

（1）SIP＿ADDR、GIP＿ADDR 指令

SIP＿ADDR 指令用于设置 CPU 模块的 IP 地址，GIP＿ADDR 指令用于获取 CPU 模块的 IP 地址。SIP＿ADDR、GIP＿ADDR 指令说明如表 7.6 所示。

表 7.6　SIP＿ADDR、GIP＿ADDR 指令说明

指令名称	梯形图及操作数
设置 IP 地址指令 （SIP_ADDR）	SIP_ADDR EN　ENO ???? ADDR ???? MASK ???? GATE ADDR、MASK、GATE 均为双字类型，可为 ID、QD、VD、MD、SMD、SD、LD、AC、*VD、*LD、*AC
获取 IP 地址指令（GIP_ADDR）	GIP_ADDR EN　ENO ADDR ???? MASK ???? GATE ???? ADDR、MASK、GATE 均为双字类型，可为 ID、QD、VD、MD、SMD、SD、LD、AC、*VD、*LD、*AC

（2）GET、PUT 指令

GET 指令用于通过以太网通信方式从远程设备读取数据，PUT 指令用于通过以太网通信方式往远程设备写入数据。

1）指令说明　GET、PUT 指令说明如表 7.7 所示。

表 7.7　GET、PUT 指令说明

指令名称	梯形图	功能说明	操作数
以太网读取数据指令（GET）	GET EN　ENO ????－TABLE	按"????"为首单元构成的 TABLE 表的定义，通过以太网通信方式从远程设备读取数据	TABLE 均为字节类型，可为 IB、QB、VB、MB、SMB、SB、*VD、*LD、*AC
以太网写入数据指令（PUT）	PUT EN　ENO ????－TABLE	按"????"为首单元构成的 TABLE 表的定义，通过以太网通信方式将数据写入远程设备	

在程序中使用的 GET 和 PUT 指令数量不受限制，但在同一时间内最多只能激活共 16 个 GET 或 PUT 指令。例如，在某 CPU 模块中可以同时激活 8 个 GET 和 8 个 PUT 指令，或者 6 个 GET 和 10 个 PUT 指令。

当执行 GET 或 PUT 指令时，CPU 与 GET 或 PUT 表中的远程 IP 地址建立以太网连接。该 CPU 可同时保持最多 8 个连接。连接建立后，该连接将一直保持到 CPU 进入 STOP 模式为止。

针对所有同一 IP 地址直接相连的 GET/PUT 指令，CPU 采用单一连接。例如，远程 IP 地址为 192.168.2.10，如果同时启用 3 个 GET 指令，则会在一个 IP 地址为 192.168.2.10 的以太网连接上按顺序执行这些 GET 指令。

如果尝试创建第 9 个连接（第 9 个 IP 地址），CPU 将在所有连接中搜索，查找处于未激活状态时间最长的一个连接。CPU 将断开该连接，然后与新的 IP 地址创建连接。

2）TABLE 表说明　在使用 GET、PUT 指令进行以太网通信时，需要先设置 TABLE 表，然后执行 GET 或 PUT 指令，CPU 模块按 TABLE 表的定义，从远程站读取数据或往远程站写入数据。

GET、PUT 指令的 TABLE 表说明见表 7.8。以 GET 指令将 TABLE 表指定为 VB100 为例，VB100 用于存放通信状态或错误代码，VB101～VB104 按顺序存放远程站 IP 地址的四组数，VB105、VB106 为保留字节，须设为 0，VB107～VB110 用于存放远程站待读取数据区的起始字节单元地址，VB111 存放远程站待读取字节的数量，VB112～VB115 用于存放接收远程站数据的本地数据存储区的起始单元地址。在使用 GET、PUT 指令进行以太网通信时，如果通信出现问题，可以查看 TABLE 表首字节单元中的错误代码，以了解通信出错的原因。TABLE 表的错误代码含义见表 7.9。

表 7.8　GET、PUT 指令的 TABLE 表说明

字节偏移量	位 7	位 6	位 5	位 4	位 3	位 2	位 1	位 0
0	D(完成)	A(激活)	E(错误)	0	错误代码			
1							IP地址的第一组数	
2			远程站 IP 地址				⋮	
3							IP地址的第四组数	
4								

续表

字节偏移量	位 7	位 6	位 5	位 4	位 3	位 2	位 1	位 0
5	保留＝0(必须设置为零)							
6	保留＝0(必须设置为零)							
7	远程站待访问数据区的起始单元地址 (I、Q、M、V、DB)							
8								
9								
10								
11	数据长度(远程站待访问的字节数量,PUT 为 1~211 个字节,GET 为 1~222 个字节)							
12	本地站待访问数据区的起始单元地址 (I、Q、M、V、DB)							
13								
14								
15								

表 7.9　TABLE 表的错误代码含义

错误代码	含　义
0(0000)	无错误
1	PUT/GET 表中存在非法参数: ①本地区域不包括 I、Q、M 或 V ②本地区域的大小不足以提供请求的数据长度 ③对于 GET,数据长度为零或大于 222 字节;对于 PUT,数据长度大于 2123 字节 ④远程区域不包括 I、Q、M 或 V ⑤远程 IP 地址是非法的(0.0.0.0) ⑥远程 IP 地址为广播地址或组播地址 ⑦远程 IP 地址与本地 IP 地址相同 ⑧远程 IP 地址位于不同的子网
2	当前处于活动状态的 PUT/GET 指令过多(仅允许 16 个)
3	无可用连接。当前所有连接都在处理未完成的请求
4	从远程 CPU 返回的错误: ①请求或发送的数据多 ②STOP 模式下不允许对 Q 存储器执行写入操作 ③存储区处于写保护状态
5	与远程 CPU 之间无可用连接: ①远程 CPU 无可用的服务器连接 ②与远程 CPU 之间的连接丢失(CPU 断电、物理断开)
6-9、A-F	未使用(保留以供将来使用)

第8章

PID控制应用及案例设计

8.1　PID 控制设计

8.1.1　PID 控制简介

8.1.1.1　PID 控制简介

S7-200 SMART 能够进行 PID 控制。S7-200 SMART CPU 最多可以支持 8 个 PID 控制回路（8 个 PID 指令功能块）。PID 是闭环控制系统的比例-积分-微分控制算法。PID 控制器根据设定值（给定）与被控对象的实际值（反馈）的差值，按照 PID 算法计算出控制器的输出量，控制执行机构去影响被控对象的变化。PID 控制是负反馈闭环控制，能够抑制系统闭环内的各种因素所引起的扰动，使反馈跟随给定变化。根据具体项目的控制要求，在实际应用中有可能用到其中的一部分，比如常用的是 PI（比例-积分）控制，这时没有微分控制部分。

8.1.1.2　闭环控制系统

(1) 模拟量闭环控制系统的构成

PID 是比例、积分、微分的缩写，典型的 PID 模拟量闭环控制系统如图 8.1 所示，$SP(t)$ 是设定值，$PV(t)$ 为过程变量（反馈量），误差 $e(t) = SP(t) - PV(t)$，$c(t)$ 为系统的输出量，PID 控制器的输入/输出关系式为：

$$M(t) = K_C \left(e + \frac{1}{T_I} \int_0^t e \, dt + T_D \, de/dt \right) + M_0 \tag{8.1}$$

即控制器的输出＝比例项＋积分项＋微分项＋输出的初始值。

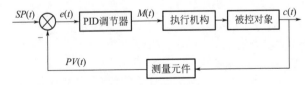

图 8.1　PID 模拟量闭环控制系统方框图

式中　$M(t)$ ——控制器的输出；

$\quad\quad\quad M_0$ ——回路输出的初始值；

$\quad\quad\quad K_C$ ——PID 回路的增益；

$\quad\quad\quad T_I$ ——积分时间常数；

$\quad\quad\quad T_D$ ——微分时间常数。

在 P、I、D 这三种控制作用中，比例部分与误差信号在时间上是一致的，只要误差一出现，比例部分就能及时地产生与误差成正比例的调节作用，具有调节及时的特点。比例系数 K_C 越大，比例调节作用越强，系统的稳态精度越高。但是对于大多数系统，K_C 过大会使系统的输出量振荡加剧，稳定性降低。

（2）闭环控制的工作原理

闭环负反馈控制可以使过程变量 PV_n 等于或跟随设定值 SP_n。以炉温控制系统为例，假设被控量温度值 $c(t)$ 低于给定的温度值，过程变量 PV_n 小于设定值 SP_n，误差 e_n 为正，控制器的输出值 $M(t)$ 将增大，使执行机构（电动调节阀）的开度增大，进入加热炉的天然气流量增加，加热炉的温度升高，最终使实际温度接近或等于设定值。天然气压力的波动、常温的工件进入加热炉，这些因素称为扰动，它们会破坏炉温的稳定，有的扰动量很难检测和补偿。闭环控制具有自动减小和消除误差的功能，可以有效地抑制闭环中各种扰动量对被控量的影响，使过程变量 PV_n 趋近于设定值 SP_n。闭环控制系统的结构简单，容易实现自动控制，因此在各个领域得到了广泛的应用。

（3）变送器的选择

变送器用来将电量或非电量转换为标准量程的电流或电压，然后送给模拟量输入模块。变送器分为电流输出型变送器和电压输出型变送器。电压输出型变送器具有恒压源的性质，PLC 的模拟量输入模块的电压输入端的输入阻抗很高，例如电压输入时模拟量输入模块 EM AE04 的输入阻抗大于等于 9MΩ。如果变送器距离 PLC 较远，微小的干扰信号电流在模块的输入阻抗上将产生较高的干扰电压。例如 $2\mu A$ 干扰电流在 9MΩ 输入阻抗上将会产生 18V 的干扰电压信号，所以远程传送的模拟量电压信号的抗干扰能力很差。

电流输出型变送器具有恒流源的性质，恒流源的内阻很大。PLC 的模拟量输入模块的输入为电流时，输入阻抗较低，例如电流输入时，EM AE04 的输入阻抗为 250Ω。线路上的干扰信号在模块的输入阻抗上产生的干扰电压很低，所以模拟量电流信号适用于远程传送。电流信号的传送距离比电压信号的传送距离远得多，使用屏蔽电缆信号线时可达 100m。

电流输出型变送器分为二线制和四线制两种，四线制变送器有两根电源线和两根信号线。二线制变送器只有两根外部接线，它们既是电源线，也是信号线，输出 4～20mA 的信号电流，直流电源串接在回路中，有的二线制变送器通过隔离式安全栅供电。通过调试，在被检测信号量程的下限时输出电流为 4mA，被检测信号满量程时输出电流为 20mA。二线制变送器的接线少，信号可以远传，在工业中得到了广泛的应用。

（4）闭环控制反馈极性的确定

闭环控制必须保证系统是负反馈（误差＝设定值－过程变量），而不是正反馈（误差＝设定值＋过程变量）。如果系统接成了正反馈，将会失控，被控量会向单一方向增大或减小。

闭环控制系统的反馈极性与很多因素有关，例如因为接线改变了变送器输出电流或输出电压的极性，或改变了绝对式位置传感器的安装方向，都会改变反馈的极性。可以用下述的方法来判断反馈的极性：在调试时断开模拟量输出模块与执行机构之间的连线，在开环状态下运行 PID 控制程序。如果控制器中有积分环节，因为反馈被断开了，不能消除误差，模拟量输出模块的输出电压或电流会向一个方向变化。这时如果接上执行机构，能减小误差，则为负反馈，反之为正反馈。

以温度控制系统为例，假设开环运行时设定值大于过程变量，若模拟量输出模块的输出值 $M(t)$ 不断增大，如果形成闭环，将使电动调节阀的开度增大，闭环后温度测量值将会增大，使误差减小，由此可以判定系统是负反馈。

（5）闭环控制系统主要的性能指标

由于给定输入信号或扰动输入信号的变化，系统的输出量发生变化，在系统输出量达到

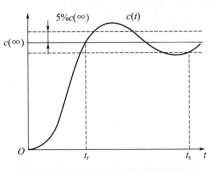

图 8.2　被控量的阶跃响应曲线

稳态值之前的过程称为过渡过程或动态过程。系统的动态过程的性能指标用阶跃响应的参数来描述，如图 8.2 所示。阶跃响应是指系统的输入信号阶跃变化（例如从 0 突变为某一恒定值）时系统的输出。被控量 $c(t)$ 从 0 上升，第一次到达稳态值 $c(\infty)$ 的时间称为上升时间 t_r。

一个系统要正常工作，阶跃响应曲线应该是收敛的，最终能趋近于某一个稳态值 $c(\infty)$。系统进入并停留在 $c(\infty)$ $\pm 5\%$（或 $\pm 2\%$）的误差带内的时间 t_s 称为调节时间，到达调节时间表示过渡过程已基本结束。

系统的相对稳定性可以用超调量来表示。设动态过程中输出量的最大值为 $c_{\max}(t)$，如果它大于输出量的稳态值 $c(\infty)$，定义超调量

$$\sigma\% = \frac{c_{\max}(t) - c(\infty)}{c(\infty)} \times 100\% \tag{8.2}$$

超调量越小，动态稳定性越好。一般希望超调量小于 10%。

通常用稳态误差来描述控制的准确性和控制精度，稳态误差是指响应进入稳态后，输出量的期望值与实际值之差。

（6）闭环控制带来的问题

闭环控制并不能保证得到良好的动静态性能，这主要是系统中的滞后因素造成的，闭环中的滞后因素主要来源于被控对象。以调节洗澡水的温度为例，我们用皮肤检测水的温度，人的大脑是闭环控制器。假设水温偏低，向热水增大的方向调节阀门后，因为从阀门到出水口有一段距离，需要经过一定的时间延迟，才能感觉到水温的变化。如果阀门开度调节量过大，将会造成水温忽高忽低，来回振荡。如果没有滞后，调节阀门后马上就能感觉到水温的变化，那就很好调节了。

若 PID 控制器的参数整定得不好，使 $M(t)$ 的变化幅度过大，调节过量，将会使超调量过大，系统甚至会不稳定，响应曲线出现等幅振荡或振幅越来越大的发散振荡。

PID 控制器的参数整定不好的另一个极端是阶跃响应曲线没有超调，但是响应过于迟缓，调节时间很长。

（7）PID 控制器的优点

PID 控制作为最早实用化的控制算法已有 60 多年的历史，是应用最广泛的工业控制算法，现在有 90% 以上的闭环控制采用 PID 控制器，被称为控制领域的常青树。PID 控制具有以下的优点。

1）不需要被控对象的数学模型　自动控制理论中的分析和设计方法主要是建立在被控对象的线性定常系统数学模型的基础上的。

2）结构简单，容易实现　PID 控制器的结构典型，程序设计简单，计算工作量较小，

各参数调整方便，容易实现多回路控制、串级控制等复杂的控制。

3）有较强的灵活性和适应性　根据被控对象的具体情况，可以采用 PID 控制器的多种变种和改进的控制方式（例如 PI、PD、PID、带死区的 PID 等，被控量微分 PID、积分分离 PID 和变速积分 PID 等），但比例控制一般是必不可少的。随着智能控制技术的发展，PID 控制与神经网络控制等现代控制方法结合，可以实现 PID 控制器的参数自整定，使 PID 控制器具有经久不衰的生命力。

4）使用方便　现在已有很多 PLC 厂家提供具有 PID 控制功能的产品（例如 PID 闭环控制模块、PID 控制指令和 PID 控制系统功能块等），它们使用起来简单方便，只需要设置一些参数即可。STEP 7-Micro/WIN 的 PID 指令向导使 PID 指令的应用更加简单方便。

8.1.1.3　PID 算法

PID 控制系统的输入/输出关系前面已经进行了叙述，但由于计算机是数字化工作模式，在处理连续函数时，需将之离散化。PID 输入/输出关系式的离散形式如下：

$$M_n = K_C e_n + K_I \sum_{i=1}^{n} e_i + K_D (e_n - e_{n-1}) + M_0 \tag{8.3}$$

式中　M_n——在第 n 采样时刻 PID 回路输出的计算值；

　　　K_C——PID 控制回路增益；

　　　e_n——在第 n 采样时刻的偏差值；

　　e_{n-1}——在第 $n-1$ 采样时刻的偏差值（在第 n 采样时刻的偏差前值）；

　　　K_I——积分项的系数；

　　　K_D——微分项的系数；

　　　M_0——PID 回路输出的初始值。

式(8.3) 中，积分项包括从第 1 个采样周期到当前采样周期的所有误差。计算中，没有必要保存所有采样周期的误差项，只需保存积分项前值 MX 即可，即

$$M_n = K_C e_n + K_I e_n + K_D (e_n - e_{n-1}) + MX = MP_n + MI_n + MD_n \tag{8.4}$$

式中　M_n——积分前项值；

　　MP_n——在第 n 采样时刻的比例项；

　　MI_n——在第 n 采样时刻的积分项；

　　MD_n——在第 n 采样时刻的微分项。

（1）比例项

比例项 MP_n 是增益 K_C 和偏差 e 的乘积，增益 K_C 决定输出对偏差的灵敏度。增益为正的回路为正作用回路，反之为反作用回路。选择正、反作用回路的目的是使系统处于负反馈控制。该项可以写为

$$MP_n = K_C e_n = K_C (SP_n - PV_n) \tag{8.5}$$

式中　SP_n——在第 n 采样时刻的设定值；

　　PV_n——在第 n 采样时刻的过程变量值。

（2）积分项

积分项 MI_n 与偏差的和成正比。该项可以写为

$$MI_n = K_I e_n + MX = \frac{K_C T_S}{T_I}(SP_n - VP_n) + MX \tag{8.6}$$

式中　T_S——采样时间；

　　　T_I——积分时间常数。

积分项前值 MX 是第 n 采样周期前所有积分项之和。在每次计算出 MI_n 之后都要用 MI_n 去更新 MX。第一次计算时，MX 的初值被设置为 M_0。采样时间 T_S 是重新计算输出的时间间隔，而积分时间常数 T_I 控制积分项在整个输出结果中影响的程序。

(3) 微分项

微分项 MD_n 与偏差的变化成正比，该项可以写为

$$MD_n = K_D(e_n - e_{n-1}) = \frac{K_C T_D}{T_S}[(SP_n - PV_n) - (SP_{n-1} - PV_{n-1})] \tag{8.7}$$

为了避免设定值变化的微分作用而引起的跳变，可使设定值不变（$SP_n = SP_{n-1}$），式(8.7) 可写为

$$MD_n = \frac{K_C T_D}{T_S}(PV_{n-1} - PV_n) \tag{8.8}$$

式中　　T_D——微分时间常数；

SP_{n-1}——第 $n-1$ 个采样时刻的设定值；

PV_{n-1}——第 $n-1$ 个采样时刻的过程变量值。

8.1.1.4　PID 算法在 S7-200 SMART 中的实现

PID 控制最初在模拟量控制系统中实现，随着离散控制理论的发展，PID 也在计算机化控制系统中实现。

为便于实现，S7-200 SMART 中的 PID 控制采用了迭代算法。计算机化的 PID 控制算法有几个关键的参数，即 K_C（Gain，增益）、T_I（积分时间常数）、T_D（微分时间常数）、T_S（采样时间）。

在 S7-200 SMART 中 PID 功能通过 PID 指令功能块实现。通过定时（按照采样时间）执行 PID 功能块，按照 PID 运算规律，根据当时的设定、反馈、比例-积分-微分数据，计算出控制量。

PID 功能块通过一个 PID 回路表交换数据，这个表是在 V 数据存储区中开辟的，长度为 36 个字节。因此每个 PID 功能块在调用时需要指定 PID 控制回路号和控制回路表的起始地址（以 VB 表示）两个要素。

由于 PID 可以控制温度、压力等许多对象，它们分别由工程量表示，因此有一种通用的数据表示方法才能被 PID 功能块识别。S7-200 SMART 中的 PID 功能使用占调节范围的百分比的方法抽象地表示被控对象的数值大小。在实际工程中，这个调节范围往往被认为与被控对象（反馈）的测量范围（量程）一致。

PID 功能块只接受 0.0～1.0 的实数（实际上就是百分比）作为反馈、给定与控制输出的有效数值，如果是直接使用 PID 功能块编程，必须保证数据在这个范围之内，否则会出错。其他如增益、采样时间、积分时间、微分时间都是实数。

因此，必须把外围实际的物理量与 PID 功能块需要的（或者输出的）数据进行转换。这就是输入/输出的转换与标准化处理。

S7-200 SMART 的编程软件 Micro/WIN SMART 提供了 PID 指令向导，以方便地完成这些转换与标准化处理。除此之外，PID 指令也同时会被自动调用。

8.1.1.5　PID 控制举例

炉温控制采用 PID 控制方式，炉温控制系统的示意图，如图 8.3 所示。在炉温控制系统中，热电偶为温度检测元件，其信号传至变送器转换为标准电压或电流信号，标准信号再送至 A/D 模块，经 A/D 转换后的数字量与 CPU 设定值比较，二者的差值进行 PID 运算，

将运算结果送给 D/A 模块，D/A 模块输出的相应的电压或电流信号对电动阀进行控制，从而实现了温度的闭环控制。

图中 $SV(n)$ 为设定值；$PV(n)$ 为过程变量，此过程变量经 A/D 已经转换为数字量了；$MV(t)$ 为控制输出量；令 $\Delta X = SV(n) - PV(n)$，如果 $\Delta X > 0$，表明过程变量小于设定值，则控制器输出量 $MV(t)$ 将增大，使电动阀开度变大，进入加热炉的天然气流量增大，进而炉温上升；如果 $\Delta X < 0$，表明过程量大于设定值，则控制器输出量 $MV(t)$ 将减小，使电动阀开度变小，进入加热炉的天然气流量变小，进而炉温降低；如果 $\Delta X = 0$，表明过程变量等于设定值，则控制器输出量 $MV(t)$ 不变，电动阀开度不变，进入加热炉的天然气流量不变，进而炉温不变。

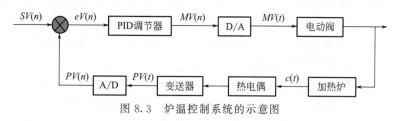

图 8.3　炉温控制系统的示意图

8.1.2　PID 指令

PID 指令格式，如图 8.4 所示。

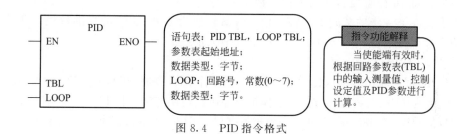

图 8.4　PID 指令格式

说明：

1）运行 PID 指令前，需要对 PID 控制回路参数进行设定，参数共 9 个，均为 32 位实数，共占 36 个字节，具体如表 8.1 所示。

2）程序中可使用 8 条 PID 指令，分别编号 0~7，不能重复使用。

3）使 ENO=0 的错误条件：0006（间接地址），SM1.1（溢出，参数表起始地址或指令中指定的 PID 回路指令号码操作数超出范围）。

表 8.1　PID 控制回路参数

地址(VD)	参数	数据格式	参数类型	说明
0	过程变量当前值 PV_n	实数	输入	取值范围：0.0~1.0
4	设定值 SP_n	实数	输入	取值范围：0.0~1.0
8	输出值 M_n	实数	输入/输出	范围：0.0~1.0
12	增益 K_C	实数	输入	比例常数，可为正数或负数
16	采样时间 T_S	实数	输入	单位为秒，必须为正数
20	积分时间 T_I	实数	输入	单位为分钟，必须为正数

地址（VD）	参数	数据格式	参数类型	说明
24	微分时间 T_D	实数	输入	单位为分钟，必须为正数
28	上次积分值 M_X	实数	输入/输出	范围：0.0~1.0
32	上次过程变量 PV_{n-1}	实数	输入/输出	最近一次 PID 运算值

8.1.3 PID 控制编程思路

1）PID 初始化参数设定。运行 PID 指令前，必须根据 PID 控制回路参数表对初始化参数进行设定，一般需要给增益（K_C）、采样时间（T_S）、积分时间（T_I）和微分时间（T_D）这 4 个参数赋以相应的数值，数值以满足控制要求为目的。特别是当不需要比例项时，将增益（K_C）设置为 0；当不需要积分项时，将积分参数（T_I）设置为无限大，即 9999.99；当不需要微分项时，将微分参数（T_D）设置为 0。

需要指出，能设置出合适的初始化参数，并不是一件简单的事，需要工程技术人员对控制系统极其熟悉。往往是多次调试，最后找到合适的初始化参数。第一次试运行参数时，一般将增益设置得小一点，积分时间不要太小，以保证不会出现较大的超调量。微分一般都设置为 0。

2）输入量的转换和标准化。每个回路的设定值和过程变量都是实际的工程量，其大小、范围和单位不尽相同，在进行 PID 之前，必须将其转换成标准格式。

第一步，将 16 位整数转换为工程实数。

第二步，在第一步的基础上，将工程实数值转换为 0.0~1.0 的标准数值；往往是第一步得到的实际工程数值（如 VD30 等）比上其最大量程。

3）编写 PID 指令。

4）将 PID 回路输出转换成比例的整数。程序执行后，要将 PID 回路输出 0.0~1.0 的标准化实数值转换为 16 位整数值，方能驱动模拟量输出。转换方法：将 PID 回路输出 0.0~1.0 的标准化实数值乘以 276480 或 55296.0；单极型乘以 27648.0，双极型乘以 55296.0。

8.2 温度 PID 控制程序的设计

上节介绍了 S7-200 SMART 的 PID 控制及其编程思路，在此介绍运用 PID 控制设计温度 PID 控制程序的实例。实验要求：使用 PLC 触摸屏进行温度的 PID 控制，并且使用的热电阻温度测量范围是 0~100℃，变送器电压为 0~10V。

8.2.1 触摸屏设计简介

（1）设计简介

实验选用的是威纶通 TK6070IQ 触摸屏，TK6070IQ 是继 TK6070IP 之后的量产型人机界面产品，它集成了 USB Host 接口，可外接 U 盘，上传、下载程序更加便捷，特别适用于装配调试大量机器设备，下载程序无须通过 USB 线缆连接电脑，直接通过 U 盘即可，大大提高电气调试效率。此外 USB Host 接口还可外接键盘、鼠标等 USB 装置，连接更加多样性，适用性更广。

（2）威纶通 TK6070IQ 下载步骤

1）在 U 盘中创建一个新的文件夹，例如 download。

2）直接点 PLC 学习机的触摸屏程序，或者打开 EBPRO 组态软件，打开光盘中的学习机程序，点→"工具"→"编译"，如图 8.5 所示。

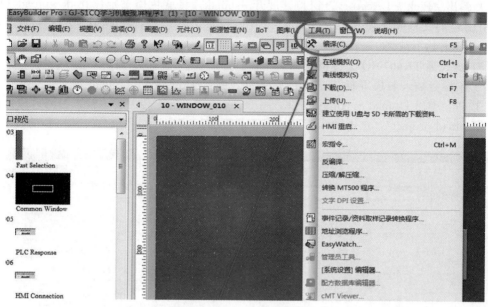

图 8.5　编译

3）点击"工具"下拉菜单→"建立使用 U 盘与 SD 卡所需的下载资料"，弹出"建立使用 U 盘与 SD 卡所需的下载资料"窗口，点击"浏览"按钮，找到 U 盘\download 文件夹，点击"确定"。

4）返回到"建立使用 U 盘与 SD 卡所需的下载资料"窗口，此时目录指向 H：\download，点击"建立"，当弹出"创建成功"窗口后，则下载资料已创建完毕，如图 8.6 所示。

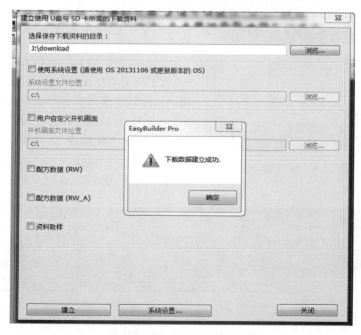

图 8.6　创建完毕

5）将 U 盘插入触摸屏插口，等待几秒后，弹出 Download/Upload 窗口，点击 "Download" 按钮，弹出密码输入窗口，输入初始密码 "111111"，点击 "OK"，如图 8.7 所示。

6）弹出 "Pick a Directory" 窗口，展开 usbdisk，将蓝色横条定位在 download（即在 U 盘中创建的文件夹）位置，且只能定位在该位置，不可选择 history 或 mt8000，点击 "OK" 按钮开始下载。

(3) 威纶通 TK6070IQ 上传步骤

1）将 U 盘插入触摸屏插口，等待几秒后，弹出 Download/Upload 窗口，点击 "Upload" 按钮，弹出 Upload Settings 窗口，用 Upload project 上传工程，输入密码 "111111"，选中 "Upload project"，点击 "OK"，如图 8.8 所示。

图 8.7　Download/Upload 窗口

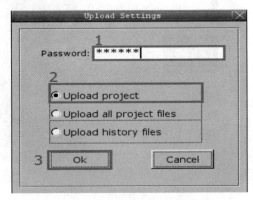

图 8.8　Upload Settings 窗口

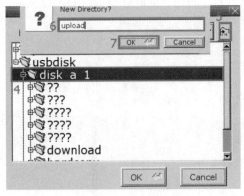

图 8.9　Pick a Director 窗口

2）弹出 "Pick a Directory" 窗口，展开 usbdisk，选中 usbdisk 的下级目录 disk_a_1，点选右上角 "＋" 号，弹出 New Directory 窗口，输入文件夹名，例如 "upload"，点击 "OK"，如图 8.9 所示。

3）将横条定位在 upload（上一步建立的文件夹），点击 "OK" 按钮开始上传。

4）将 U 盘插到电脑插口上，找到 mt8000\001 文件夹，对里面的 mt8000 文件增加 "xob" 后缀名，使其变成 mt8000.xob，如图 8.10 所示。

5）打开 EB8000 组态软件，点击 "工具" 下拉菜单→ "反编译"，弹出 "反编译" 窗口，点击 "浏览"，选择 U 盘\upload\mt8000\001 目录下的 mt8000.xob，点击 "打开"，回到反

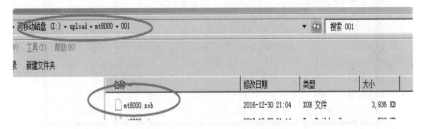

图 8.10　mt8000\001 文件夹

编译窗口，点击"反编译"按钮，如图 8.11 所示。

图 8.11 反编译窗口

6）如果反编译成功，在 U 盘中的 U 盘＼upload＼mt8000＼001 目录里会生成一个 mt8000.mtp 文件，用 EB8000 组态软件打开即可。

8.2.2 温度 PID 控制程序实例

（1）控制要求

① 编程温度显示的程序，并进行模拟量数值与温度值的转换计算，使触摸屏上能显示正确的物体温度值。

② 在触摸屏上能启动和停止电加热。

③ 编程进行对温度的 PID 控制。并可以在触摸屏上设定温度和 P、I、D 值。

④ 在触摸屏上面显示温度实际值与温度设定值的实时记录曲线图表。

（2）I/O 端口分配

PLC 地址	符号	PLC 地址	符号
AIW16	模拟量输入	VD354	温度实际值
VD314	温度设定值	VD1312	比例
VD1320	积分	VD1324	微分
M0.3	启动/停止	Q0.6	加热信号输出
VD400	温度实际值曲线	VD404	温度设定值曲线

（3）实验步骤

1）设计梯形图并利用 STEP 7-Micro/Win SMART 编程软件编辑程序并下载到 PLC 中。

2）设计触摸屏画面并利用 Easy Builder pro 触摸屏软件编辑程序并下载到触摸屏中。

3）接好线路，调试程序。

（4）实验仪器和设备

温度 PID 控制程序设计需要：计算机、STEP 7-Micro/Win SMART 编程软件、Easy Builder pro 触摸屏软件、西门子 S7-200 SMART PLC、TK6070 触摸屏、电加热块、热电阻、变送器、开关电源、下载线等。

（5）程序设计

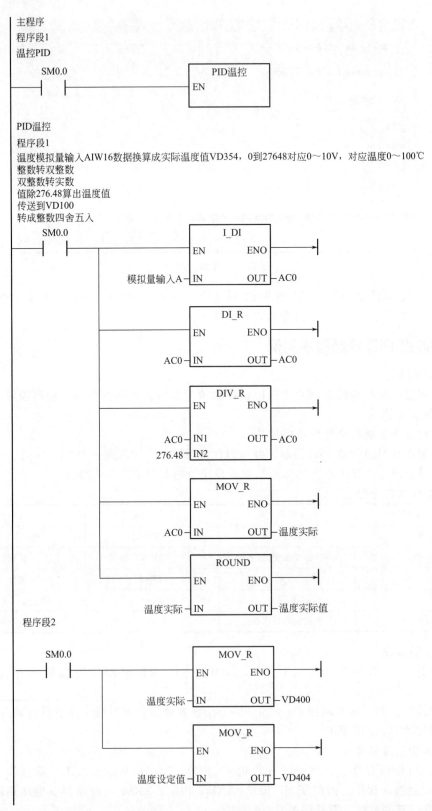

主程序

程序段1

温控PID

```
    SM0.0                          ┌──────────────┐
 ───┤ ├──────────────────────────┤   PID温控    │
                                   │ EN           │
                                   └──────────────┘
```

PID温控

程序段1

温度模拟量输入AIW16数据换算成实际温度值VD354，0到27648对应0～10V，对应温度0～100℃

整数转双整数

双整数转实数

值除276.48算出温度值

传送到VD100

转成整数四舍五入

```
    SM0.0                          ┌──────────────┐
 ───┤ ├────────────┬───────────────┤    I_DI      ├──────────┤
                   │               │ EN       ENO │
                   │               │              │
                   │    模拟量输入A─┤ IN       OUT ├─AC0
                   │               └──────────────┘
                   │               ┌──────────────┐
                   ├───────────────┤    DI_R       ├──────────┤
                   │               │ EN       ENO │
                   │               │              │
                   │          AC0─┤ IN       OUT ├─AC0
                   │               └──────────────┘
                   │               ┌──────────────┐
                   ├───────────────┤    DIV_R      ├──────────┤
                   │               │ EN       ENO │
                   │               │              │
                   │          AC0─┤ IN1      OUT ├─AC0
                   │        276.48─┤ IN2          │
                   │               └──────────────┘
                   │               ┌──────────────┐
                   ├───────────────┤    MOV_R      ├──────────┤
                   │               │ EN       ENO │
                   │               │              │
                   │          AC0─┤ IN       OUT ├─温度实际
                   │               └──────────────┘
                   │               ┌──────────────┐
                   └───────────────┤    ROUND      ├──────────┤
                                   │ EN       ENO │
                                   │              │
                        温度实际─┤ IN       OUT ├─温度实际值
                                   └──────────────┘
```

程序段2

```
    SM0.0                          ┌──────────────┐
 ───┤ ├────────────┬───────────────┤    MOV_R      ├──────────┤
                   │               │ EN       ENO │
                   │               │              │
                   │        温度实际─┤ IN       OUT ├─VD400
                   │               └──────────────┘
                   │               ┌──────────────┐
                   └───────────────┤    MOV_R      ├──────────┤
                                   │ EN       ENO │
                                   │              │
                      温度设定值─┤ IN       OUT ├─VD404
                                   └──────────────┘
```

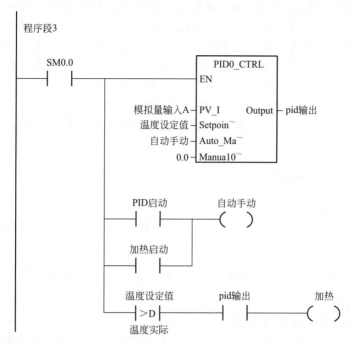

(6) 触摸屏画面

选用的威纶通 TK6070IQ 触摸屏与 PLC 连接完成后，进行温度 PID 闭环控制设计，其触摸屏画面显示的温度值实时记录曲线图表如图 8.12 所示。

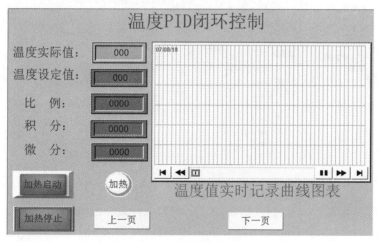

图 8.12　触摸屏画面

8.3　PID 向导及应用实例

STEP 7-Micro/WIN SMART 提供了 PID 指令向导，可以帮助用户方便地生成一个闭环控制过程的 PID 算法。此向导可以完成绝大多数 PID 运算的自动编程，用户只需在主程序中调用 PID 向导生成的子程序，就可以完成 PID 控制任务。用 PID 向导生成 PID 程序，PID 指令 "PID TBL，LOOP" 中的 TBL 是回路表的起始地址，LOOP 是回路的编号（0～7）。不同的 PID 指令应使用不同的回路编号。

编写 PID 控制程序时，首先要把数据类型为 INT 的过程变量 PV 转换为 0.00～1.00 的标准化的实数。PID 运算结束后，需要将回路输出（0.00～1.00 的标准化的实数）转换为送给模拟量输出模块的整数。为了让 PID 指令以稳定的采样周期工作，应在定时中断程序中调用 PID 指令。综上所述，如果直接使用 PID 指令，编程的工作量和难度都较大。使用 STEP 7-Micro/WIN SMART 的 PID 向导，只需要设置一些参数，就可以自动生成 PID 控制程序。用 PID 向导既可以生成模拟量输出 PID 控制算法，又可以支持开关量输出；既支持连续自动调节，又支持手动参与控制。建议用户使用此向导对 PID 编程，以避免不必要的错误。

8.3.1 PID 向导编程步骤

(1) 打开 PID 向导

方法 1：在 STEP 7-Micro/WIN SMART 编程软件的"工具"菜单中选择 PID 向导。

方法 2：打开 STEP 7-Micro/WIN SMART 编程软件，在项目树中打开"向导"文件夹，然后双击 PID。

(2) 定义需要配置的 PID 回路号

在图 8.13 中，选择要组态的回路，单击"下一个"，最多可组态 8 个回路。

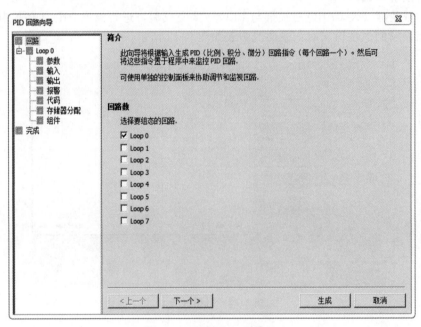

图 8.13　配置 PID 回路号

(3) 为回路组态命名

可为回路组态自定义名称。此部分的默认名称是"回路 x"，其中"x"等于回路编号，如图 8.14 所示。

(4) 设定 PID 回路参数

PID 回路参数设置，如图 8.15 所示。PID 回路参数设置分为 4 个部分，分别为增益设置、采样时间设置、积分时间设置和微分时间设置。注意这些参数的数值均为实数。

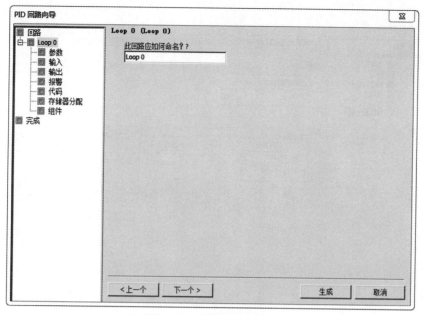

图 8.14 为回路组态命名

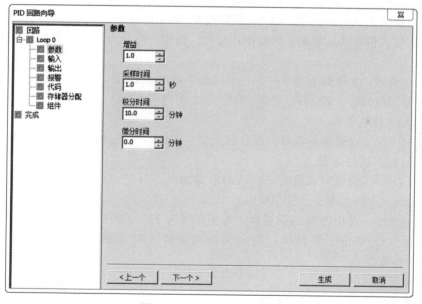

图 8.15 PID 回路参数设置

1）增益 即比例常数，默认值＝1.0。

2）积分时间 如果不想要积分作用，默认值＝10.0。

3）微分时间 如果不想要微分回路，可以把微分时间设为 0，默认值＝0.0。

4）采样时间 是 PID 控制回路对反馈采样和重新计算输出值的时间间隔，默认值＝1.0。在向导完成后，若想要修改此数，则必须返回向导中修改，不可以在程序中或状态表中修改。

（5）设定输入回路过程变量

设定输入回路过程变量，如图 8.16 所示。

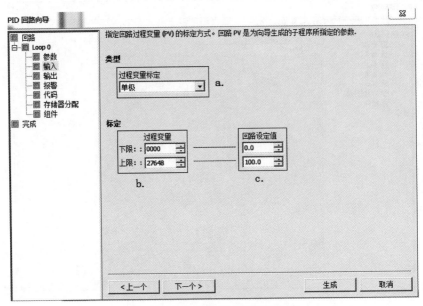

图 8.16　设定输入回路过程变量

1）指定回路过程变量（PV）如何标定　可以从以下选项中选择

单极性：即输入的信号为正，如 0～10V 或 0～20mA 等。

双极性：输入信号在从负到正的范围内变化。如输入信号为 -10～10V、-5～5V 等时选用。

选用 20% 偏移：如果输入为 4～20mA 则选单极性及此项，4mA 是 0～20mA 信号的 20%，所以选 20% 偏移，即 4mA 对应 5530，20mA 对应 27648。

2）反馈输入取值范围

在图 8.16 中，a 设置为单极时，默认值为 0～27648，对应输入量程范围为 0～10V 或 0～20mA 等，输入信号为正。

在图 8.16 中，a 设置为双极时，默认的取值为 -27648～27648，对应的输入范围根据量程不同可以是 -10～10V、-5～5V 等。

在图 8.16 中，a 选中 20% 偏移量时，取值范围为 5530～27648，不可改变。

在"定标"（Scaling）参数中，指定回路设定值（SP）如何定标，默认值是 0.0～100.0 的一个实数。

（6）设定回路输出选项

设定回路输出选项，如图 8.17 所示。

1）输出类型　可以选择模拟量输出或数字量输出。模拟量输出用来控制一些需要模拟量给定的设备，如比例阀、变频器等；数字量输出实际上是控制输出点的通、断状态按照一定的占空比变化，可以控制固态继电器等。

2）选择模拟量则需设定回路输出变量值的范围，可以选择

① 单极　单极性输出，可为 0～10V 或 0～20mA 等。

② 双极　双极性输出，可为 -10～10V 或 -5～5V 等。

③ 单极 20% 偏移量　如果选中 20% 偏移，输出为 4～20mA。

3）取值范围

① 为单极时，默认值为 0～27648。

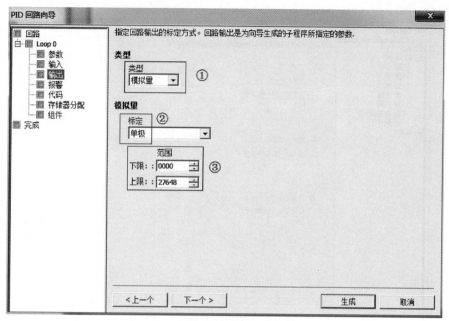

图 8.17　设定回路输出选项

② 为双极时，取值 $-27648 \sim 27648$。

③ 为 20％偏移量时，取值 $5530 \sim 27648$，不可改变。

如果选择了开关量输出，需要设定此循环周期，如图 8.18 所示。

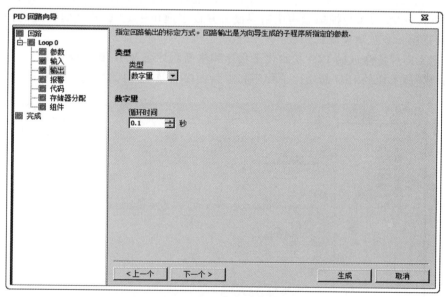

图 8.18　开关量循环周期设置

(7) 设定回路报警选项

设定回路报警选项，如图 8.19 所示。

向导提供了三个输出来反映过程变量（PV）的低值报警、高值报警及过程变量模拟量模块错误状态。当报警条件满足时，输出置位为 1。这些功能在选中了相应的选择框之后起作用。

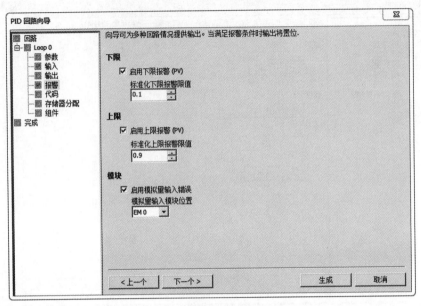

图 8.19　设定回路报警选项

使能低值报警并设定过程变量（PV）报警的低值，此值为过程变量的百分数，默认值为 0.10，即报警的低值为过程变量的 10%。此值最低可设为 0.01，即满量程的 1%。

使能高值报警并设定过程变量（PV）报警的高值，此值为过程变量的百分数，默认值为 0.90，即报警的高值为过程变量的 90%。此值最高可设为 1.00，即满量程的 100%。

使能过程变量（PV）模拟量模块错误报警并设定模块于 CPU 连接时所处的模块位置。"EM0" 就是第一个扩展模块的位置。

(8) 定义向导所生成的 PID 初始化子程序和中断程序名及手/自动模式

定义向导所生成的 PID 初始化子程序和中断程序名及手/自动模式，如图 8.20 所示。

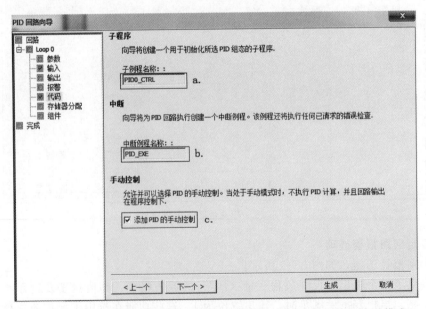

图 8.20　定义向导所生成的 PID 初始化子程序和中断程序名及手/自动模式

a 处指定 PID 初始化子程序的名字。

b 处指定 PID 中断子程序的名字。

c 处可以选择添加 PID 手动控制模式。在 PID 手动控制模式下，回路输出由手动输出设定控制，此时需要写入手动控制输出参数 0.0～1.0 之间的一个实数，代表输出的 0～100％，而不是直接去改变输出值。

（9）指定 PID 运算数据存储区

指定 PID 运算数据存储区，如图 8.21 所示。

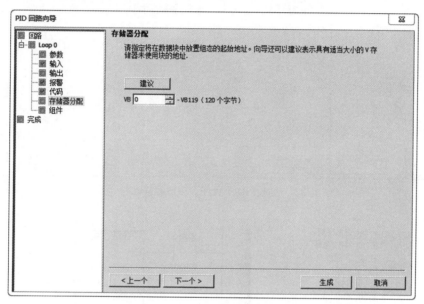

图 8.21　指定 PID 运算数据存储区

PID 指令使用了一个 120 个字节的 V 区参数表来进行控制回路的运算工作；除此之外，PID 向导生成的输入/输出量的标准化程序也需要运算数据存储区。需要为它们定义一个起始地址，要保证该地址起始的若干字节在程序的其他地方没有被重复使用。如果点击"建议"，则向导将自动设定当前程序中没有用过的 V 区地址。

（10）生成 PID 子程序、中断程序及符号表

生成 PID 子程序、中断程序及符号表，如图 8.22 所示。

一旦点击完成按钮，将在项目中生成上述 PID 子程序、中断程序及符号表等。

（11）配置完 PID 向导，需要在程序中调用向导生成的 PID 子程序

在用户程序中调用 PID 子程序时，可在指令树的程序块中用鼠标双击由向导生成的 PID 子程序，如图 8.23 所示。

1）必须用 SM0.0 来使能 PIDx＿CTRL 子程序，SM0.0 后不能串联任何其他条件，而且也不能有越过它的跳转；如果在子程序中调用 PIDx＿CTRL 子程序，则调用它的子程序也必须仅使用 SM0.0 调用，以保证它的正常运行。

2）此处输入过程变量（反馈）的模拟量输入地址。

3）此处输入设定值变量地址（VDxx），或者直接输入设定值常数，根据向导中设定的 0.0～100.0，此处应输入一个 0.0～100.0 的实数。例：若输入"20"，即为过程变量的 20％，假设过程变量 AIW0 是量程为 0～20 的温度值，则此处的设定值 20 代表 40℃（即 200℃的 20％）；如果在向导中设定给定范围为 0.0～100.0，则此处的 20 相当于 20℃。

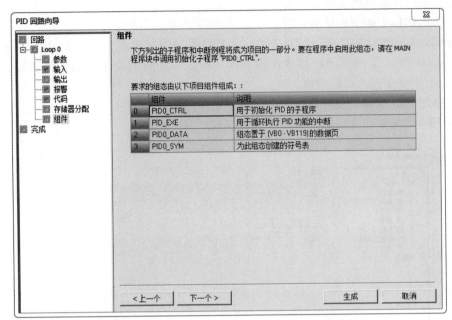

图 8.22 生成 PID 子程序、中断程序及符号表

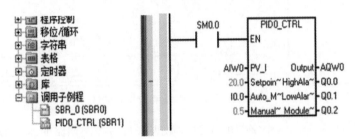

图 8.23 调用 PID 子程序

4）此处用 I0.0 控制 PID 的手/自动方式，当 I0.0 为 1 时，为自动，经过 PID 运算从 AQW0 输出；当 I0.0 为 0 时，PID 将停止计算，AQW0 输出为 Manual Output（VD4）中的设定值，此时不要另外编程或直接给 AQW0 赋值。若在向导中没有选择 PID 手动功能，则此项不会出现。

5）定义 PID 手动状态下的输出，从 AQW0 输出一个满值范围内对应此值的输出量。此处可输入手动设定值的变量地址（VDxx），或直接输入数。数值范围为 0.0～1.0 的一个实数，代表输出范围的百分比。例：如输入"0.5"，则设定为输出的 50%。若在向导中没有选择 PID 手动功能，则此项不会出现。

6）此处键入控制量的输出地址。

7）当高报警条件满足时，相应的输出置位为 1，若在向导中没有使能高报警功能，则此项将不会出现。

8）当低报警条件满足时，相应的输出置位为 1，若在向导中没有使能低报警功能，则此项将不会出现。

9）当模块出错时，相应的输出置位为 1，若在向导中没有使能模块错误报警功能，则此项将不会出现。

8.3.2　PID 向导应用案例——恒压控制

（1）控制要求

某实验需在恒压环境下进行，压力应维持在 50Pa。按下启动按钮轴流风机 M1、M2 同时全速运行，当室内压力达到 60Pa 时，轴流风机 M1 停止，改由轴流风机 M2 进行 PID 调节，将压力维持在 50Pa；若有人开门出入，系统压力会骤降，当压力低于 10Pa 时，两台轴流风机将会全速运转，直到压力再次达到 60Pa，轴流风机 M1 停止，又回到了改由轴流风机 M2 进行 PID 调节状态。

（2）程序设计

1）PID 向导生成　本例的 PID 向导编程请参考 8.3.1 节 PID 向导编程步骤，其中第 4 步设置回路参数增益改成 3.0，第 7 步设置回路报警全不勾选，第 8 步定义向导所生成的 PID 初始化子程序和中断程序名及手/自动模式中手动控制不勾选，第 9 步指定 PID 运算数据存储区 VB44，其余与 8.3.1 节 PID 向导编程步骤所给图片一致，故这里不再赘述。

2）程序结果　恒压控制程序结果，如图 8.24 所示。

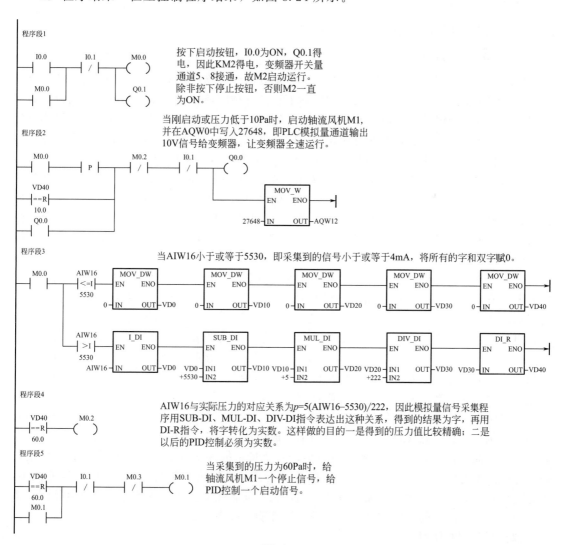

图 8.24

```
程序段6
  VD40      M0.3
  |==R|----( )
  10.0

程序段7
  SM0.0        PID0_CTRL
  | |---------|EN
              |
      AIW16--|PV_I  Output|--AQW12
      10.0---|Setpo~
      M0.1---|Auto_~
       1.0---|Manu~
```

图 8.24　恒压控制程序（PLC 向导）

8.4　PID 控制器的参数整定方法

8.4.1　PID 参数的物理意义

(1) 比例控制作用

控制器输出量中的比例、积分和微分部分都有明确的物理意义。PID 的控制原理可以用人对炉温的手动控制来理解。人工控制实际上也是一种闭环控制，操作人员用眼睛读取数字式仪表检测到的炉温的测量值，并与炉温的设定值比较，得到温度的误差值。用手操作电位器，调节加热的电流，使炉温保持在设定值附近。有经验的操作人员通过手动操作可以得到很好的控制效果。操作人员知道使炉温稳定在设定值时电位器的位置（将它称为位置 L），并根据当时的温度误差值调整电位器的转角。炉温小于设定值时，误差为正，在位置 L 的基础上顺时针增大电位器的转角，以增大加热的电流；炉温大于设定值时，误差为负，在位置 L 的基础上逆时针减小电位器的转角，以减小加热的电流。令调节后的电位器转角与位置 L 的差值和误差成正比，误差绝对值越大，调节的角度越大。上述控制策略就是比例控制，即 PID 控制器输出中的比例部分与误差成正比。

闭环中存在着各种各样的延迟作用。例如调节电位器转角后，到温度上升到新的转角对应的稳态值时有较大的延迟。加热炉的热惯性、温度的检测、模拟量转换为数字量和 PID 的周期性计算都有延迟。由于延迟因素的存在，调节电位器转角后不能马上看到调节的效果，因此闭环控制系统调节困难的主要原因是系统中的延迟作用。如果增益太小，即调节后电位器转角与位置 L 的差值太小，调节的力度不够，使温度的变化缓慢，调节时间过长。如果增益过大，即调节后电位器转角与位置 L 的差值过大，调节力度太强，造成调节过头，可能使温度忽高忽低，来回振荡，超调量过大。

如果闭环系统没有积分作用（即系统为自动控制理论中的 0 型系统），由理论分析可知，单纯的比例控制有稳态误差，稳态误差与增益成反比。图 8.25 和图 8.26 中的方波是比例控制的设定值曲线，图 8.25 中的系统增益小，超调量和振荡次数少，或者没有超调，但是稳态误差大。增益增大几倍后，启动时被控量的上升速度加快（见图 8.26），稳态误差减小，但是超调量增大，振荡次数增加，调节时间加长，动态性能变坏，增益过大甚至会使闭环系统不稳定。因此单纯的比例控制很难兼顾动态性能和静态性能。

(2) 积分控制作用

每次 PID 运算时，积分运算是在原来的积分值（矩形面积的累加值）的基础上，增加一个与当前的误差值成正比的微小部分（K_1e_n）。误差 e_n 为正时，积分项增大。误差为负时，积分项减小。

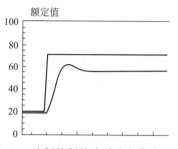
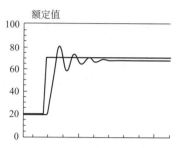

图 8.25　比例控制的阶跃响应曲线（一）　　图 8.26　比例控制的阶跃响应曲线（二）

　　在上述的温度控制系统中，积分控制相当于根据当时的误差值，每个采样时间都要微调一下电位器的角度。温度低于设定值时误差为正，积分项增大，使加热电流增加；反之积分项减小。因此只要误差不为零，控制器的输出就会因为积分作用而不断变化。积分这种微调的"大方向"是正确的，只要误差不为零，积分项就会向减小误差的方向变化。在误差很小的时候，比例部分和微分部分的作用几乎可以忽略不计，但是积分项仍然不断变化，用"水滴石穿"的力量，使误差趋近于零。

　　在系统处于稳定状态时，误差恒为零，比例部分和微分部分均为零，积分部分不再变化，并且刚好等于稳态时需要的控制器的输出值，对应于上述温度控制系统中电位器转角的位置 L。因此积分部分的作用是消除稳态误差，提高控制精度，积分作用一般是必需的。在纯比例控制的基础上增加积分控制，被控量最终等于设定值，稳态误差被消除。

　　积分虽然能消除稳态误差，但是如果参数整定得不好，积分也有负面作用。如果积分作用太强，相当于每次微调电位器的角度值过大，累积为积分项后，其作用与增益过大相同，会使系统的动态性能变差，超调量增大，甚至使系统不稳定。积分作用太弱，则消除误差的速度太慢。比例控制作用与误差同步，没有延迟。只要误差变化，比例部分就会跟着立即变化，使被控量朝着误差减小的方向变化。积分项则不同，它由当前误差值和过去的历次误差值累加而成。因此积分运算本身具有严重的滞后特性，对系统的稳定性不利。如果积分时间设置得不好，其负面作用很难通过积分作用本身迅速地修正。

　　具有滞后特性的积分作用很少单独使用，它一般与比例控制和微分控制联合使用，组成PI 或 PID 控制器。PI 和 PID 控制器既克服了单纯的比例调节有稳态误差的缺点，又避免了单纯的积分调节响应慢、动态性能不好的缺点，因此被广泛使用。如果控制器有积分作用（采用 PI 或 PID 控制），积分能消除阶跃输入的稳态误差，这时可以将增益调得小一些。

　　因为积分时间 T_I 在式(8.6)的积分项的分母中，T_I 越小，积分项变化的速度越快，积分作用越强。综上所述，积分作用太强（即 T_I 太小），系统的稳定性变差，超调量增大。积分作用太弱（即 T_I 太大），系统消除误差的速度太慢，T_I 的值应取得适中。

（3）微分控制作用

　　PID 输出的微分分量与误差的变化速率（即导数）成正比，误差变化越快，微分项的绝对值越大。微分项的符号反映了误差变化的方向。在图 8.27 的 A 点和 B 点之间、C 点和 D 点之间，误差不断减小，微分项为负；在 B 点和 C 点之间，误差不断增大，微分项为正。控制器输出量的微分部分反映了被控量变化的趋势。

　　有经验的操作人员在温度上升过快，但是尚未达到设定值时，根据温度变化的趋势，预感到温度将会超过设定值，出现超调。于是调节电位器的转角，提前减小加热的电流，以减小超调。这相当于士兵射击远方的移动目标时，考虑到子弹运动的时间，需要一定的提前量一样。

图 8.27 中的 A 点到 E 点是启动过程的上升阶段，被控量尚未超过其稳态值，超调还没有出现。但是因为被控量不断增大，误差 $e(t)$ 不断减小，控制器输出量的微分分量为负，使控制器的输出量减小，相当于减小了温度控制系统加热的功率，提前给出了制动作用，以阻止温度上升过快，所以可以减少超调量。因此微分控制具有超前和预测的特性，在温度尚未超过稳态值之前，根据被控量变化的趋势，微分作用就能提前采取措施，以减小超调量。在图 8.27 中的 E 点和 B 点之间，被控量继续增大，控制器输出量的微分分量仍然为负，继续起制动作用，以减小超调量。

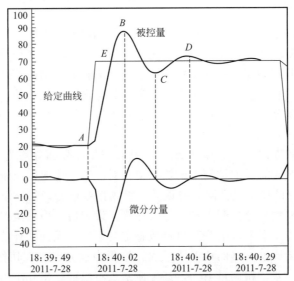

图 8.27 PID 控制器输出中的微分分量

闭环控制系统的振荡不稳定的根本原因在于有较大的滞后因素，微分控制的超前作用可以抵消滞后因素的影响。适当的微分控制作用可以使超调量减小，调节时间缩短，增加系统的稳定性。对于有较大惯性或滞后的被控对象，控制器输出量变化后，要经过较长的时间才能引起过程变量的变化。如果 PI 控制器的控制效果不理想，可以考虑在控制器中增加微分作用，以改善闭环系统的动态特性。

微分时间 T_D 与微分作用的强弱成正比，T_D 越大，微分作用越强。微分作用的本质是阻碍被控量的变化，如果微分作用太强（T_D 太大），将会使响应曲线变化迟缓，超调量反而可能增大。综上所述，微分控制作用的强度应适当，太弱则作用不大，过强则有负面作用。如果将微分时间设置为 0，微分部分将不起作用。

(4) 采样时间的确定

PID 控制程序是周期性执行的，执行的周期称为采样时间 T_S。采样时间越小，采样值越能反映模拟量的变化情况。但是 T_S 太小会增加 CPU 的运算工作量，所以也不宜将 T_S 取得过小。

确定采样时间时，应保证在被控量迅速变化的区段（例如启动过程的上升阶段），能有足够多的采样点。将各采样点的过程变量 PV_n 连接起来，应能基本上复现模拟量过程变量 $PV(t)$ 曲线，以保证不会因为采样点过稀而丢失被采集的模拟量中的重要信息。

表 8.2 给出了过程控制中采样时间的经验数据，表中的数据仅供参考。以温度控制为例，一个很小的恒温箱的热惯性比几十立方米的加热炉的热惯性小得多，它们的采样时间显然也应该有很大的差别。实际的采样时间需要经过现场调试后确定。

表 8.2　采样时间的经验数据

被控量	流量	压力	温度	液位	成分
采样时间/s	1～5	3～10	15～20	6～8	15～20

8.4.2　PID 参数的整定方法

STEP 7-Micro/WIN SMART 内置了一个 PID 整定控制面板，用于 PID 参数的调试，可以同时显示设定值 SP、过程变量 PV 和控制器输出 M 的波形。还可以用 PID 整定控制面板实现 PID 参数的手动整定或自动整定。

（1）PID 参数的整定方法

PID 控制器有 4 个主要的参数 T_S、K_C、T_I 和 T_D 需要整定，如果使用 PI 控制器，则有 3 个主要的参数需要整定。如果参数整定得不好，系统的动静态性能达不到要求，可能会导致系统不能稳定运行。可以根据控制器的参数与系统动静态性能之间的定性关系，用实验的方法来调节控制器的参数。在调试中最重要的问题是在系统性能不能令人满意时，知道应该调节哪一个参数，该参数应该增大还是减小。有经验的调试人员一般可以较快地得到较为满意的调试结果。可以按以下规则来整定 PID 控制器的参数。

1）为了减少需要整定的参数，可以首先采用 PI 控制器。给系统输入一个阶跃给定信号，观察过程变量 PV 的波形。由此可以获得系统性能的信息，例如超调量和调节时间。

2）如果阶跃响应的超调量太大，经过多次振荡才能进入稳态或者根本不稳定，应减小控制器的增益 K_C 或增大积分时间 T_I。如果阶跃响应没有超调量，但是被控量上升过于缓慢，过渡过程时间太长，应按相反的方向调整上述参数。

3）如果消除误差的速度较慢，应适当减小积分时间，增强积分作用。

4）反复调节增益和积分时间，如果超调量仍然较大，可以加入微分作用，即采用 PID 控制。微分时间 T_D 从 0 逐渐增大，反复调节 K_C、T_I 和 T_D，直到满足要求。需要注意的是在调节增益 K_C 时，同时会影响到积分分量和微分分量的值，而不是仅仅影响到比例分量。

5）如果响应曲线第一次到达稳态值的上升时间较长（上升缓慢），可以适当增大增益 K_C。如果因此使超调量增大，可以通过增大积分时间和调节微分时间来补偿。

总之，PID 参数的整定是一个综合的、各参数相互影响的过程，实际调试过程中进行多次尝试是非常重要的，也是必须的。

（2）PID 控制器初始参数值的确定

如果调试人员熟悉被控对象，或者有类似的控制系统的资料可供参考，PID 控制器的初始参数值比较容易确定。反之，控制器的初始参数值的确定相当困难，随意确定的初始参数值可能比最后调试好的参数值相差数十倍甚至数百倍。

为了保证系统的安全，避免在首次投入运行时出现系统不稳定或超调量过大的异常情况，在第一次试运行时设置尽量保守的参数，即增益不要太大，积分时间不要太小，以保证不会出现较大的超调量。此外还应制订被控量响应曲线上升过快、可能出现较大超调量的紧急处理预案，例如迅速关闭系统或马上切换到手动方式。试运行后根据响应曲线的特征和上述调整 PID 控制器参数的规则来修改控制器的参数值。

PLC

第 9 章

PLC应用与数字化虚拟工厂

9.1　数字化虚拟工厂概述

　　数字化虚拟工厂是以产品全生命周期的相关数据为基础，根据虚拟制造原理，在虚拟环境中，对整个生产过程进行仿真、优化和重组的新的生产组织方式。它是在设计建造阶段，建立全面、翔实的信息，包括材料、工艺、设备运行管理等全生命周期的信息档案数据库。利用 BIM（建筑信息模型）技术指导建筑物、构筑物及设备的科学使用和维护，为信息化、标准化管理提供数据基础平台，加上 CAD、ERP 等的应用，实现工厂控制系统内部数字化信息的有效传递，既链接了生产过程的各个环节，又与企业经营管理相互联系，进而把整个企业数字化的资金信息、物流信息、生产装置状态信息、生产效率信息、生产能力信息、市场信息、采购信息以及企业所必需的控制目标都实时、准确、全面、系统地提供给决策者和管理者，帮助企业决策者和管理者提高决策的实时性和准确性以及管理者的效率，从而实现管理和控制数字化、一体化的目标，如图 9.1 所示。

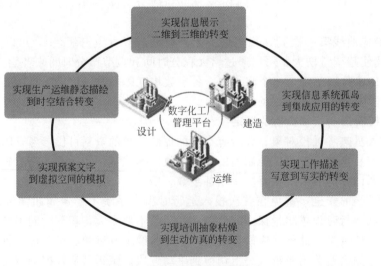

图 9.1　数字化工厂管理平台

　　作为数字化与智能化制造的关键技术之一，数字化虚拟工厂是现代工业化与信息化融合的应用体现，也是实现智能化制造的必经之路。数字化虚拟工厂借助于信息化和数字化技术，通过集成、仿真、分析、控制等手段，可为制造工厂的生产全过程提供全面管控的一种整体解决方案。

　　基于虚拟仿真技术的数字化虚拟工厂以产品全生命周期的相关数据为基础，采用虚拟仿真技术对制造环节从工厂规划、建设到运行等不同环节进行模拟、分析、评估、验证和优化，指导工厂的规划和现场改善，如图 9.2 所示；仿真技术可以处理利用数学模型无法处理的复杂系统，能够准确地描述现实情况，确定影响系统行为的关键因素，因此数字化虚拟工厂在现代制造企业中得到了广泛的应用：

　　1）加工仿真　如加工路径规划和验证、工艺规划分析、切削余量验证等。

　　2）装配仿真　如人因工程校核、装配节拍设计、空间干涉验证、装配过程运动学分析等。

　　3）物流仿真　如物流效率分析、物流设施容量、生产区物流路径规划等。

　　4）工厂布局仿真　如新建厂房规划、生产线规划、仓储物流设施规划和分析等。

图 9.2　基于虚拟仿真技术的数字化虚拟工厂

　　数字化虚拟工厂技术也已在航空航天、汽车、造船以及电子等行业得到了较为广泛的应用，特别是在复杂产品制造企业取得了良好的效益，据统计，采用数字化工厂技术后，企业能够减少 30% 产品上市时间，减少 65% 的设计修改，减少 40% 的生产工艺规划时间，提高 15% 生产产能，降低 13% 生产费用。通过基于仿真模型的"预言"，可以及早发现设计中的问题，减少建造过程中设计方案的更改。

9.2　数字化虚拟工厂的优势与差异性

　　数字化虚拟工厂利用其工厂布局、工艺规划和仿真优化等功能手段，改变了传统工业生产的理念，给现代化工业带来了新的技术革命，其优势作用较为明显。

　　1）预规划和灵活性生产　利用数字化工厂技术，整个企业在设计之初就可以对工厂布局、产品生产水平与能力等进行预规划，帮助企业进行评估与检验。同时，数字化工厂技术的应用使得工厂设计不再是各部门单一地流水作业，各部门成为一个紧密联系的有机整体，有助于工厂建设过程中的灵活协调与并行处理。此外，在工厂生产过程中能够最大程度地关联产业链上的各节点，增强生产、物流、管理过程中的灵活性和自动化水平。

2）缩短产品上市时间、提高产品竞争力　数字化工厂能够根据市场需求的变化，快速、方便地对新产品进行虚拟化仿真设计，加快了新产品设计成形的进度。同时，通过对新产品的生产工艺、生产过程进行模拟仿真与优化，保证了新产品生产过程的顺利性与产品质量的可靠性，加快了产品的上市时间，在企业间的竞争中占得先机。

3）节约资源、降低成本、提高资金效益　通过数字化工厂技术方便地进行产品的虚拟设计与验证，最大程度地降低了物理原型的生产与更改，从而有效地减少资源浪费、降低产品开发成本。同时，充分利用现有的数据资料（客户需求、生产原料、设备状况等）进行生产仿真与预测，对生产过程进行预先判断与决策，从而提高生产收益与资金使用效益。

4）提升产品质量水平　利用数字化虚拟工厂技术，能够对产品设计、产品原料、生产过程等进行严格把关与统筹安排，降低设计与生产制造之间的不确定性，从而提高产品数据的统一性，方便地进行质量规划，提升质量水平。

"数字化工厂"贯穿整个工艺设计、规划、验证直至车间生产工艺整个制造过程，在实施过程中需要注意系统集成方面的问题，"数字化工厂"不是一个独立的系统，规划时，需要与设计部门的 CAD/PDM 系统进行数据交换，并对设计产品进行可制造性验证（工艺评审）。同时，所有规划还需要考虑工厂资源情况。所以，"数字化工厂"与设计系统 CAD/PDM 和企业资源管理系统 ERP 必须集成。同时，"数字化工厂"还有必要把企业已有的规划"知识"（如加工时卡、焊接规范等）集成起来，整个集成的底部是 PLM 构架。

同时，类似于 PDM 系统和 ERP 系统，每个企业都有自己的流程和规范，考虑到很多人都在一个环境中协同工作（工艺工程师、设计工程师、零件和工具制造者、外包商、供应商以及生产工程师等），随时会创建大量的数据。所以，"数字化工厂"规划系统也存在客户化定制的要求，如操作界面、流程规范、输出等，主要是便于使用和存取等。

9.3　数字化虚拟工厂的关键技术

数字化工厂涉及的关键技术主要有：数字化建模技术、虚拟现实技术、优化仿真技术、应用生产技术，如图 9.3 所示。

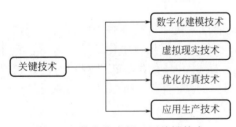

图 9.3　数字化虚拟工厂关键技术

1）数字化建模技术　数字化工厂是建立在数字化模型基础上的虚拟仿真系统，输入数字化工厂的各种制造资源、工艺数据、CAD 数据等要求建立离散化数学模型，才能在数字化工厂软件系统内进行各种数字仿真与分析。数字化模型的准确性关系到对实际系统真实反映的精度，对后续的产品设计、工艺设计以及生产过程的模拟仿真具有较大的影响。因此，数字化建模技术作为数字化工厂的技术基础，其作用十分关键。

2）虚拟现实技术　虚拟现实技术能够提供一种具有沉浸性、交互性和构想性的多维信息空间，方便实现人机交互，使用户能身临其境地感受开发的产品，具有很好的直观性，在数字化工厂中具有广泛的应用前景。虚拟技术的实现水平，很大程度上影响着数字化工厂系统的可操作性，同时也影响着用户对产品设计以及生产过程判断的正确性。

3）优化仿真技术　优化仿真技术是数字化工厂的价值所在，根据建立的数字化模型与仿真系统给出的仿真结果及其各种预测数据，分析虚拟生产过程中可能存在的各种问题和潜在的优化方案等，进而优化生产过程，提高生产的可靠性与产品质量，最终提高企业的效益。由此可见，优化仿真技术水平对最大限度地发挥企业效益、提升企业竞争力具有十分重要的作用，其优化技术的自动化、智能化水平尤为关键。

4）应用生产技术　数字化工厂通过建模仿真提供一整套较为完善的产品设计、工艺开发与生产流程，但是作为生产自动化的需要，数字化工厂系统要求能够提供各种可以直接应用于实际生产的设备控制程序以及各种生产需要的工序、报表文件等。各种友好、优良的应用接口，能够加快数字化设计向实际生产应用的转化进程。

9.4　FACTORY I/O 的应用

9.4.1　FACTORY I/O 简述

FACTORY I/O 是一款蕴含了工业系统搭建、PLC 编程、PLC 控制系统调试等技能训练的 PLC 交互式教学软件。它充当一个实时自动化沙盒，这种仿真包含尖端物理学和逼真的环境，具有自动化工业中高品质的图像和音效，可运用最常见的自动化控制技术，构建工业仿真系统，同时它使用一种创新技术，允许用户通过拖拽的方式简单快捷地创建 3D 工业系统。FACTORY I/O 构建的任何系统都可由外接技术、软件和硬件实时控制。对技术人员和工程师的培训来说，FACTORY I/O 在工业自动化、机电一体化、电气工程、机械工程、仪器仪表等专业和课程中具有较高的教学价值，FACTORY I/O 的应用如图 9.4 所示。

9.4.2　FACTORY I/O 的应用特点

1）超过 20 种预设的工业场景　FACTORY I/O 提供超过 20 个典型的工业应用场景让用户如身临其境般地练习控制任务。选择一种场景直接使用或以其作为一个新项目的开端。用户可以利用内嵌的可编辑的典型工业系统模板，也可以自由搭建并编辑工业系统。同时，

图 9.4　FACTORY I/O 的应用

该系统具有全方位 3D 视觉漫游，可随意放置监控摄像头，如图 9.5 所示。

图 9.5　工业场景

2）超过 80 个工业部件　系统包含一个完整且具有典型工业设备的部件库，用户可以启用任何一个预先构建的场景或者在一个空旷的场景中通过拖拽的方式选择部件库中所包括的传感器、传送带、按钮、开关等部件创建一个新的工业系统，同时具有数字量和模拟量不同 I/O 点配置，如图 9.6 所示。

图 9.6　工业部件

3）搭建自己的工业场景　FACTORY I/O 的智能编辑工具让用户以更简易、更逼真的方式来建造 3D 工业场景。利用超过 80 个工业部件创造自己的个性化训练场景，定制专属的 FACTORY I/O，如图 9.7 所示的工业场景搭建。

图 9.7　工业场景搭建

4）数字量和模拟量 I/O 点　大部分的部件都包含数字量和模拟量 I/O 点，如图 9.8 所示。例如用户可以使用一个数值来启动或停止传送机，或者使用模拟量来称量货物或控制液位。

图 9.8　I/O 点设置

5）I/O 驱动　FACTORY I/O 内部仿真工业系统的 I/O 点需要连接到不同的 I/O 驱动上，然后与一个自动化技术相连，其输出的数据（执行器）由 FACTORY I/O 读取，输入的数据（传感器）则传送给控制器，如图 9.9 所示。

图 9.9　I/O 驱动

6）故障排除　在传感器和执行器中通过简单地引入常规的常开和常闭故障来进行故障排除训练，如图 9.10 所示进行故障排除。

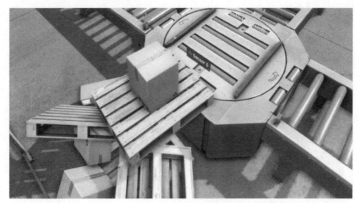

图 9.10　故障排除

7）训练测试模式　可以轻松将断路故障或短路故障引入传感器和执行器中，利用密码锁定若干选项，提高用户解决问题、完善系统及查找故障的能力。同时在系统搭建过程中，可轻松通过编辑模式与运行模式的切换，随时操控测试工业系统，甚至具有慢镜头功能，可将实际工业系统运行速度放慢十倍，如图 9.11 所示进行训练测试。

图 9.11　训练测试

9.4.3 PLC 与 FACTORY I/O 的应用实例

→ [**例 9-1**] FACTORY I/O 简单应用——两路合并

1) 实验目的　使用 FACTORY I/O 搭建简单的场景，能够在鼠标控制下运行场景，将 FACTORY I/O 与 PLC 进行连接，并且使用 PLC 程序控制场景运行。

2) 实验内容　使用 FACTORY I/O 自带的元件库搭建一个简单的场景，并与驱动连接，实现 PLC 对其运行的控制。

3) 实验设备　FACTORY I/O 仿真软件、PLC 及其配套设备、S7-200 SMART PLC 编程软件，如图 9.12 所示。

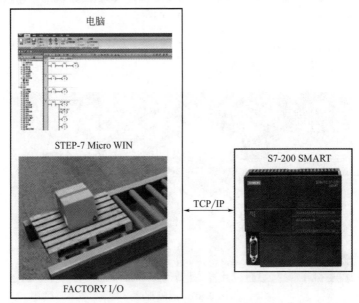

图 9.12　实验设备

4) 实验步骤　使用 FACTORY I/O 软件，创建所需场景，用 S7-200 PLC 编程并提出对所建场景的控制方案，列出 I/O 分配表；同时在 FACTORY I/O 中完成驱动设置及与 PLC 的连接，编制 PLC 程序来实现场景控制，并进行系统调试。

5) 程序编写

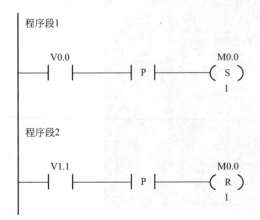

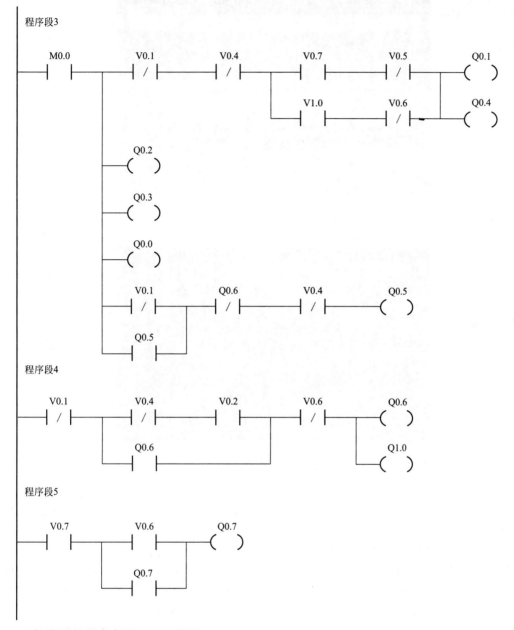

产线运行视角如图 9.13 所示

⟫[例 9-2] FACTORY I/O 系统任务——按重量分类计数系统

1）实验目的　了解被控对象与控制系统关系，进行逻辑流程任务综合训练，练习 PLC 在不同类型模拟量中的使用。

2）实验内容　如图 9.14 所示，灰色箭头处产生的不同重量的包裹经测重带，At scale 限位后，其重量被实时显示在数字显示屏上；当包裹到达限位 At scale exit 时，根据测重带测得的重量将包裹分为三档分流处理，每个方向经过的包裹个数实时记录显示在数字显示屏上，如果包裹在测重带上出现堆积，则前端传送带停止动作。

3）实验设备　FACTORY I/O 仿真软件、PLC 及其配套设备、S7-200 SMART PLC 编程软件。

图 9.13　产线运行视角

图 9.14　场景示意图

4）实验步骤

① 熟悉系统场景，了解每个元件、传感器、执行器的作用机理，手动实现对场景的控制，理清编程思路。

② 通过 PLC 编程，实现如下效果：a. 灰色箭头处产生的不同重量的包裹经测重带 At scale 限位后，其重量被实时显示在数字显示屏上。b. 当包裹到达限位 At scale exit 时，根据测重带测得的重量将包裹分为三档分流处理，每个方向经过的包裹个数实时记录显示在数字显示屏上。c. 如果包裹在测重带上出现堆积，则前端传送带停止动作。

5）注意事项　先分析任务，熟悉系统场景以及设备的工作原理，再开始编程；编写程序时可借助于流程图，来给出程序设计思路，分析所出现的问题。

6）程序编写

程序段1

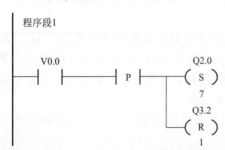

程序段2

```
      V0.2                    Q3.3
  ────┤├────────┤ P ├────────( )
                          │
                          │          MOV_R                    MOV_R
                          ├────────┤EN      ENO├──────────┤EN      ENO├──────►
                          │    0.0─┤IN      OUT├─VD100  VD100─┤IN      OUT├─VD0
                          │
                          │          MOV_DW                   MOV_DW
                          ├────────┤EN      ENO├──────────┤EN      ENO├──────►
                          │      0─┤IN      OUT├─VD108  VD108─┤IN      OUT├─VD4
                          │
                          │          MOV_DW                   MOV_DW
                          ├────────┤EN      ENO├──────────┤EN      ENO├──────►
                          │      0─┤IN      OUT├─VD116  VD116─┤IN      OUT├─VD8
                          │
                          │          MOV_DW                   MOV_DW
                          └────────┤EN      ENO├──────────┤EN      ENO├──────►
                                 0─┤IN      OUT├─VD122  VD122─┤IN      OUT├─VD12
```

程序段3

```
      V0.6                    M0.0
  ────┤├────────┤ P ├────────( S )
                               1
```

程序段4

```
      M0.0          MUL_R                        MOV_R
  ────┤├────────┤EN      ENO├──────────────┤EN      ENO├──────►
            VD140─┤IN1     OUT├─VD100    VD100─┤IN      OUT├─VD0
              1.0─┤IN2│
```

程序段5

```
      M0.0      VD140        VD140        Q3.0
  ────┤├────────┤>R├─────────┤<=R├────────( S )
              4.0          7.0             1
```

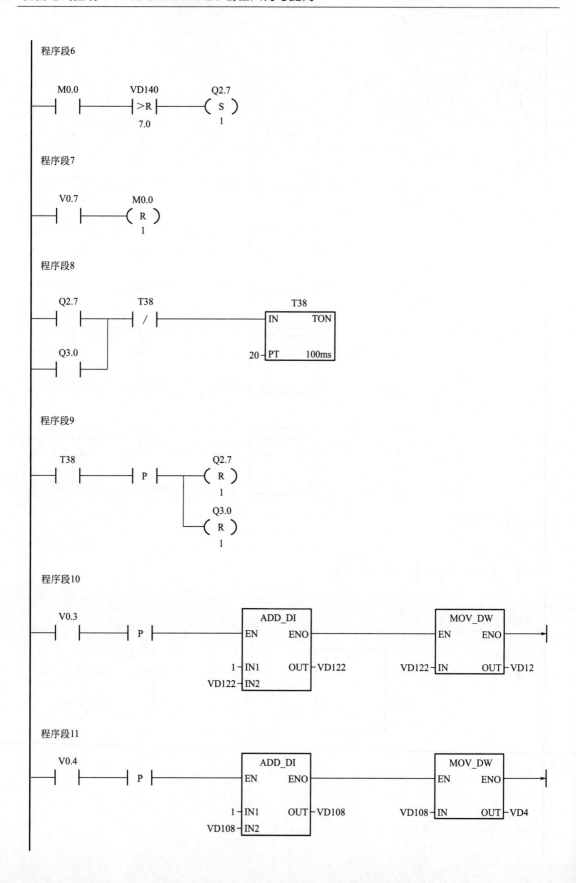

程序段6

程序段7

程序段8

程序段9

程序段10

程序段11

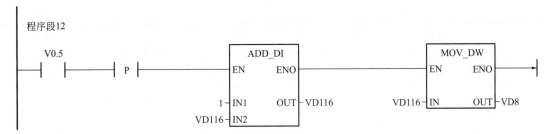

[**例 9-3**] FACTORY I/O 综合应用——生产流水线、立体仓库存储一体化

1）实验目的　了解被控对象与控制系统的关系，构建生产线、立体仓库，进行生产线的生产过程控制和立体仓库的存储功能实现，同时对工业系统整体调试。

2）实验内容　利用 FACTORY I/O 设计一个集生产加工和立体仓库存储于一体的流水线控制系统，完成从立体仓库取件的场景及程序设计，如图 9.15 所示。

图 9.15　场景示意图

3）实验步骤

① 熟悉系统场景，了解每个元件、执行器、传感器的作用，手动实现对场景的控制，理清编程思路。

② 编写 PLC 编程实现如下效果：a.在场景中按下"开始"按钮，生产模块工作，分别产生盖子和底座。b.经传送带输送于组装模块处进行组装。c.组装好的成品可通过次品筛查模块，组装不完整的成品无法通过该模块被筛出。d.组装产生的成品按照 6 个一箱的规格装箱。e.每装好一箱后送入立体仓库，放满为止。

4）注意事项　首先分析任务，熟悉系统场景以及设备的工作原理，再开始编程。分模块编程，最后对不同模块拼装实现全系统，编程时可借助于流程图；先实现基础功能，再进一步完善功能。

5）I/O 端口分配　I/O 端口分配如表 9.1 所示。

表 9.1　I/O 端口分配

	地址	V0.0	V0.3	V0.4	V0.5	V0.6
输入	说明	启动	左传感器 1	右传感器 1	左夹紧	右夹紧
	地址	V0.7	V1.0	V1.1	V1.2	V6.0
	说明	二轴 Z 方向移动检测	二轴 X 方向移动检测	左传感器 2	右传感器 2	三轴检测物体
	地址	V6.1	V6.5	V6.6	V8.1	V8.7
	说明	三轴前检测物体	三轴装夹物体数量	检测箱子位置	停止	检测箱子位置

地址	Q0.0～Q0.3	Q0.4	Q0.5	Q0.6	Q0.7
说明	二轴传送带	二轴 Z 方向移动	二轴吸取	二轴 X 方向移动	二轴左夹紧
地址	Q1.0	Q1.2～Q1.5	Q1.1	Q2.0	Q2.1
说明	二轴右夹紧	四个加工车间开始	二轴右抬升	次品筛选传送带	次品传送带
地址	Q2.2	Q2.3	Q3.0～Q3.1	Q4.0～Q4.3	Q6.0
说明	次品筛选摆臂上传送带	次品筛选摆臂动作	加工车间工作	运送传送带	运送传送带
地址	Q2.4～Q2.7	Q6.1	Q6.2	Q6.3	Q6.4
说明	加工车间前传送带	三轴夹紧	三轴 Y 正向	三轴 Y 反向	三轴 X 正向
地址	Q3.2～Q3.5	Q6.5	Q6.6	Q6.7	Q7.0
说明	加工车间后传送带	三轴 X 反向	三轴 Z 正向	三轴 Z 反向	三轴吸取
地址	Q7.1	Q7.4	Q8.0	Q8.1	Q8.2
说明	滚轴式运输机	滚轴挡板	叉车抬升	叉齿左移	叉齿右移
地址	Q8.3	Q8.4～Q8.5			
说明	装载运输机	滚轴式运输机			

(输出)

6) 程序编写

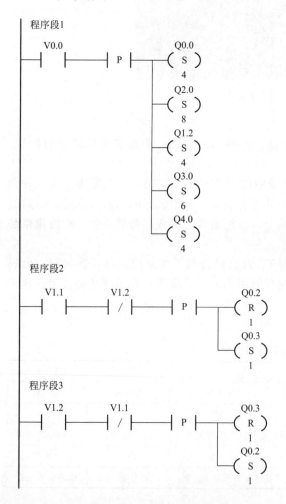

程序段4

```
     V1.1        V1.2                       Q0.2
   ─┤├──────────┤├──────────┤ P ├────────( S )
                                             2
```

程序段5

```
     V0.3                       M0.0
   ─┤├──────────┤ P ├────────( S )
                                1
```

程序段6

```
     M0.0                      T38
   ─┤├──────────────────┌──────────┐
                        │ IN    TON │
                        │           │
                  70 ──┤ PT   100ms │
                        └──────────┘
```

程序段7

```
     T38                        M0.0
   ─┤├──────────┤ P ├────────( R )
                                1
```

程序段8

```
     T38         Q0.7
   ─┤==I├───────( S )
     15           1
                 Q1.0
                ( S )
                  1
```

程序段9

```
     T38         Q0.4
   ─┤==I├───────( S )
     20           2
```

程序段10

```
     T38         Q0.4
   ─┤==I├───────( R )
     35           1
                 Q0.6
                ( S )
                  1
```

程序段11

```
     T38         Q0.4
   ─┤==I├───────( S )
     45           1
```

程序段12

```
    T38          Q0.5
 ──┤==I├────────( R )
    55            1
```

程序段13

```
    T38          Q0.7
 ──┤==I├────────( R )
    60            1
               Q1.0
              ──( R )
                 1
               Q1.1
              ──( S )
                 1
               Q0.4
              ──( R )
                 3
```

程序段14

```
    T38          Q1.1
 ──┤==I├────────( R )
    70            1
```

程序段15

```
   VD200        VD200                M0.1
 ──┤>=R├──────┤<=R├────┤P├────────( S )
    2.4         2.5                  1
                                   Q2.3
                                  ──( R )
                                     1
```

程序段16

```
   M0.1                    T39
 ──┤ ├────────────────┌──────────┐
                       │IN     TON│
                       │          │
                    50─┤PT   100ms│
                       └──────────┘
```

程序段17

```
   T39                        Q2.3
 ──┤ ├────┤P├────────────────( S )
                               1
                             M0.1
                            ──( R )
                               1
```

程序段18
放箱子

```
    SM0.0          Q7.2
  ──┤ ├──────┬──( S )
              │      1
              │    Q7.3
              └──( S )
                    1
```

程序段19
带1

```
    V6.0        V6.1         Q6.0
  ──┤ / ├─────┤ / ├──┬──( )
    V6.0        V6.1   │
  ──┤ ├───────┤ ├─────┤
    V6.0        V6.1   │
  ──┤ / ├─────┤ ├──────┘
```

程序段20
抓物体

```
    V6.0          Q6.1
  ──┤ ├──────────( )
```

程序段21
完成进行下一步，1个

```
    V6.0          M1.0
  ──┤ ├──────────( S )
                    1
```

程序段22

```
    T41           M1.0
  ──┤ ├──────────( R )
                    1
```

程序段23
一个循环的时间

```
    M1.0                 T41
  ──┤ ├──────────┌───────────────┐
                 │ IN        TON  │
                 │                │
            140 ─┤ PT      100ms  │
                 └───────────────┘
```

程序段24
Z–4

```
    T41         T41          Q6.7
  ──┤>=I├─────┤<=I├──┬──( )
     1           2     │
    T41         T41    │
  ──┤>=I├─────┤<=I├────┤
     5           6     │
    T41         T41    │
  ──┤>=I├─────┤<=I├────┘
    10          11
```

程序段25
吸

```
   T41              T41              Q7.0
 --|>=I|----------|<=I|------------( S )
   20               21               1
```

程序段26
Z+4

```
   T41              T41              Q6.6
 --|>=I|----------|<=I|------------(   )
   25               26
   T41              T41
 --|>=I|----------|<=I|--
   30               31
   T41              T41
 --|>=I|----------|<=I|--
   35               36
   T41              T41
 --|>=I|----------|<=I|--
   40               41
```

程序段27
X+8

```
   T41              T41              Q6.4
 --|>=I|----------|<=I|------------(   )
   45               46
   T41              T41
 --|>=I|----------|<=I|--
   50               51
   T41              T41
 --|>=I|----------|<=I|--
   55               56
   T41              T41
 --|>=I|----------|<=I|--
   60               61
   T41              T41
 --|>=I|----------|<=I|--
   65               66
   T41              T41
 --|>=I|----------|<=I|--
   70               71
   T41              T41
 --|>=I|----------|<=I|--
   75               76
   T41              T41
 --|>=I|----------|<=I|--
   80               81
   T41              T41
 --|>=I|----------|<=I|--
   85               86
```

程序段28
放

```
    T41          T41          Q7.0
  |>=I|        |<=I|         ( R )
   90           91            1
```

程序段29
X–8

```
    T41          T41          Q6.5
  |>=I|        |<=I|         (   )
   95           96

    T41          T41
  |>=I|        |<=I|
   100          101

    T41          T41
  |>=I|        |<=I|
   105          106

    T41          T41
  |>=I|        |<=I|
   110          111

    T41          T41
  |>=I|        |<=I|
   115          116

    T41          T41
  |>=I|        |<=I|
   120          121

    T41          T41
  |>=I|        |<=I|
   125          126

    T41          T41
  |>=I|        |<=I|
   130          131

    T41          T41
  |>=I|        |<=I|
   135          136
```

程序段30
循环完成，下一步是换下一个箱子，6个一组

```
    V6.5                        C10
  |  |  |                     CU    CTU

    C10
  |  |  |                    R

    SM0.1
  |  |  |                  6 PV
```

程序段31

首先箱子一开始是走的，碰到传感器停止

```
   SM0.1              Q7.1
 ───┤ ├───          ─( S )
                       1
                     Q7.4
                    ─( S )
                       1
```

程序段32

6组后又走

```
    C10               Q7.4
 ───┤ ├────┤ ├───    ─( R )
                       1
```

程序段33

```
    V6.6              Q7.4
 ───┤ ├────┤ ├───    ─( S )
                       1
```

程序段34

立体库开始

```
    V0.0                          Q8.3
 ───┤ ├────┤ ├──┤ P ├──          ─( S )
                                    3
```

```
           ┌──────────┐      ┌──────────┐      ┌──────────┐
           │  MOV_R   │      │  ROUND   │      │  MOV_DW  │
           │ EN   ENO │      │ EN   ENO │      │ EN   ENO │───┤
           │          │      │          │      │          │
    0.0 ───┤ IN  OUT ├─VD136 VD136─┤IN OUT├─VD140 VD140─┤IN OUT├─VD20
           └──────────┘      └──────────┘      └──────────┘
```

程序段35

```
    V8.1                         Q8.0
 ───┤ / ├──┤ P ├──              ─( R )
                                   6
                                 M0.7
                                ─( R )
                                   1
```

程序段36

```
    V8.7                         Q8.3
 ───┤ ├────┤ P ├──              ─( R )
                                   3
                                 M0.7
                                ─( S )
                                   1
                                 Q8.2
                                ─( S )
                                   1
```

程序段37

```
    M0.7              T43
 ───┤ ├───          ┌─────────┐
                    │ IN   TON │
                    │          │
               170 ─┤ PT  100ms│
                    └─────────┘
```

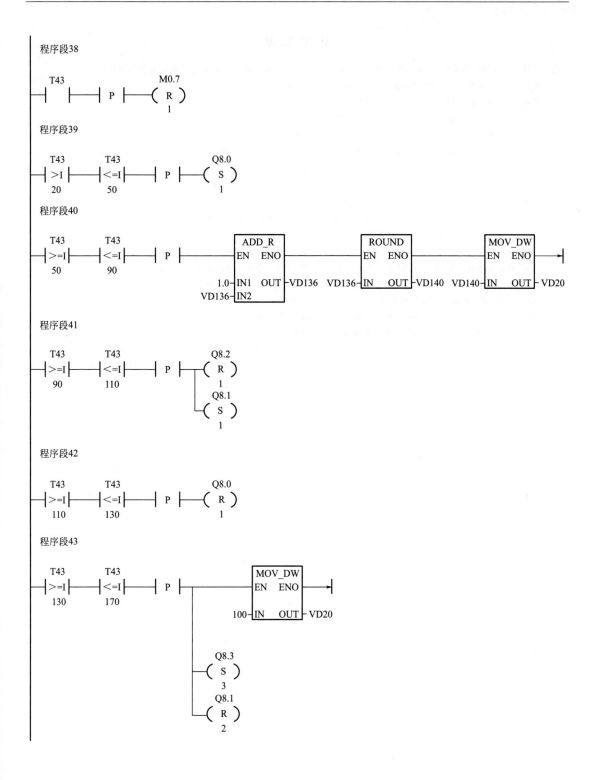

参 考 文 献

[1]　西门子（中国）有限公司.深入浅出西门子 S7-200 SMART PLC.北京：北京航空航天大学出版社，2015.

[2]　廖常初.S7-200 SMART PLC 编程及应用.北京：机械工业出版社，2015.

[3]　梁森.自动检测技术与转换技术.北京：机械工业出版社，2008.

[4]　向晓汉.S7-200 SMART PLC 完全精通教程.北京：机械工业出版社，2013.

[5]　张万忠.可编程控制入门与应用实例.北京：中国电力出版社，2010.

[6]　陈继文，范文利，逄波，等.机械电气控制与 PLC 应用.北京：化学工业出版社，2015.

[7]　杨后川，张瑞，等.西门子 S7-200 PLC 应用 100 例.北京：电子工业出版社，2013.

[8]　李江全，严海娟，等.西门子 PLC 通信与控制应用编程实例.北京：中国电力出版社，2012.

[9]　段有艳.PLC 机电控制技术.北京：中国电力出版社，2009.

[10]　蔡杏山.图解西门子 S7-200 SMART PLC 快速入门与提高.北京：电子工业出版社，2018.

[11]　梁德成.西门子 S7-200 PLC 入门和应用分析.北京：中国电力出版社，2010.

[12]　田淑珍.S7-200 PLC 原理及应用.北京：机械工业出版社，2009.

[13]　郑凤翼，兰秀林，等.西门子 S7-200 PLC 应用 100 例.北京：电子工业出版社，2013.

[14]　向晓汉，苏高峰.西门子 PLC 工业通信完全精通教程.北京：化学工业出版社，2013.

[15]　张万忠.可编程控制入门与应用实例.北京：中国电力出版社，2005.

[16]　韩相争.西门子 S7-200 SMART PLC 编程技巧与案例.北京：化学工业出版社，2017.

[17]　张永飞，姜秀玲.PLC 及应用.大连：大连理工大学出版社，2009.